电力企业
封闭母线保护技术

DIANLIQIYE FENGBI MUXIAN
BAOHUJISHU

仇 明 张宏文 梁洪军◎主编

U0226134

经济管理出版社
ECONOMY & MANAGEMENT PUBLISHING HOUSE

图书在版编目（CIP）数据

电力企业封闭母线保护技术／仇明，张宏文，梁洪军主编．—北京：经济管理出版社，2018.4

ISBN 978-7-5096-5887-1

Ⅰ.①电⋯　Ⅱ.①仇⋯ ②张⋯ ③梁⋯　Ⅲ.①电力工业—母线保护—研究　Ⅳ.①TM07

中国版本图书馆 CIP 数据核字（2018）第 161109 号

组稿编辑：张莉琼
责任编辑：张　艳　张莉琼
责任印制：黄章平
责任校对：董杉珊

出版发行：经济管理出版社
　　　　　（北京市海淀区北蜂窝 8 号中雅大厦 A 座 11 层　100038）
网　　　址：www. E-mp. com. cn
电　　　话：（010）51915602
印　　　刷：三河市延风印装有限公司
经　　　销：新华书店
开　　　本：720mm×1000mm/16
印　　　张：17. 25
字　　　数：315 千字
版　　　次：2018 年 9 月第 1 版　　2018 年 9 月第 1 次印刷
书　　　号：ISBN 978-7-5096-5887-1
定　　　价：69. 00 元

编委会

主　　　编：仇　明　　张宏文　　梁洪军

编　　　辑：

电力设计院：王　鑫　　孙福祺

华能集团：侯永军　　索建琪　　赵占飞　　陈长瑞　　杜贵君
　　　　　　张小华　　王　勇　　于利宏　　解志宏　　罗英春

华电集团：李昌钊　　郭　凯　　谭　涛　　池　宇　　于海刚
　　　　　　郭雅峰　　谭鹏展

大唐集团：崔延洪　　程战斌　　王庆学　　林智谋　　毛宏宇
　　　　　　郭志平　　王　飞　　丁　浩　　高宏峰　　张敬武

国电集团：赵远征　　刘泊强　　李　慧　　马　琳　　赵　永
　　　　　　常　林　　陈炳煌　　马万明　　陈　莉　　邹建伟

国家电投：张亚君　　袁　超　　孔向军　　宋光耀　　王建宁
　　　　　　李　维

神华集团：韩长利　　王亚平　　年泓昌　　吴宏亮　　宋　峰
　　　　　　李　彪　　曲延涛　　张晓彤　　孙　鸣　　马　波
　　　　　　舒　锋　　张　军　　王占龙　　李思阳　　潘　强

京能集团：毛伟强　　张天忻　　王　强　　杨　志

华润集团：王旭峰　　刘　东　　阚　瀛

其他集团：周发斌　　陈岚彪　　练成龙　　杨　强　　郭春鹏（环保部）
　　　　　　申水围

电力院校：葛丽娟　　宗哲英　　李奋荣　　孙　靓

生产企业：项建立　　王洪见　　苏立光　　张二强

电科院：王劲松　　傅　强　　杨庆贺　　何智龙

笔者长期致力于国内电力企业的离相封闭母线和共箱封闭母线的保护工作，防止封闭母线因绝缘下降造成结露、跳机等极端事故发生。在对封闭母线的保护做走访和调研期间，发现很多发电企业的电气专业部门对各类封闭母线的保护重视不够，大多数保护装置处于停机、待机的状态，没有发挥出应有的保护功能。尤其是共箱封闭母线在国内已经使用了几十年之久，至今没有成熟的保护技术，致使封闭母线结露、闪络、绝缘下降的事故频发。国内已经使用了多年的封闭母线，在设计和理论实践中，有着丰富的生产经验和理论基础做技术支持。但在实际使用中，每年都有大量的发电企业发生绝缘下降、闪络、跳机等事故。而封闭母线的生产企业和电力企业的使用部门却拿不出行之有效的预防和保护措施，迫使电力企业花费不菲的资金在原有的基础上做绝缘技术改造，即便有些技术方案改造能够起到一定的作用，但总体来讲收效甚微。有的发电集团甚至召开专题会议分析探讨如何避免封闭母线结露、闪络、跳机等事故。在我国南方，这类事故极为常见，而在我国北方，甚至一些极为干旱的地区，封闭母线结露、跳机的事故也会频繁地发生，例如，新疆、甘肃、宁夏、内蒙古等地区。之所以如此，是因为很多企业的管理部门对封闭母线保护的重视程度不够，而一旦出现事故后，相关部门无法第一时间准确分析、判断出造成事故的直接原因，大多凭经验或事故表面现象临时处理，造成后期事故的延续和扩大。在封闭母线保护中，很多人存在以下错误观点：

观点 1：有些电气专业人员存在麻痹思想，认为"在气候干旱的地区，封闭母线根本就不可能出现结露、绝缘下降、闪络等事故，因此，封闭母线不需要保护"。甚至有些电气专业人员固执地认为："封闭母线没有任何保护措施，不也能正常发电？"对于这个观点，笔者并不否认。但比较来说，使用保护装置保护的封闭母线的内部和不使用保护装置保护的封闭母线的内部，谁会更持久、耐用呢？谁的安全运行系数更高呢？

观点2："我国北方地区气候干旱、空气干燥，南方气候潮湿、温暖湿润。南方应该是封闭母线保护的重点地区，北方地区可不必使用过多的保护装置。"但通过笔者的认真调查，南方地区因空气潮湿，使用保护装置保护封闭母线是毋庸置疑的，而北方地区虽然气候干燥，但由于每年四季交替，气候变化明显，昼夜温差大，封闭母线呈现季节性结露的事件每年都会频繁发生。例如，新疆、黑龙江、甘肃、宁夏等干旱地区的电力企业都曾经发生过严重的结露、跳机事件。这些事件都有力地驳斥了"北方地区的封闭母线不需要投入保护"这一不正确观点。

观点3：有些电气专业人员认为，"要投入保护装置对封闭母线实施保护，首先一定要保证封闭母线的密封性能良好，如果封闭母线密封不好，即使投入保护装置，也无济于事"。其实，这种观点也不完全正确。笔者认真走访和比对了国内封闭母线和国外进口机组的封闭母线，发现国外进口的封闭母线，大多采用的是开放式风吹拂的保护方式，即安装母线时，允许母线存在一定的泄漏率，其风循环装置可24小时不间断地对封闭母线内进行微风吹拂，这样既可以把母线导体和外壳产生的热量及时带走，又可以在泄漏处形成向外"呼出"气流，起到防止外界空气中的杂质、颗粒、化工气体等侵入封闭母线的作用。正是采用了这种保护模式，国外的封闭母线漏氢、闪络、结露、导体过热等事件发生率较低。国内的封闭母线则一味地强调封闭母线的密封性能，密封时间越长，越符合设计及使用规范。但这种密封设计，在防止外界灰尘、水汽侵入的同时，其内部一旦被保护装置误充入灰尘、水汽，其绝缘性能也会受到极大的影响，如何将灰尘、水汽以及导体产生的热量及时释放出来，也是一个棘手的问题。因此，封闭母线"一定程度"的泄漏，并不完全都是隐患，相反，却有利于保护装置及发电机组的正常运行。国内封闭母线完全可借鉴这种技术和保护模式。

观点4：国内封闭母线虽然称为封闭母线，但其密封状态却十分不稳定，绝大多数封闭母线都存在密封不严的情况，虽然工艺规范中对母线密封有明确要求，但受到母线体积过大，安装、施工不规范，工程隐蔽点较多等客观因素影响，导致母线存在诸多泄漏点，无法达到密封要求。这是国内封闭母线的一个客观存在的实情，现在的封闭母线保护技术，较多地强调封闭母线静态运行中的密封性能，但在实际应用中，密封良好的封闭母线却少之又少，可以说寥寥无几。大多数封闭母线在运行中由于机组的抖动、土建基础的下陷、密封垫老化等原因，都存在一定泄漏率。如果只单纯地强调用区间压力来对封闭母线进行密封保护，必然会使保护装置长时间工作或频繁工作，这样会使保护装置的过滤系统、电气系统处于超负荷工作状态，造成系统损坏而过早地退出运行，甚至会将压缩空气中的水或油被动充入封闭母线内部，反而加重了封闭母线的运行负担，严重的会造成封闭母线内部污染，导致跳机事故发生。

观点 5：国内对于封闭母线结露的含义和概念理解不清。当封闭母线内部一旦出现大量不明水源，往往都是以封闭母线结露概念作为最终结论，而并不是去认真查找和分析问题的根源。例如，近期发生在国内某电厂因封闭母线内部积水造成的一起跳机事故中，封闭母线室内段由发电机出线箱到高厂变升高座这一区间内的水平段母线，发现大量液态水，于是相关人员及部门迅速做出了母线冬季季节性结露的事故报告。但经过笔者调查后发现，母线内的液态水是由外部不明水源侵入到封闭母线内部的，而并非母线内空气的结露而形成的液态水。原因有以下四点：其一，封闭母线内部的结露现象多发生在室外段的封闭母线内，而并不是发生在室内段。此次事故中，液态水大量存在于室内段封闭母线中，不符合结露的自然规律。其二，液态水量之大超出想象。其三，保护装置没有及时、正确地投入。其四，封闭母线外的发电机出线箱部位发现大量油水滴落痕迹物证。因此，对于如何正确地保护封闭母线，发生事故的封闭母线如何做出正确分析判断至关重要。而不应对事故分析认定为可能或大概是什么原因造成的，这会给后期的机组运行带来更大的运行隐患。

基于以上几种观点，正是笔者想写这本书的真实意图。

前 言
Preface

随着电力行业的快速发展，国内 200MW、300MW、600MW、1000MW等机组封闭母线的制作、安装、调试等工艺都已经相继完善并且日趋成熟，与之相反，封闭母线的保护却没有相应成熟的保护模式，封闭母线结露、跳机、过热的情况多有发生。国内对封闭母线的保护多种多样，且保护装置多为封闭母线的配套附属装置，每个封闭母线制造厂家都有自己独特的工艺理论作为技术支持，导致其保护作用和效果存在很大差别。

本书以大量的事实为依据，根据大量的实际案例，全面系统地分析、总结了封闭母线因保护或使用不当导致封闭母线发生结露、跳机事故的原因及处理方，并对国内正在采用的多种封闭母线保护的工艺和方法，做了综合比对。本书的目的主要针对生产、运行、检修岗位的新职工和相关人员快速学习到封闭母线保护的相关知识，尽快提高相关人员的技术水平而推出。国内对封闭母线的生产、制造中的各种理论性、技术性文献及资料均已日趋成熟，可以大量查阅和借鉴。所以本书并没有对母线的系统理论及设计原理做详细阐述，而是侧重讲述因封闭母线保护不当导致的在运行、操作、使用过程中，故障的原因及设备的维修、保养。相关经验总结仅供大家参考。

本书在撰写过程中，部分文字和图片参考借鉴了相关的文献和资料，全体编委在此声明，图片和文献的版权仍属于原单位和作者，本书只是借鉴和引用，如有冒犯之处，笔者会及时更正和改过。还有一些文献资料，由于无法查找到正规来源，只能在此临时引用，在此对原文的作者表示衷心的感谢！感谢您的默默付出成就了我们的成绩！同时，由于编者的水平和经历有限，书中难免存在不妥之处，希望广大读者批评指正。

编者
2018 年 2 月

目 录
contents

第一章　封闭母线

第一节　封闭母线的介绍

封闭母线（Enclosed busbars 或者 Closed busbars）包括离相封闭母线、共箱（含共相隔相）封闭母线和电缆母线，广泛用于发电厂、变电所、工业和民用电源的引线。目前，国内大量采用的封闭母线主要有以下几种。

一、全连式离相封闭母线

全连式离相封闭母线的结构是将各相母线导体分别用绝缘子支撑，并封闭于各自的外壳之中，外壳本身是相连的，并在首末端用短路板将三相外壳短接，构成三相外壳回路。当母线导体流过电流时，外壳上将感应环流及涡流，对母线电流磁场产生屏蔽作用，泄漏至壳外的磁场则大大减小。

封闭母线主要由母线导体、外壳、绝缘子、金具、密封隔断装置、伸缩补偿装置、短路板、穿墙板、外壳支持件、各种设备柜及与发电机、变压器等设备连接的结构等构成。由于母线比较长，一般在制造厂制成若干分段，到现场后将各段母线焊接或用螺栓连接而成。母线导体采用铝板卷板或型材铝制圆筒焊接，外壳采用铝板卷筒焊接并依次连接。

母线靠近发电机端及变压器处采用大口径瓷套管（或密封套）作为密封隔断装置，套管以螺栓固定，并用橡胶圈密封。封闭母线外壳的适当部位装有保护装置通风接口。保护装置通风接口用来对外壳进行通风干燥。封闭母线外壳可采用多点或一点接地方式。采用多点接地时，支吊底座与钢横梁处不做绝缘处理，封闭母线与发电机、主变压器、厂用变压器、电压互感器柜等连接处母线外壳端部设外壳短路板，并进行可靠接地。采用一点接地时，每一支吊点底座与钢横梁间必须绝缘，封闭母线与发电机、主变压器、厂用变压器、电压互感器柜等连接处的短路板也只允许且必须使其中的一块短路板可靠接地。

全连式离相封闭母线与以往应用的敞露式母线相比，由于带电的母线导体被封闭在接地的金属外壳内，基本上避免了相间短路，因而提高了母线运行的安全可靠性。此外，由于外壳环流及涡流的屏蔽作用，完全清除了母线附近钢构件的感应发热问题，避免了大量电能损耗，改善了设备工作环境条件，同时大大减少了母线间的电动力。整套母线的外壳基本上是等电位且完全接地的，载流母线封闭于外壳内部，基本不受灰尘及潮气等影响，维护工作量小。封闭母线及其配套设备由制造厂成套供货，现场安装方便。

与汽轮发电机配套的封闭母线设有发电机出线端子保护箱，600MW以上机组根据需要可在保护箱上装设冷却风机，用以对局部进行强迫冷却或排出发电机可能泄漏的氢气。对于氢冷发电机，保护箱的适当位置还装设有氢敏探头，将氢气浓度转换为电信号，用电缆传送到主控制室或就地安装的漏氢检测仪。

为了进一步提高封闭母线的绝缘水平，封闭母线还可采用微正压充气运行方式或配置空气处理装置，即将空气经干燥处理后充入母线外壳内。为此需另外配置干燥装置，包括主设备及管道、接头等安装附件。微正压充气封闭母线在母线外壳内充以微正压气体以提高其绝缘强度，所充气体是经过干燥处理的压缩空气，压力自动维持在 300~2500Pa，微正压充气封闭母线能防止壳外灰尘、潮气进入外壳内部脏污导体及绝缘子，避免外壳内部产生凝露现象，从而确保母线的绝缘水平不至于降低。如果充气设备发生故障，也可临时退出检修，而不会影响封闭母线的正常运行。全连式离相封闭母线目前广泛应用于国内正在使用的众多机组中。与其他母线相比，其具备以下特点。

优点：

（1）运行可靠性高。导体防尘效果好，不受自然环境和外物影响，且各相间的外壳又相互分开，因而降低了相间短路的可能性。一般采用外壳多点接地，可保障人体接触时的安全。

（2）外壳环流的屏蔽作用，显著减小了母线附近钢构中的损耗和发热。

（3）短路电流通过时，由于外壳环流和涡流的屏蔽作用，使母线间的电动力大为减小，可加大绝缘子间的跨距。外壳之间的电动力也不是很大，不会带来问题。

（4）由于母线和外壳可兼作强迫冷却管道，因此母线载流量可做到很大。

缺点：

（1）有色金属损耗约增加一倍。

（2）母线功率损耗约增加一倍。

（3）焊接母线导体的散热（自然散热时）较差，相同截面下的母线载流量较小。

离相封闭母线已成为国内电力企业的发电机的重要辅助设备，目前在国内已经得到普及和认可。

二、共箱封闭母线

共箱封闭母线是将每相单片或多片标准型铜或铝母线装设在支柱绝缘子或绝缘支撑板上，外用金属（一般是铝）薄板制成的箱体来保护多相导体的一种电力传输装置。

共箱封闭母线包括不隔相共箱封闭母线、隔相共箱封闭母线及交直流励磁共箱母线，广泛用于 100MW 以下发电机引出线与主变压器低压侧之间或 75MW 及以上机组厂用变压器低压侧与高压配电装置之间的电流传输。共箱封闭母线也可用于发电机交直流励磁回路、变电所用电引入母线或其他工业民用设施的电源引线。

优点：

（1）共箱封闭母线导体采用铜铝母排或槽铝槽铜，结构紧凑，安装方便，运行维护工作量小，防护等级多为 IP30~IP54，可基本消除外界潮气灰尘以及外物引起的接地故障。

（2）外壳采用铝板制成，防腐性能良好，并且避免了钢制外壳所引起的附加涡流损耗。

（3）外壳电气上全部连通并多点接地，杜绝人身触电危险并且不需设置网栏，简化了对土建的要求。

（4）根据用户需要可在母排上套热缩套管在箱体内安装加热器及呼吸器等以加强绝缘。

缺点：

其作用仅为防止风沙、灰尘等大颗粒物，对于潮气、盐雾、微颗粒粉尘等不具备防护作用。国内共箱封闭母线因泄漏量大导致结露、跳机、污闪、雾闪等事故呈逐年上升之势。

三、电缆母线

电缆母线在国外已广泛用于发电厂和发电厂以外的各工业企业部门、较大的供用电中心，甚至应用于水利、火力发电厂发电机引出主回路，以取代离相封闭母线。国内仅有少数电厂使用电缆母线。电缆母线在国外得到普遍应用，是因为其具备以下优点：

（1）安全可靠。目前国内同类型电厂中使用最多的共箱封闭母线，其导体为长度有限的铜排或硬铝母线。接头个数随着母线总长的增加而增加。电缆母线装置中的母线导体，采用长度基本上不受限制的铜芯电缆，加上电缆芯线绝缘，既保证了运行的安全可靠，也根除了人身触电的危险。

（2）每相母线由一根或数根单心电缆组成。每两根电缆之间都保持直线式的、相互平行的、具有一定间距的布置。电缆罩箱布满通风孔，在满载额定电流情况下，能使电缆保持最低运行温升，既能充分利用有色金属，又可通过整体焊接的坚固罩箱，将整个电缆母线保护起来。

（3）内部布置紧凑，横断面相对较小（与载流量相同的共箱母线相比），占用空间小而易于布置。此优点对于多回路多层电缆共箱母线要求通过空间极其有限的场所的布置尤为突出。

（4）有较好的"柔软"性。铺设时能因地制宜地充分利用现有空间。路径选择时，可以比较容易地越过"障碍物"。

（5）适应性强。只要有需要，便可通过一定的连接装置，比较方便地和现有或将来的设备，或别的电缆母线连接。也可通过一定的连接装置（如T形接头）从电缆母线线路的中间部位分支。

（6）一经投入运行，基本上无须进行维护和检修。

（7）全部装置均由工厂制造并成套供货。

缺点：

一次性投入高，自然散热性能较差，需配备可强制通风降温的专用附属设备。

第二节　全连式离相封闭母线介绍

一、全连式离相封闭母线的概述

全连式离相封闭母线由三相独立的导体组成，每相都有非导磁的金属外壳。导体由纯铝板材卷制而成，与外壳之间用绝缘子支撑。外壳是圆筒状的，末端由短路板连接并接地（通常是一点接地）。这种结构使得外壳上的感应电流的大小接近于导体电流的90%~98%，但是方向是相反的。通常外壳上的感应电流大约是导体电流的95%。因此，它消除了相邻导体间的电动力，削减了转角处和其他不连续处的电动力。由于导体和外壳的全焊接设计，离相封闭母线还有其他的优点，如由于圆筒形焊接铝外壳的惯性力矩很大，可以采用大跨距支撑，相对地减少故障风险以及减缓故障蔓延。人员可以安全地触摸母线的外壳，因为所有的易接近部分都已经可靠接地，外壳感应电压非常低。

离相封闭母线是广泛应用于 125MW 及以上发电机引出线回路及厂用分支回路的一种大电流传输装置。它具有重量轻、机械强度高、外壳防护等级高、装配方便、外形美观的优点，已受到用户的青睐。

在国内设计并已投入运行的封闭母线中，离相封闭母线先后考虑过分段绝缘式、分段全连式和完全全连式封闭母线。分段绝缘式和分段全连式存在的主要缺点是，绝缘子表面容易被灰尘污染，尤其是母线布置在室外时，受气候变化影响及污染加重的影响，很容易造成绝缘子闪络及由于其他客观因素导致的母线短路故障，因此，我国已不再采用。随着国内单机容量的增大，对其出口母线运行的可靠性提出了更高的要求。同时，在母线容量增大后，母线短路电动力和母线附近钢结构的发热大大增加，采用电缆母线取代，虽可缓解上述问题，但其投资太大，国内目前很少采用。而全连式离相封闭母线以其无可比拟的优势与特点，现已被国内发电厂广泛采用及推广。

1. 全连式离相封闭母线的特点

离相封闭母线，以母线导体为一次侧，母线外壳为二次侧，恰似一台变比为 1：1 的空气芯变压器。当导体通电时，外壳上产生一个方向相反而其数值几乎与母线导体上流过的电流相等的感应电流，使得壳外剩余磁场大为降低（只有敞露母线的百分之几），其优越性有以下五点：

（1）减少接地故障，避免相间短路。大容量发电机出口的短路电流很大，给断路器的制造带来极大的不便，发电机也承受不了出口短路的冲击。封闭母线因有外壳保护，可基本消除外界潮气、灰尘以及外物引起的接地故障，提高发电机运行的连续性。采用离相封闭母线，也基本杜绝相间短路的发生。

（2）消除周围支撑钢结构及其他附属结构发热。敞露的大电流母线使得周围钢结构和钢筋长期暴露于母线强磁场中，在母线电磁感应下产生涡流和环流，发热温度高、损耗大，降低了构筑物的强度。采用金属外壳将母线屏蔽后，可从根本上解决钢结构和其他附属物发热问题。

（3）减少相间短路电动力。当很大的短路电流流过母线时，由于外壳的屏蔽作用，使相间导体所受的短路电动力大为降低。

（4）母线封闭后，便有可能采用微正压、微风循环等一些保护方式进行有效保护，防止母线外壳内部结露、积灰，提高运行安全可靠性，同时，也为超超临界机组的强制通风冷却的保护方式创造了条件。

（5）封闭母线由工厂成套生产，现场组装加工成型，质量较有保证，运行维护工作量小，施工安装简便，而且，不需设置网栏，简化了结构，也简化了对土建结构的要求。

离相封闭母线主要由母线导体、支持绝缘子、屏蔽外壳三部分组成，导体和外壳均采用铝制结构，绝缘子大多采用陶瓷绝缘子，但也有很多厂家相继改造为憎水性绝缘子。参见图1-1。

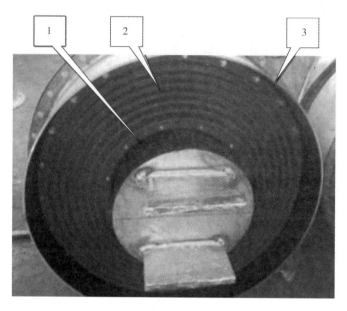

1——导体 2——盘式绝缘子 3——屏蔽外壳

图1-1 离相封闭母线内部结构图

2. 按外壳连接方式分类

离相封闭母线按外壳电气连接方式的不同,可分为分段绝缘式、全连式和带限流电抗器的全连式三种。其中,第三种在我国尚未采用。

(1)分段绝缘式封闭母线。分段绝缘式封闭母线的特点是:沿母线长度方向的外壳各段之间彼此绝缘,且规定每段外壳只在一点接地,以避免产生环流。分段绝缘式离相封闭母线的主要优点是:可使现场焊接工作量减到最少,能实现快速安装。主要缺点:因外壳只有涡流屏蔽而无环流屏蔽,壳外磁场强度降低有限,以致周围支撑钢结构及其他附属设备发热比敞露母线只减小15%~20%;母线导体短路电动力虽可降低60%~70%,但外壳上的短路电动力却要增加为没有外壳时导体电动力的1.5~2.5倍。分段绝缘式封闭母线大多应用于国内200MW以下机组,国内早期应用较多,由于其部分裸露,裸露部分泄漏的磁通量仍然较大,会对环境造成一定的影响,如电信干扰、鸟类的死亡等。同时,裸露部分长期受环境影响,污秽层较厚,影响导体的导电性能。因此,国内已不再采用。早期国内曾经采用这种母线的机组,后期也都陆续更换或改造为全连式离相封闭母线,见图1-2和图1-3,目前国内已难觅此类分段绝缘式封闭母线的踪迹。

(2)全连式离相封闭母线。全连式离相封闭母线的特点是:沿母线长度

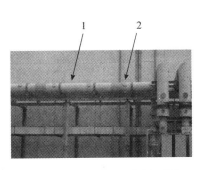

1——分段绝缘封闭母线　2——改造过的分段连接部位

图1-2、图1-3　分段绝缘式封闭母线改造后图

方向上的外壳，在同一相内（包括各分支回路）从头到尾全部连通。在封闭母线的各个终端通过短路板，将各相的外壳连接成完整的电气通路。随着电力行业的迅猛发展，国内小型机组已相继停机、停产或以"上大压小"的方式过渡，全连式离相封闭母线已经成为国内大电流母线的主导母线，在国内发电行业中具有举足轻重的地位。见图1-4。

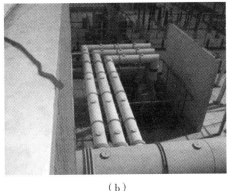

（a）　　　　　　　　　　（b）

图1-4　国内普遍使用的全连式离相封闭母线

有的工程从方便安装等原因出发，在以上全连式基础上再将由发电机至变压器之间的封闭母线分为2~3段，在每段两端装设短路板，称为分段全连式封闭母线。见图1-5，每相邻的两段封闭母线采用可拆伸缩节连接，该伸缩节具有以下优点：

1）补偿吸收封闭母线轴向、横向、角向受热引起的伸缩变形。

2）吸收机组震动等外作用力对封闭母线的冲击，减少外作用力对封闭母线的影响。

3）吸收地震、土建基础下陷对封闭母线的变形量。

图 1-5 可拆伸缩节

二、全连式封闭母线的应用

离相封闭母线在大型发电厂中的使用范围，从发电机出线端子开始，到主变压器低压侧引出端子的主回路母线，自主回路母线引出至厂用高压变压器和电压互感器、避雷器等设备柜的各分支线。见图 1-6。

（a）

（b）

（c）

（d）

图 1-6 封闭母线现场图

三、全连式离相封闭母线的构造

1. 母线导体的支撑装置与结构

母线导体采用支持绝缘子支撑。绝缘子一般有单个、两个、三个、四个四种方案，随着国内封闭母线安装、调试、运行技术的逐步完善，单个、两个、四个绝缘子的方案已经被逐步取代，广泛推广应用的是三个绝缘子的安装方式。如图1-7所示。

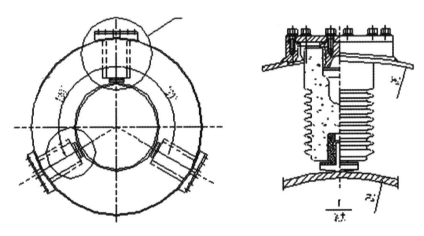

图1-7　三绝缘子支持结构示意图

三个绝缘子支持方案较其他方案具有结构简单、受力好、安装检修方便，且可采用轻型绝缘子等优点，国内设计的封闭母线几乎都采用三个绝缘子的支持方案。导体支持结构采用在同一横截面上3只绝缘子呈倒"Y"形布置，且三只绝缘子相互成120°角。

三个绝缘子的方案在空间以彼此相差120°的位置安装，将绝缘子主要受弯力作用变为主要受压力作用。支撑装置由支柱式绝缘子、橡胶弹力块、蘑菇形铸铝合金金具三部分组成，可分别对母线导体实施活动支持和固定支持。当用作活动支持时，导线导体不需做任何加工，只夹在三个绝缘子的金具之间；当用于对母线导体做固定支持时，需在导体上钻孔并改用顶部设有球状突起的蘑菇形金具，将该突起部分伸入钻孔内，实现对母线导体的固定支持。绝缘子的端部与导体接触部位装有橡胶弹性块和支持金具，可以通过调整橡胶弹性块最大程度地保证导体与外壳的同心度，有效减小了运行时导体与外壳的相互作用力。在导体/外壳温度变化产生长度方向的变形时，可以通过支持金具与导体之间的滑动将变形应力传递到伸缩节的位置，避免母线受到破坏。通过松开底板上的螺栓，可以方便地取出绝缘子，日常维护十分简便。该结构的密封装置采用专门设计的密封槽结构，有效保证了母线的整体密封性能。绝缘子大多为优质电瓷材料，最大设计爬电距离为900毫米。这种绝缘子的抗老化性能、绝缘性能、机械性能、自恢复性能十分优异。

三绝缘子支持方案中的绝缘子底座法兰与安装检修孔的可拆盖板合二为一，绝缘子可以直接插入或抽出，便于安装、检修和更换。这是该方案的又一优点。为降低故障概率，可适当提高绝缘子的耐压等级。

2. 外壳的支撑装置与结构

外壳的支撑装置要求能够承受住封闭母线的静荷载、短路时的动荷载，能够适应外壳在温度变化时的相对位移，以及便于安装时的调整。国内普遍采用的是"抱箍加支座"的支撑装置，该装置是用槽铝弯成两个半圆环，套在外壳上。两环之间分别于两处用螺栓加固、上紧，并在其中一个吊环上装设两个既能支也能吊的支座，如图1-8所示，再将三相共六个支座焊接在统一的钢梁（一般为槽钢）上。此种结构安装时可以进行调整，待封闭母线完全安装就位后将抱箍点焊在外壳上，钢梁焊装在支架（或吊架）上。外壳支持/吊装结构主要由外壳抱箍、支持底座、支持/吊装钢梁、立柱/吊杆组成。

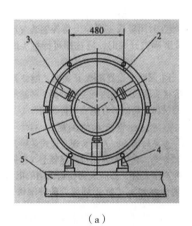 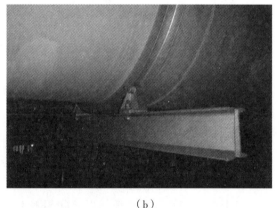

（a）   （b）

1——母线导体 2——外壳及支持抱箍 3——绝缘子 4——支座 5——三相支持槽钢

图1-8　外壳支撑结构示意图

外壳抱箍设计为两半圆结构，可通过调整连接螺栓的紧固程度，控制抱箍与外壳之间的摩擦力的大小，当外壳因温度变化在长度方向产生变形时，可以通过滑动的方式将应力传递到外壳伸缩节，避免了对外壳的破坏。

外壳支持底座为专门设计的铸钢结构，具有体积小、强度高的特点。外壳支持/吊装钢梁采用双槽钢结构，强度高，安装简便。吊杆采用高强度圆钢，调整方便。在底座和钢梁之间可以根据系统要求或者运行情况进行绝缘处理，防止在钢构中产生环流。

为使外壳在温度变化时能够沿轴向发生相对移动，还需在适当地点的外壳支持（或悬吊）结构中，设置一定数量的滑动式支座，如图1-9所示。为防护地震破坏，国内进口的封闭母线中，在与其支撑或悬吊的基础结构连接部分隔以装有弹性橡胶垫的减震器，以减少外部震荡对封闭母线的影响。

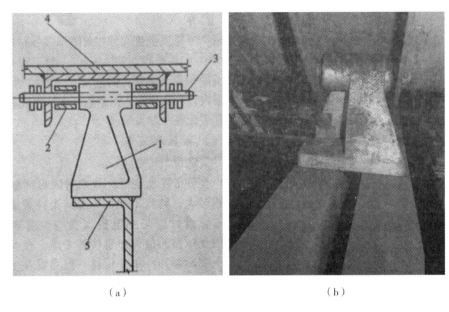

（a）　　　　　　　　　　　　　　　　（b）

1——支座　2——套筒　3——轴　4——母线外壳　5——三相支持槽钢

图1-9　外壳支撑装置

3. 伸缩装置与结构

伸缩装置的作用主要是补偿由于温度变化、震动或基础不同沉降而引起的危险应力。伸缩装置串接在封闭母线的回路中，其接头有可拆卸和不可拆卸两种。每一套伸缩装置都包括母线软导体部分和母线外壳部分。

伸缩装置中软导体的载流量应等于或大于母线导体的载流量。接头装上后，其带电部分与外壳的间隙应满足相对地安全净距要求；接头取下后导体之间或导体与设备端子间的间隙应保证足够的相对地安全净距要求。

当将伸缩装置用于可拆接头时，其母线导体部分一般采用韧性和柔软性较好的铜编织线。其连接板与导体接触面双方（导体一方可为铜铝过渡接头）均为铜上镀银，用非导磁性螺栓连接。当将伸缩装置用于不可拆接头时，其导体部分一般由多片铝薄板组成并将其焊接在两侧母线导体上。

伸缩装置的外壳部分有三种结构形式：

（1）铝制波纹管结构。如图1-10所示，此种结构散热好、能导电，任何方向都具有±25毫米的伸缩性，不存在老化和更换问题，安装在主回路和分支回路的中间部位。铝波纹管一般都直接焊接在两侧母线外壳上，和不可拆的具有伸缩性的导体部分配合使用。若需做成可拆的外壳伸缩装置，则与可拆的具有伸缩性的导体部分配合使用，可以改用橡胶波纹管，并通过金属压环和螺栓与母线外壳连接。

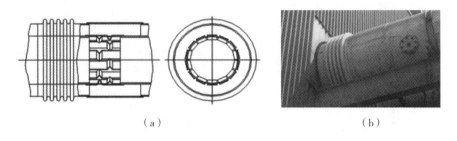

（a）   （b）

图 1-10　铝制波纹管

（2）橡胶波纹管结构。如图 1-11 所示，此种结构不能导电、散热性能差且存在老化和更换问题，故一般仅用于主回路和具有可拆卸性能的分支回路末端部位。早期国内电厂在安装封闭母线时，较多地考虑母线温升影响导致导体、外壳膨胀率，大多将橡胶波纹管安装在主回路和分支回路的中间部位，但忽视了母线的密封问题，橡胶波纹管老化后，造成了封闭母线的泄漏，给母线的保护带来诸多不便。随着工作经验的完善，主回路和分支回路中间部位的橡胶波纹管逐渐被铝制波纹管所取代。

（a）励磁变橡胶波纹管　　　　　　　　　　（b）主变橡胶波纹管

图 1-11　橡胶波纹管

（3）铝制合抱式可拆套筒。此种结构接头可以开启、伸缩，为便于开启和密封，套筒采用螺栓连接，衬以密封垫，并于套筒两端装设可以实现伸缩的橡胶密封圈。

外壳为铝波纹管，导体为铝薄板组成软导线的伸缩装置，一般均由厂家在工厂内事先将整套装置组装完毕，现场装配即可。

为了随时掌握可拆接头连接处的运行温度，一般应在该连接处装设测温装置，并在相应的外壳上开设密封观察窗。这种结构目前在国内已经很少应用，这里不做重点介绍。

4. 端部密封结构

封闭母线与发电机出线箱、主变、高厂变、启备变、PT柜、励磁变压器的末端连接处，通常采用端部密封结构，以达到将封闭母线密封的效果。封闭母线与外壳连接处采用专业的铸铝法兰，机械强度和表面平整度远远优于用铝条卷制的法兰。橡胶O型圈采用优质氯丁橡胶，弹性好、抗老化性能强，可以保证良好的密封效果。如图1-12所示。

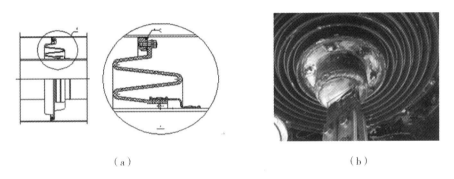

（a） （b）

图1-12 密封结构

密封盆形套管采用SMC新型绝缘材料（航空航天专用），具有优异的绝缘性能、机械性能、耐热性、阻燃性、耐腐蚀性。与导体连接处采用弹性橡胶伸缩套结构，紧固装置为专用不锈钢钢带，在钢带外有防脱扣固化装置。这种结构既保证了密封性能，又能够保证在导体温度变化时可以顺利滑动，而且也能防止钢带脱落的接地故障。

5. 封闭母线末端设备连接处结构

封闭母线与发电机出线箱、主变、高厂变、启备变、PT柜、励磁变压器的末端连接处部位（主要是指发电机出口和各个升高座部位），或需要拆卸、断开的部位设置可拆卸结构如图1-13所示。导体连接采用专用铜编织线伸缩节，两端的导电接触面采用真空离子镀银技术，能够有效减小接触面电阻，抗氧化性能强，镀银层不易脱落，编织线柔韧强，适宜弥补安装带来的结构误差。紧固件采用优质高强度的无磁钢螺栓和板型铸铜螺母，避免了涡流发热，因为使用板型铸铜螺母替代了无磁钢螺母，解决了无磁钢螺栓与无磁钢螺母的啮合问题，易于拆装，缩短了工作时间。

外壳连接采用橡胶伸缩套结构，每侧采用 2 条不锈钢钢带紧固，密封性能、伸缩性能均十分优异，同时保证了变压器壳体与封闭母线外壳的绝缘。铜编织线伸缩节和外壳橡胶伸缩套还有效地隔离了变压器的震动。

母线侧

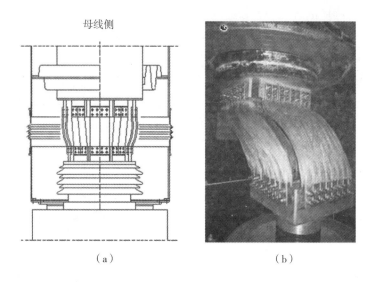

（a）　　　　　　　　　　　　（b）

图 1-13　升高座结构

6. 保护装置

为了进一步提高封闭母线的绝缘水平，保障系统的安全运行。封闭母线可采用某种特定的保护装置进行保护，如图 1-14 所示。以达到保护其内部防潮、防污、降温的目的。国内为封闭母线配备的保护装置样式繁多，但功能却比较单一，主要是保持封闭母线的密封性能，使封闭母线内部维持一定的微弱的正压，当压力下降到一定压力时，保护装置自动向母线内充气，当压力上升到高压力时，保护装置自动停止向母线内充气，并始终维持这一区间压力。

图 1-14　封闭母线保护装置

国内常规防结露装置有以下几种：吸附式微正压装置、冷凝式微正压装置、热风保养装置、智能防结露装置、电加热装置、强迫空气循环干燥装置。使用单位应根据自身的使用条件和地理以及区域特点使用具有相应功能的保护装置，而不应盲目跟从或认定附属和配套的保护装置。

根据用户的要求，气源可以由厂内仪用气或杂气提供，也可以由封闭母线生产厂家提供小型空压机作为气源设备。

7. 外壳穿墙结构

外壳穿墙结构由穿墙框架、穿墙板、密封结构等组成，穿墙框架通过焊接的方式与穿墙孔洞的预埋件焊接成为一体，穿墙板通过螺栓与穿墙框架紧固成为一体，外壳与穿墙板之间的间隙由专用的橡胶密封条来填充，既保证了穿墙结构的密封性，又使母线外壳可以顺利地滑动。如图 1-15 所示。

图 1-15　外壳穿墙结构

四、全连式离相封闭母线的运行与维护

1. 全连式离相封闭母线的运行

封闭母线投入运行后，运行人员可按下述要求进行一般的巡视和监测。

（1）温度监视。《GB/T 8349-02000 金属封闭母线》规定，封闭母线运行时，其导体和外壳的最热点的温度和温升不应超过下列允许值，见表 1-1。

表 1-1　封闭母线运行时温度和温升的允许值

封闭母线部件	允许温度（℃）	允许温升（K）
铝导体	90	50
用螺栓紧固的导体接触面（铜或铝接触面镀银）	105	65
铝外壳	70	30

根据用户需求，一般母线导体的接头处或其他容易过热部位装设温度计，在接头部位安装无线无源测温装置，并具有远程监控功能，测温装置通常布置在发电机出口、主变低压侧等大电流部位安装。运行人员只要定期巡视，即可从外壳窥视孔中视察和记录到导体和接头的温度。当外壳某部位的温度（间接反映其导体温度）超过上述标准时，运行人员应迅速查明原因，及时采取措施，以确保安全运行。

（2）对定子氢冷发电机组，为防止氢气从出线套管漏入端子保护箱，进而渗入封闭母线外壳内部造成事故，保护箱和封闭母线连接处装有密封套管隔断装置用以隔氢；保护箱上设有排氢孔可以排氢；为安全可靠设在保护箱内的氢敏探头还可测氢。当保护箱内氢气浓度达到危险值（通常1%）时，反映氢气浓度的电讯号传到漏氢检测仪，发出报警讯号，提醒运行人员及时采取措施，确保安全运行。

（3）对于600MW及以上机组母线设在发电机出线端子保护箱上的风机是用来冷却发电机出线端子连接线及排氢的，运行人员应定期巡视，通过耳听手摸体察风机的运行情况，如风机转动是否平稳，有无异常声音，轴承、机壳是否过热等，发现问题然后及早采取措施。

2. 全连式封闭母线的维护

封闭母线本身不需要进行定期的维护检查，运行一段时间后，可利用发电机的检修间隔做下列维护检查：

（1）检查封闭母线所有紧固部分（如绝缘子支承，外壳底座及支、吊件，导体及外壳接头，设备连接等处）的紧固螺栓有无松动，如有松动，应进行紧固。特别是导体和外壳导电部分螺栓连接，所用螺栓、垫圈、螺母等紧固部分，在紧固过程中如发现有摩擦力增大现象，需在摩擦部位涂抹中性凡士林油脂。紧固时采用力矩扳手，按照一定的力矩进行紧固。

（2）运行日久或安装不当也可能造成外壳个别地方密封不良，导致绝缘子及导体等表面积灰脏污，检查时应将母线与其他设备相连的伸缩节拆开，测量母线导体和外壳之间的绝缘电阻，如果所测得的阻值有显著的降低时（与以前测得的阻值比较），可能是绝缘子有脏污或损伤，需进行清扫或更换之后再测量，其阻值应与前次测量值接近。

（3）发现有漏水的痕迹，应检查该部分的安装情况和外壳的密封性能，找出漏水的原因并进行修理，修理后进行淋水试验，合格后方可投入运行。

（4）检查各设备柜内有无异常，设备及绝缘件是否脏污，接线有否松动，触头是否接触良好，发现问题应及时修理。

（5）检查密封件是否老化、漆层是否脱落、接地线是否可靠等。

（6）有关漏氢检测仪及探头的维护详见厂家提供的说明书。

（7）风机运行日久，也要进行维护，如风机内部进行清扫，轴承加油润滑等。

（8）发电机停机检修后，离相封闭母线在重新投运前其绝缘电阻一般较低，尤其在潮湿地区更是如此。这是因为停机后，封闭母线外壳内空气结露，绝缘子、金具、导体受潮所致。因此在机组再一次启动前，应提前测量封闭母线的绝缘电阻，如阻值很低，应临时拆除部分绝缘子及其支承板，使壳内潮湿空气流出，必要时向壳内通风干燥，待绝缘电阻达到要求后方可投运。

（9）微正压充气设备的运行维护。对于微正压充气的封闭母线，还应巡视检查充气机等设备的运行情况，若充气设备发生故障，也可临时退出进行检修，而封闭母线仍可照常运行。微正压充气封闭母线及其设备的运行维护详见"微正压充气封闭母线安装、调试及运行维护说明"。

第三节 共箱封闭母线的介绍

一、共箱封闭母线的概述

共箱封闭母线是指各相导体在一个公共的金属壳内，相间没有隔板隔开的母线。共箱封闭母线包括不隔相共箱封闭母线、隔相共箱封闭母线及交直流励磁共箱母线，广泛用于 100MW 以下发电机引出线与主变压器低压侧之间或 75MW 及以上机组厂用变压器低压侧与高压配电装置之间的电流传输。如图 1-16 所示。

图 1-16 共箱封闭母线结构

二、共箱封闭母线的应用

共箱封闭母线导体采用铜铝母排或槽铝槽铜，结构紧凑，安装方便，运行维护工作量小，防护等级为 IP30～IP54，可基本消除外界潮气灰尘以及外物引起的接地故障。外壳采用铝板制成，防腐性能良好，并且避免了钢制外壳所引起的附加涡流损耗，外壳电气上全部连通并多点接地，杜绝人身触电危险并且不需设置网栏，简化了对土建的要求，根据用户需要可在母排上套热缩套管在箱体内安装加热器及呼吸器等以加强绝缘。如图1-17所示。

图 1-17　共箱封闭母线使用现场

共箱封闭母线也可用于发电机交直流励磁回路、变电所用电引入母线或其他工业民用设施的电源引线。

三、共箱封闭母线的构造

共箱封闭母线主要由箱体、母线导体、绝缘子、金具、连接或紧固螺栓等部分构成。如图 1-18 所示。

由于共箱封闭母线整体较长，一般在制造厂做若干分段，到现场后将各母线分段用螺栓连接起来，三相母线导体均置于铝制外壳内，导体用绝缘子支撑，绝缘子上部装有相应的金具，导体可在金具上滑动或固定，绝缘子下部固定于支撑板上，支撑板焊接于箱体内部。

箱体的支持采用支撑或吊装。钢横梁则支持或吊装于工地预埋件钢架上。

各段母线间或各段箱体间采用螺栓连接。共箱封闭母线在一定长度范围内，设置温度补偿装置，其能满足箱体在一定范围内的误差，导体也能满足由于温度差或安装带来的误差，母线导体采用多层薄铝片或铜片做成的伸缩节与两端母线导体连接，外壳则用伸缩节连接。

图 1-18　共箱封闭母线构造

四、共箱封闭母线的运行与维护

共箱母线与离相封闭母线的维护存在一定的相似之处，均不需要进行定期的维修检查，运行一段时间后，可利用发电机的检修间隔做下列维护检查。

（1）检查共箱封闭母线所有螺栓紧固部分（如绝缘支持、外壳支吊、导体及外壳接头、设备连接等处）的紧固螺栓有无松动，如果松动应进行紧固，特别是导电部分螺栓连接，应按相关要求和紧固力矩进行紧固。

（2）运行日久，导致绝缘子及导体等表面积灰脏污，检查时应将母线与其他设备断开，测量母线导体间及对外壳的绝缘电阻，如果所测的电阻值有显著的降低时（与以前测得的阻值比较），可能是绝缘子有脏污或损伤，需进行清扫或更换以后再测量，其阻值应与前次测量值接近。

（3）检查密封垫是否老化，漆层是否脱落，接地是否可靠。

（4）共箱母线停运后，再一次投运前其绝缘电阻有可能较低，尤其在潮湿地区更是如此，这是因为停运后，外壳内空气结露，绝缘子、金具、导体受潮所致。因此在再次投运前，应提前测量其绝缘电阻，如阻值较低，应临时拆除部分检修孔盖，使壳内潮湿空气流出，待绝缘电阻达到要求后方可投运。

第二章 离相封闭母线的
常见故障及隐患

第一节 封闭母线隐患故障概述

由于离相封闭母线和共箱封闭母线具有无可比拟的优点，已被广泛应用于 200MW 及以上的发电机引出回路中，国内目前少量 125MW 的供热机组，也仍在使用离相封闭母线和共箱封闭母线。国产大电流离相封闭母线、共箱封闭母线的生产、制造、安装、运行、维修技术已日趋成熟，在国内现役机组中，离相封闭母线已占据主导地位。但由于发电企业运行、维护或保护方式不当，离相、共箱封闭母线结露、闪络、跳机的事件层出不穷，每年各发电集团都有因封闭母线结露、闪络、跳机的重大事件发生。每出一起事故，少则花费几个小时去排查、处理，多则花费几天时间处理，每一次跳机事件，损失少则几十万元，多则几百万元。国内对封闭母线的保护方面的文献资料很少，许多电力企业一旦出现结露、跳机、闪络等事故，无法及时查阅或借鉴相关文献资料加以正确地分析总结，导致事故原因无法准确分析判断，通常问题发生后，对事故的原因分析众说纷纭，对问题的处理方式也杂乱无章。在各行各业都提倡节能、减排、降耗的今天，频发的结露、跳机事件已经影响到了企业正常工作。如何寻找出封闭母线结露、闪络、跳机的规律，避免相同的故障重复发生，最大限度地为企业减少损失，已成为每个电力集团或电力企业急于解决的一个课题。

第二节 离相封闭母线运行中的常见故障种类

离相封闭母线作为一种密闭的管道，由于体积庞大，长时间处于高温、带电、强磁环境之中，在运行使用中经常会不可避免地受到自身或人为因素的干扰，从而影响到其正常的运行与维护。

一般来讲，离相封闭母线在运行中通常会遇到下列故障：封闭母线结露引发绝缘下降；封闭母线内闪络；导体或外壳过热；封闭母线空间内漏氢。下面对封闭母线的每一种隐患都加以详细分析研究。

1. 封闭母线结露导致绝缘下降

离相封闭母线在设计上采用的是双筒式结构，零部件在工厂生产、加工完成，现场组装的工艺步骤。工厂生产的零部件运抵现场时，由于路途颠簸，造成部分零部件变形，导致部分工程出现小范围安装不规范，影响正常施工。同时，受施工工艺或人为因素影响，焊接过程中可能会造成大量砂眼或焊漏，密封胶涂抹不均匀，运行中机组抖动，橡胶垫或密封胶老化等诸多情况，导致母线密封不严。这种密封不严的结构致使母线处于一种"相对密封"状态，在母线的内部空间形成小的结露环境。在空气气流的作用下，外部潮湿的空气侵入母线内部，被母线内的热空气吸收，并滞留在母线内，成为高温气体的补偿水分（这一点，可由空气的饱和湿度表查阅，见表2-1）。当母线整体运行条件改变，或受到特殊气候及自然条件变化影响时，母线内导体、支撑绝缘子、外壳的内表面及盘式绝缘子上出现凝结水滴的现象，我们称之为结露现象，当结露现象严重时，会造成母线的绝缘下降甚至跳机。据不完全统计，国内无论是南方还是北方，每年都有大量的运行机组发生结露、跳机事件。封闭母线结露已成为影响机组安全运行的头等隐患。

表 2-1　饱和湿空气表

温度（℃）	饱和水蒸气密度（ρb/g/m³）	饱和水蒸气分压力（Pb/kPa）	温度（℃）	饱和水蒸气密度（ρb/g/m³）	饱和水蒸气分压力（Pb/kPa）
-60	0.019	0.0011	-38	0.210	0.0161
-58	0.024	0.0014	-36	0.255	0.0201
-56	0.0230	0.0018	-34	0.309	0.0249
-54	0.038	0.0024	-32	0.373	0.0309
-52	0.049	0.0031	-30	0.448	0.0381
-50	0.060	0.0039	-28	0.536	0.0468
-48	0.075	0.0050	-26	0.640	0.0573
-46	0.093	0.0064	-24	0.761	0.0701
-44	0.114	0.0081	-22	0.903	0.0853
-42	0.141	0.0102	-20	1.07	0.102
-40	0.172	0.0129	-18	1.26	0.125

续表

温度（℃）	饱和水蒸气密度（ρb/g/m³）	饱和水蒸气分压力（Pb/kPa）	温度（℃）	饱和水蒸气密度（ρb/g/m³）	饱和水蒸气分压力（Pb/kPa）
-16	1.48	0.151	23	20.55	2.806
-14	1.73	0.181	24	21.76	2.980
-12	2.02	0.218	25	23.02	3.163
-10	2.25	0.260	26	24.34	3.357
-8	2.73	0.310	27	25.73	3.561
-6	3.16	0.369	28	27.19	3.776
-4	3.66	0.437	29	28.73	4.000
-2	4.22	0.517	30	30.32	4.239
0	4.845	0.610	31	32.01	4.488
1	5.190	0.656	32	33.77	4.751
2	5.555	0.705	33	35.60	5.025
3	5.944	0.757	34	37.54	5.314
4	6.356	0.812	35	39.55	5.617
5	6.793	0.871	36	41.65	5.936
6	7.255	0.934	37	43.87	6.270
7	7.745	0.001	38	46.15	6.619
8	8.263	1.071	39	48.54	6.985
9	8.811	1.147	40	51.05	7.371
10	9.390	1.226	45	65.28	9.576
11	10.00	1.310	50	82.77	12.33
12	10.65	1.400	55	103.9	15.73
13	11.33	1.495	60	129.6	19.91
14	12.06	1.595	65	160.3	24.98
15	12.81	1.702	70	196.8	31.13
16	13.61	1.813	75	239.9	38.51
17	14.46	1.936	80	290.6	47.32
18	15.36	2.060	85	349.8	57.75
19	16.29	2.193	90	418.3	70.04
20	17.28	2.334	95	497.5	84.44
21	18.31	2.484	100	588.7	101.23
22	19.41	2.640			

2. 封闭母线内灰尘过大导致闪络

封闭母线密封不严，外界含有粉尘、杂质的空气或浓雾及化工气体粒子团侵入母线，造成母线内部环境脏污，引起导体、绝缘子的绝缘电阻下降，从而发生封闭母线闪络、跳机的情况。这种闪络通常发生在封闭母线的夹层内，由于外壳的屏蔽，我们很难看到内部，只有机组检修或母线大修时，我们才能看到母线外壳内壁或导体外壁上有电弧灼伤的痕迹，类似于电焊的痕迹。母线内的闪络有污闪、雾闪及爬电、放电、间隙击穿等。

3. 封闭母线导体和外壳过热

封闭母线的导体或外壳局部由于受到连接螺栓受力不均匀或导体外壳涡流的影响，出现接合面曲翘，导致接触面接触不良、接触电阻过大。或是母线内部灰尘较大，夹层内频繁出现闪络，导致磁场的紊乱加上在导体电流或外壳感应电流的影响下，导体和外壳上发生强烈的发热或氧化，致使接触面松动或烧熔，引起外壳过热。

4. 封闭母线漏氢

封闭母线内受发电机出口套管老化、间隙过大或套管损坏的影响，导致发电机内的氢气外泄，外泄的氢气大部分在发电机出线箱上的排氢孔排出，但仍会有少量氢气透过盘式绝缘子而进入母线内部，这样在壳体内产生了易燃的可能性，如遇到母线内瓷瓶座脏污，出现微弱的放电，会造成封闭母线爆炸的重大设备事故。微正压式封闭母线也正是由此而提出的。

第三章　封闭母线
内部结露的综合分析

　　封闭母线是发电机组重要的辅助电气设备，当封闭母线出现严重受潮或结露时，会引起发电机出口接地或相间短路、厂用电或启备变系统接地或相间短路。每年，全国有多起机组出现封闭母线结露、闪络、跳机的故障情况。据华北电力科学研究院协助大唐国际对所属 29 个电厂的 92 台机组（含 21 台启备变）的封闭母线运行情况进行的调查，在有封闭母线的 29 个电厂中，有 4 个电厂曾出现过封闭母线闪络，造成机组停机或启备系统跳闸的情况，占 13.8%；有 7 个电厂曾发现过封闭母线有结露的情况，占 27.6%；有 10 个电厂曾发现过封闭母线绝缘严重偏低的情况，占 34.5%。调查结果表明，封闭母线结露、闪络、跳机故障已成为发电机组安全稳定运行的重要制约因素。而通过对一些事故机组的普遍调查后发现，发生事故的机组普遍面临密封性能差、存在大量的泄漏点等现象。这一现象值得我们关注和反思。因此，我们有必要先了解一下封闭母线泄漏的原因。

第一节　封闭母线泄漏的原因及危害

　　进入 21 世纪以来，随着我国经济的快速发展，电力需求急速增长，国内大量的机组相继投入运行，较早一些的机组距今已运行十多年甚至二十年之久。由于运行时间较长，封闭母线相继受到机组抖动、共振、母线内外温差的变化、土建基础的位移、密封胶老化等诸多因素困扰，致使封闭母线原有的密封结构遭到破坏，导致封闭母线发生泄漏。母线泄漏后，母线内外的空气就会自由流通置换，外界空气中的灰尘、杂质、带电粒子、水雾等就会侵入母线并滞留在母线内部，造成对母线内部整体环境的污染。

一、封闭母线泄漏的原因

　　封闭母线的泄漏主要有以下原因：

1. 封闭母线体积庞大，密封点较多，密封工序烦琐

国内目前使用的封闭母线，普遍体积较大。火电厂母线单相主体长度（不考虑分支在内）最短都在 50 米以上，三相加起来达 150 米。而水电或核电所使用的封闭母线更要远远大于这个数据，甚至有些发电企业单相母线长度就达数百米。封闭母线越长，相对应的体积就越大，所涉及的密封点就越多，泄漏的隐患也会相应增加。以支撑绝缘子为例，由于支撑绝缘子数量众多，绝缘子弹性块活动性较大，加上长距离的运输震动，造成封闭母线结构松动，引起绝缘子固定螺丝处的泄漏概率增大。同时，由于固定螺丝的松动，致使密封法兰下的密封 "O" 形圈受力不均匀，造成法兰漏气。例如，每一单相封闭母线上最少有数十个支撑绝缘子，每个支撑绝缘子上就有 12 个紧固螺栓，这样算来，每条单相封闭母线上就有数百个螺栓，如果三相母线加起来，就有成千上万个螺栓，即便有少量螺栓紧固不当，每一个紧固不当的螺栓就是一个隐形的泄漏点。加之支持绝缘子法兰面加工精度不高，绝缘子底板与外壳的密封不好，也会造成一定的泄漏。这些泄漏点虽然较多，但处理起来却也相对容易。

2. 施工因素影响

在封闭母线的施工过程中，由于封闭母线的施工周期长，工作量大等诸多原因，导致封闭母线的焊接质量达不到要求，如，焊接人员技术发挥不稳定，在焊接过程中，温度及冷却速度控制不好或施工存在一定的难度而造成的；焊接时受雨、雪、霜、冻的影响等，导致封闭母线焊缝开裂、夹渣、砂眼；焊接过程中受空间、视觉、焊接角度的影响，导致有些部位出现漏焊，或无法焊接的情况。这些砂眼或漏焊点虽然不大，但数量较多，造成封闭母线泄漏量较大。这也是影响封闭母线密封性能的因素之一。更有甚者，有些电力企业为了赶工期、追进度，工程质量受到忽视，对企业的后期管理和营运带来隐患。例如，内蒙古某发电厂，因过度追求工期进度，在封闭母线密封过程中，施工方将封闭母线发电机出口、主变、高厂变、PT 柜、励磁柜等处的所有盘式绝缘子连同母线本体、密封法兰、螺栓，采用树脂浇注工艺浇筑为一个整体，违反了母线的施工及密封工艺，为封闭母线的后期密封维护及保护装置的投运带来巨大困难。同时大量的封闭母线在验收时，并没有严格地按照封闭母线的验收工艺实施验收，导致封闭母线上有很多隐蔽工程无法发现。封闭母线施工完成后，应对封闭母线做气密性能实验，而多数企业在工程交接时，通常只是将封闭母线的绝缘指标作为验收的主要标准，而忽略了封闭母线的气密性，使封闭母线在后期的维护和运行方面遗留下很大的泄漏隐患。而施工方在封闭母线的密封方面，只对三相母线中的一相做细致的密封工作，而对另外两相则置之不理。在为母线做充气密封试验时，只

针对密封好的一相做气密性试验，而在另外两相的充气管路中，采取内部封堵的办法不充气，因此，表面上看母线的整体密封工程良好，但实际上，另外两相封闭母线根本就没有任何保护。导致封闭母线投运后导体或绝缘子受潮或内部积灰事件多有发生。

3. 外壳上产生的内应力变化

所谓内应力，是指当外部荷载去掉以后，仍残存在物体内部的应力。它是由于材料内部宏观或微观的组织发生了不均匀的体积变化而产生的。封闭母线作为重要的发电机辅助设备，运行中不可避免地也会产生应力，例如，冬季室内封闭母线和室外封闭母线因所处的冷热环境不同，会在导体和外壳上产生不同的温差，这种温差会导致室内母线和室外母线产生不同的膨胀效果，两种膨胀效果相互干扰，导致母线外壳出现应力变化。同时，机组的抖动也是外壳产生内应力的主要因素，运行中的机组会产生一定频率和振幅的抖动，封闭母线自身也会产生一定频率和振幅的抖动，当两种振动的频率、振幅完全相同时，母线就会产生共振现象，共振会使封闭母线导体或外壳产生强大的内应力。应力对封闭母线最大的破坏是导致母线发生变形，破坏封闭母线的密封结构，引发封闭母线泄漏。其破坏力主要体现在封闭母线的导体和外壳的焊缝上。这是因为，母线的零部件是在工厂生产、加工完成，现场组装的工艺步骤，在现场组合焊接的过程中，焊缝受风、雨、雪等外界条件以及现场焊接角度、焊接电流大小的影响，焊道会出现不同程度的夹渣、咬边、熔池浅、没焊透等现象，因此焊缝是整个封闭母线连接最薄弱的部位。焊缝的内部原子排列结构不均匀，从而造成应力传递的不平衡，有的地方会成为应力集中区，夹渣、咬边、熔池浅、没焊透的焊缝在传递应力时，焊缝会承受应力带来的巨大冲击力，焊缝中能够传递应力的部分会越来越少，直至剩余部分不能继续传递负载时，最终出现焊缝开焊现象。与此同时，铝制板材在加工卷筒过程中也会产生许多微小的裂纹，如果内应力长久作用于封闭母线的裂纹上，经过一段时间后，在裂纹上的高应力会加深这些微小裂纹的纵深结构，由微小裂纹逐渐扩展以致铝材产生局部范围的伸展、加深等，即金属疲劳现象，就会引发铝制导体和外壳的破坏。母线抖动的应力幅值、平均应力的大小、频率是影响焊缝开裂和母线裂纹的三个主要因素。有很多电厂，封闭母线在刚刚交付使用时，其密封性能是可以的，但在使用了一段时间后，母线出现大幅度的焊缝开裂、漏气现象，就与此因素有关。

4. 母线发热加速了密封结构的老化

由于封闭母线是一个密闭的管道，阻碍了母线内导体热量的散发，使导体在运行中产生的热量只能以辐射和对流的方式传递给外壳，再由外壳以传导的方式传递到外壳的外表面，再由外表散发到空气中。有资料表明，在封闭母线运行期间，由于导流母线的集肤效应与邻近效应，三相并排布置圆管载流导体的附加电阻与封闭母线退出运行期间的电阻之比接近 2 倍，因此封闭母线外壳的温升都很高，尤其中间 B 相封闭母线外壳的温度最高。应及时将这种热量散发出母线，如不能将热量及时散发，这些热量会以传导的方式传递给外壳上的一些橡胶密封垫、密封胶，致使橡胶垫、密封胶受热老化。同时，这些热量使封闭母线内产生剧烈的温差效应，导致出现结露的隐患。

5. 动态运行应对措施少

国内的封闭母线在设计和安装时，考虑更多的是封闭母线在静态下的理论运行性能，大多忽视了封闭母线在投入运行后的动态运行。即机组投入运行后，由于发电机与母线的共振、机房的抖动、母线土建基础的下陷等原因，致使封闭母线发生一定的位移和错位，其密封结构会受到不同程度的破坏。或母线在长时间运行后，受本身自重的影响，发生扭曲变形和局部的金属疲劳导致封闭母线发生泄漏。国内目前采用橡胶波纹管和铝制波纹管来减少动态运行给母线带来的损害，这两种波纹管的主要作用是"吸能"，即将母线上产生的应力、抖动力及频率吸收和缓解，但其起到的作用却有限。

6. 密封工艺存在缺陷

国内封闭母线密封通常采用的是密封胶加橡胶密封垫加螺纹连接的组合密封工艺，通常情况下，橡胶密封垫装配于发电机出线箱、主变升高座、PT 出口、支撑绝缘子底座等主要密封部位，安装橡胶密封垫时并涂抹一定的密封胶配合密封的完成。母线的密封涉及三种不同的材质——铝制的外壳和导体、复合材料的盆式绝缘子及橡胶垫，由于密封材质的不同，密封胶作为黏合剂被大量使用，随着运行年限的增加，母线上的一些橡胶密封件逐渐老化，或因长期经受压力或热量而失去弹性，无法再起到密封的要求。密封胶在机组开机后会因受热固化、机组抖动等原因，一段时间后失去密封性能甚至撕裂、剥离，从而影响封闭母线的密封性能。

有实际维修经验的工人都知道，在电厂检修中的密封保压试验中，封闭母线与主变、励磁变、高厂变以及发电机出线处的盆式绝缘子处都有不同程度的泄漏。泄漏点主要集中在绝缘子与外壳和导体间的连接螺栓处，外壳与盆式绝缘子的边缘处也有少量泄漏。绝缘子与封闭母线外壳及导体之间的密封主要是通过螺栓压紧角部密封条来保证的。这种在角部的密封结构，如果母线安装过程中导体与外壳稍有偏离轴心，密封条在圆周方向上压紧力不均匀，都会造成母线泄漏，影响母线密封效果。母线投运后，密封条在高温下稍有变形，或因老化弹性略有降低也会影响密封效果。空气从螺栓处及绝缘子、外壳及导体的交界处进入，从而使封闭母线达不到正常的密封要求。之所以在上述这些部位泄漏，主要是因为上述这些部位通常位于整个全连式离相封闭母线的首末端位置，也是应力最容易释放的位置，外壳或导体的应力在释放过程中，不可避免地会出现震动现象，震动会导致螺栓的紧合力受震动而出现松动，螺栓的松动又会导致橡胶垫和密封胶的剥离和松动，导致封闭母线的气密性遭到破坏。封闭母线的气密性不能永久保证密封效果，需要在每次的修检中予以修补。

综上所述，封闭母线泄漏是机组所面临所有故障和隐患的根源。正因如此，国家相关文献、资料也一再强调封闭母线密封的重要性。但在实际运行中，能够达到密封要求的封闭母线却少之又少，我们通常看到的封闭母线保护装置频繁发生的各种事故，其在很大程度上是封闭母线密封不严而引发的。

二、封闭母线泄漏后的隐患和危害

封闭母线因密封不良导致泄漏后，其内在的运行环境会发生缓慢的改变，其主要表现在以下几点：

1. 母线内相对湿度增大

封闭母线泄漏后，外界空气中的水分会通过泄漏点进入封闭母线内部，并成为母线内热空气中的补偿水分而滞留在母线内。很多人认为，封闭母线在启机后，由于导体、外壳的发热，会将封闭母线内部的水分蒸发并驱逐出封闭母线，降低母线内部的湿度，从而达到提高母线整体绝缘的效果。但在实际运行中，启机后的封闭母线湿度不但没有降低，反而要比母线外部环境中的湿度高出很多。其原因主要是导体在输出电流时，必然要产生大量的热量，而外壳由于存在与导体大小相等、方向相反的感应电流，本身也会产生一定的热量，导体产生的热量通过辐射和对流的方式传递到外壳，导体和外壳产生的双重热量一部分通过外壳的表面积散出，而大部分的热量则滞留在母线夹层内。由于封闭母线是一个密闭的管道，阻碍了母线内热量的散发，母线内的空气温度会明显高于母线外的空气温度，温度的升高，必然导致湿度的增大，这是空气不变的物理性质。当母线外空气中的水汽分子进入母线内，这些水分便被母线内的热空气所捕捉，成为热空气的补偿水分而滞留在母线内。因此，运行中母线内空气的相对湿度总是要明显大于母线外自然环境中空气的相对湿度。只是，这些水分是以气态的形式存在于母线内，而并不是以液态的形式表现出来的，我们只是在视觉上造成了错觉，感觉水少了，其实这些水分并没有减少，而只是变换了一种状态存在。另外，由于封闭母线整体运行温度的偏高，无论是室内段还是室外段母线，其母线内部温度均会高于自然环境温度，其饱和湿空气含量总会明显高于母线外自然环境中的饱和湿空气含量，而且母线内的空气始终处于不饱和状态，这也是我们始终无法看到母线内存在液态水的原因所在。但是，一旦当机组停机或负荷电流明显降低时，母线内的运行环境会有一个显著的改变，这些存在于母线内的补偿水分就会逐渐由气态向液态转换过来，成为名副其实的凝结水，在母线内凝结出来，从而影响母线的绝缘性能。

2. 加速母线内部环境的脏污

封闭母线内部环境的干燥、洁净，是母线安全、平稳运行的有力保证。母线泄漏，母线内外的气体也加速了置换的频率，机组启动后，母线内部会侵入大量的灰尘、杂质等颗粒物，通常条件下，封闭母线内部存在一个强大的电磁场，这些灰尘、杂质等颗粒物一进入封闭母线内我们就认为已经完全带电。磁场导致气体电离而产生电晕放电，进而使进入母线内的灰尘粒子带电，并在电场力的作用下将灰尘粒子分离出来，稳定地附着在整个磁场的两极，即导体和外壳及绝缘子上。母线的外壳由于与大地等电位，相当于阳极，而导体由于输送大量的电子，相当于阴极。由于导体和母线外壳存在不同的曲率半径，因此在两极之间便产生极不均匀的强电磁场，导体附近的磁场强度最高，使得导体周围的气体电离，即产生电晕放电，电压越高，电晕放电越强烈。在电晕区，气体电离生成大量的自由电子和正离子；在电晕外区（低场强区），由于自由电子动能的降低，不足以使气体发生碰撞电离而附着在气体分子上形成大量负离子。当含有大量灰尘、杂质的气体进入母线的电场后，电晕区的正离子和电晕外区的负离子与灰尘颗粒碰撞并附着其上，实现了灰尘粒子的带电。带电的灰尘粒子在电场力的作用下向电极性相反的导体或外壳运动，并聚集在导体或外壳的表面沉降区，这是造成封闭母线内部脏污的主要原因之一。随着时间的增加，进入到母线内的灰尘粒子会越聚越多，而出去的灰尘粒子却相对较少，泄漏的封闭母线无形中成为了巨大的静电吸尘器，吸进去灰尘。因此，封闭母线泄漏，可加速母线内部污染的进程，导致内部环境脏污。再充分考虑二次扬尘、反电晕、粉尘凝聚和湿度增大等多重因素后，母线泄漏的危害也就不言而喻。

3. 增加闪络、发热和结露的概率

当机组运行时，灰尘粒子进入封闭母线，受磁场的影响，会不均匀地附着在封闭母线的某一处，一般是距离泄漏点较近的位置浓度较高，造成母线内部不同区域的环境脏污。由于受到外壳的屏蔽保护，这种脏污是无法及时清理的，灰尘会在导体、支撑绝缘子和外壳内表面形成一层薄膜，这层薄膜的成分含有硅、钙氧化物及硫、氯化钠等，这些物质在干燥的时候，绝缘电阻会很高，所以在干燥的环境下发生闪络的概率很小。如果突然遇到湿度增大、温差变化、结露等其他因素时，极有可能引发闪络事故，也就是我们常说的污闪和雾闪。离相封闭母线内的污闪主要有爬电、放电、闪络三种。爬电指的是母线导体的泄漏电荷沿着支撑绝缘子或盘式绝缘子上的污染物形成的放电通道产生蛇形放电而形成的电离现象。放电指的是导体向母线和外壳的夹层空间内直接释放电荷。闪络指的是母线夹层空间内因导体和外壳所释放的大量的正负电子在空间内相遇，在高强的电压和磁场下发生放电反应，发出强烈的弧光并释放出巨大的能量。放电、爬电现象一般泄漏电流比较小，释放或泄漏的能量比较低，对母线的整体运行带来实质性的危害也相对较小。而闪络则会产生巨大的弧光并伴有强烈的能量释放，类似于电焊产生的弧光，由于母线内的夹层空间半径相对较小，弧光会将导体、外壳或绝缘子等固体设施表面灼伤，降低绝缘子的绝缘性能，影响封闭母线的整体运行，严重时甚至导致机组跳机，其危害也是几种常见故障中最大的一种。雾闪其实也是污闪的一种，主要是由于母线的内部环境过脏，导致导体、外壳或绝缘子等固体设施上积存大量的污垢，并在表面形成腐蚀薄膜，遇到浓雾后，浓雾中的水分与污垢薄膜发生反应形成导电通道。就当前国内的实际情况而言，浓雾并不可怕，最可怕的是雾霾天气，因为雾霾里面有很多的带电粒子、烟气化合物、粉尘粒子、化工气体粒子等多种复合物质，这些粒子本身就带有各种化学性质和物理机能，进入封闭母线后，加速了母线内部环境的腐蚀进程。

在母线内发生的任何一种闪络，都伴有一定的发光、发热和电离现象，严重时燃烧的电弧会将母线内的空气加热，引发母线内的空气急剧膨胀，并在夹层空间的内部产生巨大的膨胀压力。电弧燃烧时释放出巨大的能量，相当于太阳表面温度的 2~4 倍，为 10000~20000℃，电弧光中心温度过高导致铝板熔毁气化。产生的弧光冲击波以 300m/s 的速度爆发，可摧毁母线内的任何固体物质。这种闪络在封闭母线的内部发生时，由于外壳的屏蔽我们无法看到，但我们可根据母线内部的痕迹物证证明这种闪络的客观存在。例如，我们在为封闭母线做解体工作时，会发现在封闭母线外壳的内表面、绝缘子或导体的表面上有大面积的灼伤痕迹，类似于电焊的弧光所造成的痕迹，这就是母线内发生大面积闪络的有力证明。闪络弧光发生的瞬间电离产生大量的有害气体和金属蒸汽粒子，这些气体和粒子漂浮在母线的夹层空间内，进一步加剧了空间热量的散发和内部的环境污染，增加再次闪络的隐患。

闪络的危害是巨大的，产生大量的热量，导致母线热量加剧，并电离出更多的带电粒子或离子，干扰了母线内磁场的稳定，产生大量的有害气体，加剧了母线内部环境的污染，腐蚀母线内固体物质的绝缘性，造成母线空间内污损，保护漆焚毁，固定元件松脱，铝材气化等。

机组停机后，由于温度的下降和磁场的消失，原来聚集在两极的粉尘粒子失去磁场和电力的束缚而均匀地漂浮在母线内，母线内部空间的空气迅速由不饱和状态转化为过饱和状态，形成微小的过饱和水汽，这种水汽凝结成水滴需要有晶核（灰尘粒子）存在，而封闭母线内的灰尘、杂质都可以作为晶核。即便是没有晶核，母线内的导体、支撑绝缘子、外壳等固体物质也会成为附着物而附着大量的水汽。如果没有灰尘、杂质以及附着物的存在，母线内的空气温度即便降低到露点以下也不会凝结。即使有一部分过饱和水汽分子相遇结合在一起，也会因为没有凝结核的束缚而再次分离开，继续游离于母线的内部空间内。一旦遇到凝结核或附着物，就立即凝结，产生大量的结露水，从而降低母线的绝缘性能，导致封闭母线结露事件的发生。根据空气的这个物理性质，我们就不难推断出，为什么封闭母线结露绝大多数事件发生在停机后启机前这段时间内，其主要原因就是内部大量的粉尘粒子捕捉了大量的水汽，加速了结露的进程。

4. 增加母线内漏氢的隐患

许多人认为，氢气进入封闭母线的概率很小，尤其是现在国内运行的机组在对漏氢方面做出了很多防范性技术措施，机组漏氢的概率几乎没有。但即便是再先进的保护措施，都不可能做到百分之百的防范到位，即便是存在百分之一的事故概率，对机组的运行都是致命的。国内曾有电厂运行机组突发严重的漏氢事故，机组内氢气在短短 10 分钟之内就全部泄漏到周边大气中，氢气与空气的混合比例达到 4% 即可引发"爆鸣"现象。如果在发电机出口处位置，出线套管向封闭母线漏氢存在可能性，将给母线的安全带来极大隐患。

第二节　封闭母线结露的综合原因分析

封闭母线结露是电力企业面临的首要隐患之一，国内无论在南北区域还是东西区域，都曾经发生过多起封闭母线结露、跳机的案例。因此，防止封闭母线发生结露造成的跳机是所有故障和隐患中的重中之重。

一、封闭母线结露的原因

1. 封闭母线泄漏，加剧了母线内外空气的置换量

封闭母线泄漏后，会产生强烈的"呼吸"作用。母线泄漏点越多，"呼吸"现象就会越明显，所带入的灰尘及水分也会相应增多，隐患也就越大。国内发生结露、闪络等事故率较高的封闭母线绝大多数是这种"呼吸"现象特别明显的母线。假如封闭母线本体上存在两个不同位置的泄漏点，这两个泄漏点会随着大气压强、周边温度以及一些其他客观、自然因素的影响，在两点之间形成定向的空气流动，空气由其中一个泄漏点进入，从另一个泄漏点流出，"呼""吸"两种现象同步发生，并始终保持这种状态，直至周边环境状态改变，而并不是单纯的只"呼"不"吸"或只"吸"不"呼"。

经笔者的认真走访和调查，国内发生结露、跳机的封闭母线，普遍存在着一定的泄漏情况，国内有大量相同的案例都可以有效证明这一观点。

2. 保护设备存在使用误区

在众多发电企业中，衡量封闭母线运行正常与否的标准是测量封闭母线的固体绝缘，固体绝缘值越高，意味着封闭母线的运行可靠性越高。有些运行维护人员一般只重视封闭母线整体绝缘参数的高低，常常忽略了封闭母线保护装置的功能与作用。甚至有些维护人员存在一定的麻痹思想，认为我们地区气候干燥，不可能出现封闭母线结露的情况，所以，忽视了封闭母线的保护工作。从理论上讲，封闭母线工作的正常与否，取决于两个条件：①封闭母线内固体绝缘值的高低；②封闭母线保护系统的正常运行。

如果单纯地只注重封闭母线的固体绝缘值的高低，虽然能使封闭母线的总体绝缘水平提高，但如果缺少一套行之有效的防潮保护系统，其他系统受潮也会导致封闭母线总体绝缘水平下降。如果只单纯地注重封闭母线的保护性能，虽然可以提高内部环境的可靠性，但还不能根本地提高封闭母线的绝缘水平。因此，应根据实际采取优化组合对策，才能达到理想的效果。目前，国内封闭母线保护设备的投入使用率并不是很理想，约60%以上的电力企业的封闭母线保护装置常年处于停滞状态或损坏状态。无法及时正确地投入使用，致使封闭母线常年处于无保护状态，这是引发封闭母线结露、闪络、跳机的主要原因。而且，国内相当一部分使用单位对母线的保护装置如何正确使用存在误区，认为保护装置只是在机组停机的时候才投入使用，而在机组启机后，保护装置即可退出运行。其实，这是一个错误的观点，保护装置投入使用的目的，是保证封闭母线内部有一个干燥、洁净的内部环境，防止封闭母线内部发生吸潮、积灰、闪络、内部环境过热、漏氢等多重隐患。发电机组启机后，封闭母线受泄漏、电磁等诸多因素影响，母线内部会出现加速吸潮、积灰的现象，这种吸潮、积灰的现象是引发母线结露、闪络、跳机的诱因。封闭母线保护装置停机时投入使用的目的是为了防止封闭母线内部出现结露，而机组启机后，其保护的重点是防止母线内积灰、吸潮，防止封闭母线内发生闪络和漏氢，并将闪络产生的腐蚀气体快速置换出封闭母线，以保持母线内部的干燥、洁净，而不是单纯起到防潮、驱潮的作用。

按照国内的有关观点，运行中的机组其绝缘性能和母线内的干燥度都应该是很高的，只要机组启机，母线便可安全、平稳、可靠地运行。但国内大量的事实案例证明，有相当一部分机组是在机组启机运行了一段时间后才突发跳机的，说明机组在启机后其绝缘性能并不是想象中的完全可靠，母线内时刻发生着吸潮、积灰、闪络等一系列相关的变化。为了有效杜绝母线在运行中大量吸收母线外空气中的灰尘和潮气，保护装置应 24 小时不间断投入使用。以达到杜绝灰尘、潮气进入母线的目的，起到保持内部环境干燥、洁净的作用。

案例

2009 年 1 月 21 日，河北某热电厂 X 号机组非计划停运，发电机定子接地保护动作，发电机掉闸，大联锁保护动作，机组停运。定子接地保护动作后，根据保护装置动作记录及发电机故障录波器报告显示，确定发电机—变压器组一次部分存在 B 相接地故障。将发电机出口三组 PT 和一组避雷器单独检查未发现异常，测量励磁变一次绝缘合格，拆开发电机出口伸缩节检查，发现发电机封闭母线侧 B 相绝缘为零，进一步检查确定故障点在 B 相主变位置封闭母线密封绝缘子处。如图 3-1 所示，其上面存在结冰现象，造成 B 相接地短路故障。对故障部位处理后，1 月 23 日 4 时，机组与系统并列。

图 3-1　B 相主变位置封闭母线密封绝缘子结冰现象

国内发生结露、跳机的机组，普遍存在保护装置没有及时、准确投入使用的情况。往往只是在机组启机前，简单测量一下封闭母线的固体绝缘值，对于母线内部潮湿空气的置换则无人关注。机组启机后，封闭母线内部空气会出现由冷至热的状态改变，这种状态的改变会使母线内空气湿度发生相应变化，部分液态水受热量、磁场等环境影响直接汽化成气态水，导致母线内部湿度增大、绝缘性能降低，直接或间接影响到其他绝缘固体的绝缘性能。

国内有一种结露、跳机事故，是由于封闭母线的保护装置配置低、过滤精度低，而误将水和油注入到了封闭母线内，从而导致封闭母线发生结露和跳机。这种情况，在国内也有一定的案例。即机组封闭母线发生结露、跳机时，母线密封良好，保压时间在30分钟以上。保护装置运行平稳、正常，但依然发生了结露、跳机的事故，在封闭母线内也发现了一定的凝结水。事后，经全面的调查分析，发现在微正压装置内以及充气、取样管道中都存在大量的水和油痕迹，由此判断出，封闭母线内出现的水和油，就是其保护装置没有将气源中的水和油彻底过滤干净，而误充入封闭母线内，造成母线内空气湿度增大，随着外部气温的降低，母线内发生了结露事件。例如，我们经常可以看到有些长久运行而没有维护过的微正压装置，其表面或内部被大量的油污和水分所污染的痕迹。如图3-2所示。

图3-2　被油污和液态水污染的微正压装置

3. 地方区域独有的季节性气候影响

我国大部分地区，主要有以下三种气候类型：温带季风气候、温带大陆性气候、亚热带季风气候。

温带季风气候的特征是夏季高温多雨，冬季寒冷干燥。冬季气温低于0℃，夏季雨水适中，年降水量1000mm左右，约有2/3的雨水集中于夏季。冬季受来自高纬内陆偏北风的影响，盛行极地大陆气团，寒冷干燥。简而言之，四季分明，冬夏季风方向变化显著。这种气候，以华北、东北、西北一带为主。

温带大陆性气候的特征概括起来就是：冬冷夏热，年温差大，降水集中，四季分明，年降雨量较少，大陆性强。由于远离海洋，湿润气候难以到达，因而干燥少雨，气候呈极端状态。简而言之，夏季高温，冬季寒冷，全年降水少，降水主要集中在夏季。这种气候以华中地区为主。

亚热带季风气候的特点是夏季高温多雨，冬季低温少雨，降水充沛。最冷月平均气温不低于0℃，最热月平均气温高于22℃，秋季温度高于春季温度。这种气候以南方地区为主。

从以上三种气候的特点我们可以看出，北方地区主要以前两种气候为主，都存在夏季高温，冬季寒冷，四季分明这样一个自然现象，封闭母线长期处于这种温差变化之中，母线内外空气置换更加频繁。特别是在每年的冬季，室外封闭母线因导体与外壳存在巨大温差以及其他温差，导致母线内空气结露的概率明显增加，闪络、跳机事故几乎全部集中在这个季节发生，尤其是每年的10月至来年的4月，而过了冬季以后，每年的4月至10月，结露事故几乎不再发生，即便是偶尔有绝缘下降事件发生，其不外乎雨水侵入母线所致，保持母线内通风或正确使用保护装置通风、吹气，均可快速建立起母线绝缘。但不排除极个别区域受地理位置或季节变化异常影响。例如，我国内蒙古和新疆均在5月中下旬依然出现过离相封闭母线冰冻造成结露、跳机的事件。这种季节现象也是诱发封闭母线结露的主要原因。而南方地区气温较高，湿润多雨，全年温差较小，但由于湿度较大，即便较小的温差也会引起大量结露情况，且潮湿多雨的情况更是诱发封闭母线受潮结露、闪络的主要因素。尤其是在南方的梅雨季节，封闭母线长时间处于温湿、湿热的环境之中，导致封闭母线的整体绝缘偏低。在南方地区的冬季，母线也存在昼夜温差大、湿度大等结露问题，因此，南方地区封闭母线的保护难度要明显高于北方地区。以下为典型的季节性结露案例。

案例

黑龙江某热电有限公司总装机容量2×200MW，2007年11月26日11时46分，2号机CRT画面来预告音响，2号机发变组A、B屏保护装置动作，A、B屏定于接地信号。12时09分，#2机组跳闸，快切动作切2号机6kV厂用A、B段工作电源，#0高备变自动投入，带2号机6kV厂用A、B段。大联锁保护动作，机组跳闸。

·故障处理过程及试验数据

接地故障发生后，运行人员合上2号机变出口2002甲D刀闸，在2号发电机中性点接地变压器处测量2号机绝缘电阻，（使用水冷发电机专用电动摇表，型号为：KD2678，生产厂家：武汉康达）测试结果见表3-1：

表3-1 2号机绝缘电阻测量结果（a）

序号	15秒（MΩ）	60秒（MΩ）	吸收比
1	15	19	1.23

由于测试结果较小，对摇表的准确度产生了怀疑，于是又将检修部门的

同型号表计分别进行绝缘电阻测量工作，试验结果见表3-2：

表3-2　2号机绝缘电阻测量结果（b）

序号	15秒（MΩ）	60秒（MΩ）	吸收比
1	34.8	52.1	1.5
2	30.7	47.8	1.56

测试两块表计结果基本符合。查阅运行部门2007年10月10日绝缘测试记录见表3-3：

表3-3　绝缘测试记录

序号	15秒（MΩ）	60秒（MΩ）	吸收比
1	240	312	1.3

由于此次试验在热态下进行，应比10月10日启动前静态下绝缘电阻值高，因此判定2号发电机组确实存在单相接地故障。

公司立即召开缺陷处理会议，组织各部门主管，制定处理方案，采取以下五项措施：

（1）对2号发电机出口PT一、二次保险进行导通测量，均未熔断。

（2）对发电机及封闭母线进行分部检查，将发电机中性点CT处及发电机出口封闭母线处软连接打开，对2号发电机进行分相绝缘电阻测量。测量结果见表3-4，绝缘电阻全部合格。

表3-4　分相绝缘电阻测量

相别	绝缘电阻	吸收比
A	330/250MΩ	1.32
B	220/165MΩ	1.33
C	190/140MΩ	1.35

（3）对发电机出口PT进行绝缘电阻及交流耐压试验，均合格。

（4）2号发电机出口封闭母线进行绝缘电阻测量（主变、高厂变及励磁变与封闭母线连接未断开的情况下），测试结果为0.5MΩ，因此将故障点确定在封闭母线处。分别对主变、高厂变及励磁变与封闭母线连接断开A、B两相。分别进行绝缘电阻测量工作，B相绝缘电阻12000 MΩ，A相绝缘电阻 0.5 MΩ 左右。确认 A 相存在故障后，对出口封闭母线室内的支持瓷瓶进行逐个排查，在室外检查至 2 号主变 A 相盘式绝缘子上侧，发现有明显的爬电痕迹，并且在 A 相盘式绝缘子上有结冰现象。见图 3-3。

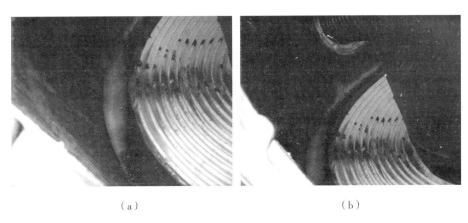

（a）　　　　　　　　　　　　　　　　　　（b）

图 3-3　闪络的绝缘子

（5）检查发现盘式绝缘子故障后，立即进行了盘式绝缘子的更换工作，测试绝缘电阻 10000 MΩ，符合要求。故障处理完成。

·引起故障的原因分析

微正压装置投入运行中，压缩空气经过冷冻、干燥后温度一般在 30~40℃，充入封闭母线中，由于 A 相封闭母线处在迎风面，冬季造成 A 相封闭母线内外温差大，结露汇集到最低点形成冻冰，是本次事件的主要原因（经过询问厂家相关人员，了解到外电厂也出现过由于冬季迎风面温差大导致的结露冻冰事件）。

·采取的防范措施

在 1 号机、2 号机室外封闭母线迎风面处加装保温被，降低内外温差（1 号机目前运行中无法加装，待下一次停机时进行，2 号机启动前进行保温被安装）。

遇有天气温度骤降时，加强对室外封闭母线的检查，同时对 2 号机发变组保护 A、B 屏进行检查，查看是否来三次谐波异常报警信号。

4. 母线特有的设计结构

离相封闭母线在设计上采用的是双筒式结构，导体和外壳有着不同的曲率半径，导体屏蔽在外壳内。这种设计更易引发强烈的结露效应，这是因为，导体被外壳屏蔽后，由于封闭母线整体体积较为庞大，受诸多因素困扰，封闭母线上会出现大量的泄漏点，其处于一种"相对密封"的状态，而不是"完全密封"状态。虽然国内诸多文件、规范对封闭母线的密封性能做出各种要求，但能达到要求的却为数不多，封闭母线基本上都存在一定的泄漏率。这种"相对密封"的状态，形成小的结露环境，其内部的空气质量、相对湿度、温差、空气流动速度等因受到屏蔽环境的制约，具备了结露的特征。另外，封闭母线在诸多部位的设计结构也是产生多重温差的主要原因。例如，室内和室外的设计，导体和外壳的设计，主变、高厂变升高座和母线本体的设计等，都容易使封闭母线产生多种温差，多种温差效应互相影响，也会导致封闭母线出现明显的结露现象。尤其是在机组停机后的一段时间内，母线由于运行状态的改变，会出现明显的结露、绝缘下降等现象。这种结露现象不受时间和季节限制，只要机组停机，在母线夹层这个小环境内就具备结露条件，就会有结露发生。就是在炎热的夏季，当机组停机时，也会出现轻微的结露、受潮事件。这种结露之所以很少被发现，多因环境温度过高，能目测到的液态水含量很少，因此问题也很容易被忽略。

有些封闭母线，在A列墙处母线内增加设计了一盘式绝缘子，其主要是为了防止冬季室内外空气在A列墙处产生结露，但这种设计不但不能有效地防止结露，反而会加剧母线结露的概率。这是因为，该绝缘子普遍具有一定的厚度，导致绝缘子室内一面和室外一面存在不同的温差，这种温差是造成A列墙处盘式绝缘子表面发生结露的主要原因。同时，增加该绝缘子后，阻断了室内外空气的流动，使室内母线和室外母线各成为一个相对独立的小环境，这种小环境更容易具备结露的条件（如温差、充足水汽、微和风力、稳定的气流、凝结核等），从而引发结露、闪络、跳机事故。以下为A列墙部位因结露造成跳机的案例。

案例

2009年12月13日上午6时20分，国电甘肃某发电有限公司刚刚启机运行几小时的一处机组封闭母线发生严重结露事件。封闭母线C相A列墙布置盘式绝缘子处发生重大闪络事故，事故导致该相封闭母线的外壳击穿，产生直径100mm的孔洞，造成机组跳机。事后调查发现，事故主要原因是微正压装置没有将压缩空气中的水分分离出来，直接将含水量很高的压缩空气充入到了封闭母线内，使A列墙处的盘式绝缘子内侧产生大面积结露，结露使A列墙处的盘式绝缘子的绝缘强度降低，使导体、支撑绝缘子、外壳之间产生贯通性放电，事后，仅从微正压装置的储气罐内放出的水就达50L之多。见图3-4。

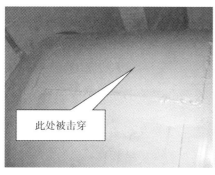

（a）外壳被击穿后补焊　　　　　　　　（b）A列墙处结露部位

图 3-4　跳机的事故机组

5. 保护方式简单且不切合实际

目前，国内对封闭母线的保护方式多种多样，有微正压装置，热风保养装置，防结露、闪络装置，风循环装置等。无论哪一种保护装置，都只是针对封闭母线的一种常见故障而提出。只有少数保护装置针对封闭母线的多种常见故障而提出了全方位的保护理念。

国内比较普及的母线保护装置，大多采用的是微正压装置，配置上主要包括微正压控制柜、空压机和储气罐三大部分。其设计原理主要是以空压机提供空气动力，生产制造压缩空气，压缩空气直接进入储气罐，压力在储气罐中得到释放、缓冲及储存，最后再进入到微正压控制柜内，在控制柜内压缩空气再进一步除油、除水、除杂质，然后充入到封闭母线内，维持一定的正压。从理论上讲，这种保护装置在设计上是合情合理的，但问题在于，一些母线保护装置厂家，为了片面地追求产品利润最大化，将保护装置的设计及配置标准设置得很低，使空气质量无法得到有效保证。例如：

（1）空压机流量小。空压机流量小，会使空压机频繁地启动或长时间启动，加大了空压机的使用负担。多家电厂都曾经发生过微正压装置的空压机因长时间工作，导致空压机机头爆缸、缸体撕裂、罐体爆炸等事故，最终导致空压机报废。

（2）储气罐无自动排水装置。空压机产生的压缩空气在流过储气罐时，压缩空气中的水分会由于比重大直接落在储气罐的底部，应及时将这些水排除，如不能及时排除，这些水会跟随压缩空气直接进入到母线内，加重了母线的负担。同时，这些水如果长期滞留在储气罐内，也加重了对储气罐的腐蚀。很多单位甚至发生过在空压机压缩过程中产生的凝结水误充入封闭母线内，导致封闭母线结露的事件。

（3）控制柜配置低。控制柜的目的主要是过滤压缩空气中的油雾、水分和杂质，使空气达到一定的洁净度，并对进入封闭母线的气体压力进行适当控制。但许多控制柜设计得却非常简陋，各种过滤器过滤设备形同虚设，导致含有大量水分和空压机润滑油的空气充入到母线内，污染母线内部环境。

以上这些现象，在电厂原配套安装的微正压装置中非常普遍，这种低配置装置在运行中性能非常不稳定，如果不能及时地发现和排除隐患，这种装置会将空压机产生的压缩空气和过量水直接充入到母线，反而加重封闭母线的负担。且这种案例已经在多家电厂出现过。值得庆幸的是，这种现象已经得到相关部门的重视，在后期一些厂家改造的微正压装置中，这种现象已经得到了有效的改善。

案例

2011 年 10 月 22 日 7 时 30 分，国电内蒙古某热电有限公司摇测 #2 发电机绝缘为 0.5MΩ，绝缘异常偏低。经过专业判断后认为发电机绝缘受潮，随后投入发电机定冷水加热来提高发电机的绝缘电阻，同时投入封闭母线微正压装置。检修人员一直用发电机专用绝缘电阻表监测发电机绝缘，期间发电机绝缘电阻值一直呈上升趋势。10 月 22 日 19 时左右，打开 #2 高厂变高压侧引线测 #2 高厂变高压侧绝缘合格（30GΩ），随后打开 #2 高厂变 B 相上方离相母线支柱绝缘子检查是否受潮，检查结果为绝缘子及盆式绝缘子非常干燥（其他两相没有打开检查）。继续监测发电机绝缘电阻，虽然绝缘电阻有所上升，但上升较慢（最大为 10MΩ），期间封闭母线微正压装置一直投运。2011 年 10 月 23 日 14 时左右，发电机转速为零，再次测量发电机绝缘电阻值没有上升反而降至 0.7MΩ。经过讨论决定，采取拆除发电机出线罩引线进行分段测绝缘的方法，查找绝缘电阻降低的原因。2011 年 10 月 23 日 16 时左右，发电机出线罩引线拆除完毕，测发电机绝缘合格，测封闭母线绝缘电阻为零，后分别拆除 #2 机励磁变高压侧，#2 主变低压侧、#2 高厂变高压侧引线，并分别打开 #2 主变高压侧，2 高厂变 A、B、C 相离相封闭母线竖直段下方绝缘子，检查 #2 高厂变 A 相离相封闭母线竖直段下部盆式绝缘子上有积水，将水擦干并用热风枪烘干后测封闭母线绝缘合格（90MΩ），24 日 2 时 40 分 #2 发电机并网。2011 年 10 月 26 日，专业人员在对微正压装置检修后，试用过程中发现微正压装置过滤器内壁有水珠（检修时已清洗干净），打开空压机气罐泄压阀，从气罐内排出约 5 升水。根据以上现象分析，发电机内部确有受潮现象，否则，在投入定冷水加热后绝缘不会上升至 10MΩ，最主要的原因还是投入微正压装置后，将微正压装置空压机气罐中的湿气送入封闭母线中，湿气在封闭母线内壁结露积水后积聚至封闭母线底部，流入高厂变上方盆式绝缘子，导致封闭母线绝缘性能降低。

事件原因分析：①直接原因，微正压装置投入运行后将潮湿的空气送入发变组封闭母线，在封闭母线内壁结露并在封闭母线底部积水，积水顺着封闭母线水平段流到竖直段盆式绝缘子上。②间接原因，在机组历次检修时，只对封闭母线及微正压装置进行了检查，没有安排封闭母线与微正压装置大修，没有发现空压机气罐积水的隐患。③根本原因，微正压装置的空压机气罐没有排水，导致水直接充入母线内。如果储气罐中的冷凝水不排出，很快储气罐会变成储水罐。见图3-5。

储气罐释放的水

空压机内释放的水

图3-5　微正压装置的空压机及储气罐内释放出大量的凝结水

6. 封闭母线内的固体材料表面发生微观变化

从微观学的角度分析，一些非吸水性材料，如金属、玻璃和塑料等，都有在极细微的裂隙内捕捉水分子的特性。因此，在这些材料的表面上形成不可见的且不连续的表面膜层，膜层的密度随着温度和空气相对湿度的增加而增大。因此，金属可能被腐蚀，绝缘材料的电阻会相当显著地下降。母线在运行中，导体、外壳和支撑绝缘子上同样会发生这种微观变化，导致母线的整体绝缘下降。

在一些老电厂，每次开机前，都要按惯例检查封闭母线的固体绝缘，在检查中发现，运行时间越长的母线，其固体绝缘子的绝缘强度就越低，有时，甚至要抽调出大量的人力和物力对母线的绝缘子进行逐个擦拭，以提高母线的绝缘效果。引发这种现象的主要原因就是，母线内无论是导体、支撑绝缘子还是盆式绝缘子，其表面已经吸附了足够饱和的水分和污秽，造成母线的固体绝缘件整体绝缘性能下降。值得一提的是，由这种原因引发的母线结露、闪络事件，其危害性会非常长久。在国电西北某发电厂同一台机组，就曾经连续三年发生封闭母线结露事件。其实，解决这类问题最好的办法，就是保持封闭母线内部空间空气的干燥、洁净及正压，如果能做到就能从根本上杜绝此类事故的发生。

案例

2008 年 2 月 29 日 12：45，国电西北某电厂#2 机组发变组保护发定子接地 3W 告警信号，从录波图上可以看出发电机出口电压 B 相电压升高，C 相电压降低，机端开口电压 3UO 达到 8.19kV，发电机中性点开口电压 3W 达到 5.6kV，在此后的几天内，每天中午不间断地出现报警信号，前后共报警五次。

3 月 9 日申请停机，检修部按照设备部制定的方案首先对厂高变封闭母线进行了检查，发现厂高变封闭母线 A、B、C 三相母线的桶壁和支撑绝缘子结露非常严重，且厂高变高压侧盆式绝缘子上有大量积水，C 相盆式绝缘子有明显放电痕迹，有三只支柱绝缘子表面有放电痕迹。随后将盆式绝缘子内凝结的水用毛巾及卫生纸吸出，并对 C 相盆式绝缘子放电部位进行处理，对主变低压侧盆式绝缘子和封闭母线支撑绝缘子打开检查，将表面集水及灰尘清理（没有发现凝露现象）。

事件原因分析：①造成本次事故的直接原因是气温变化造成封闭母线内凝露，沿桶壁流到盆式绝缘子上，将绝缘子的绝缘爬距短接，造成对地放电。②微正压装置冷干机工作不正常，装置干燥器流量较小，致使补充空气将室内湿度较大的空气补充到封闭母线内。见图 3-6。

图 3-6　西北某发电厂母线结露跳机

国内封闭母线出现的结露、闪络事故，大多与以上几点息息相关。但不管是由于那一种原因造成的母线结露，只要认真地投入封闭母线的保护装置，使封闭母线内部保持一种稳定、干燥、洁净、正压的局部环境，在很大程度上都可以避免封闭母线结露、闪络等隐患。因此，封闭母线保护装置的运行可靠性就显得尤为重要。

二、封闭母线内部结露过程

结露的物理学概念：结露就是指物体表面温度低于附近空气结露点温度时表面出现冷凝水的现象。结露点是物体表面开始结露形成液滴或冰的临界温度点，当物体表面的温度等于或低于结露点温度时，其表面就会产生结露。封闭母线内部结露与母线外大气环境息息相关，如果要掌握离相封闭母线内部的结露规律，首相就要先了解自然界的结露规律。我们常见的大雾天气就属于典型的大气结露现象，当出现这种天气状况时，封闭母线内也不可避免地会出现严重的结露状况。雾霾天其实也是一种空气结露的表现，只不过除了水分参与凝结以外，还有更多的烟气化合物、扬尘粒子、化工气体粒子、粉尘颗粒等多种复合物质参与凝结。

1. 自然环境下的结露事件，通常具备以下几点必要因素

（1）空气的质量。空气质量的好坏，可以说直接决定结露水量的多少。这是因为，我们生活的自然环境中，常年漂浮着各种粉尘、扬尘及各种气体粒子等颗粒物，它们起着凝结核的作用。当这些微粒表面凝上一层液体后，便形成半径相当大的液滴，凝结就容易发生。在有凝结核时，蒸气压只要超过饱和蒸气压的1%，即可形成液滴。空气中的粉尘、扬尘颗粒及带电的粒子和离子都是很好的凝结核，静电吸引力使蒸汽分子聚集在它的周围而形成液滴。凝结核越多，所形成的液滴也就越多，结露水也就越多。

（2）空气的相对湿度。相对湿度是导致结露的一个重要因素，相对湿度高，水蒸气的分压力就大，露点温度就较高，这会使环境温度与露点温度之间的温差变小，甚至高于环境温度，即产生结露现象。

（3）大气层的相对稳定。如果我们稍加留意就会发现，发生大雾或结露的天气条件主要发生在晴朗、微风、近地面、水汽比较充沛的夜间或早晨。这时，天空无云阻挡，地面热量迅速向外辐射出去，近地面层的空气温度迅速下降。如果空气中水汽较多，水汽很快就会达到过饱和而凝结成雾或露水。而在风、雨等强对流极端气候条件时，则根本没有大雾或结露事件的发生。

（4）温度、温差。只要在空气温度降低、气温温差出现的自然环境或人为环境中，就不可避免的有结露现象发生。空气温度高，能够包含的水蒸气就多。空气温度低，尽管只有少量水蒸气，空气也能够达到饱和。也就是说，湿空气的饱和水蒸气含量与空气的温度成正比，即温度降低得越多，产生的温差越大，产生的结露水就会越多。同理，即使湿空气本身没有达到过饱和，而与湿空气接触的物体、空隙部位、表面及内部冷却到低于湿空气的饱和温度时，则在其界面附近空气中所含的水蒸气也会凝结成水而变成水滴，也会出现结露现象。即使接触到的比湿空气饱和温度低一点点的物体，

结露也会发生。

（5）空气流动速度。空气流动速度对结露的形成也有一定影响。如果没有空气流动，就不会使上下层空气发生交换，冷却效应只发生在贴近地面的气层中，只能生成一层薄薄的浅结露。如风速流动太大，上下层空气交换很快，流动也大，气温下降有限，则难以达到过饱和状态。只有在 1~3 米/秒的微风时，有适当强度的交流，既能使冷却作用伸展到一定高度，又不影响下层空气的充分冷却时，最利于结露的形成，过大的风速和强烈的扰动都不利于结露的生成。

通过对以上几点进行总结我们不难发现，空气在自然条件下的结露必须具备以上五点要素，且缺一不可。凡是在有利于空气低层冷却的地区，如果水汽充分，风力微和，大气层结构稳定，有大量凝结核或附着物存在的环境，便容易有结露或大雾现象发生。一般在工业区和城市中心形成结露和大雾的机会更多，因为那里有丰富的凝结核存在。空气流动过快的环境中，结露的情况则很少或不发生。了解自然界中空气结露的原理和规律，对于了解封闭母线或室外其他电气设备局部结露的情况，有很好的借鉴和预防作用。

为什么室外的封闭母线容易结露呢？这是因为，不管是离相封闭母线，还是共箱封闭母线，其明显的特征是外部都有一个屏蔽的外壳，且外壳无论在设计上和施工上都要求具有一定的密封性能，将外壳密封或屏蔽后，其内部环境无形中形成了一个小范围独特的气候特征，这个小气候特征与自然界中自然结露的气候特征高度吻合，当外界大气环境具备结露特征时，封闭母线内部小的气候环境结露效果则更为明显。因为，这个小环境内因导体产生的高温，使内部的空气有明显高于外界大气环境的湿度，较高的温差，外壳的内壁、导体的表面及大量支撑绝缘子所产生的较大的接触和附着面积，因外壳屏蔽而产生的稳定气流、气压等这些客观因素完全具备时，母线内就会不可避免地出现凝结水滴的现象。而且，其凝结水的水量明显大于母线外大气环境中凝结水的水量。同时，导体的强磁场，锁住了空气中的灰尘和水分，从而母线内空气质量较差，这与形成雾霾天气的道理几乎一致，这就是为什么室外封闭母线容易结露的原因。总之，由于外壳的屏蔽导致封闭母线内部形成了小的结露环境，磁场锁住了空气中的灰尘和水分，从而封闭母线更容易发生结露事件。

值得一提的是，这种自然环境因素引发的结露事件，具有非常明显的局域特征，当一个区域内的气候出现明显的结露特征后，机组封闭母线结露事故往往不仅只在单台机组的封闭母线上发生，而且在同一区域内所有的机组都存在不同的结露情况，只不过每一台机组因受机组负荷情况、母线密封程度等多因素影响，出现结露的程度不同，所表现出的迹象也不尽相同。但这种因自然环境结露引发机组封闭母线结露的情况尤其要引起维护人员的注意。

案例

2015 年 2 月，在新疆某自备电厂，#4 机组发生重大跳机事故，发电机"定子接地"，厂用电自投成功。运行维护人员马上进行维护抢修工作，检查发现位于#4 机组主变与封闭母线连接处，主变低压侧封闭母线盘式绝缘子、法兰盘上结冰且有放电迹象，导致机组跳机。两个小时后，#3 机组发生同样的结露、跳机事件，如图 3-7 所示。这两起事故发生时，其气候特点完全符合自然环境下某一区域内自然结露的特征。

（a）　　　　　　　　　　（b）　　　　　　　　　　（c）

图 3-7　事故机组用于现场接凝结水的各式各样矿泉水瓶

案例

2013 年 1 月 13 日下午，河北某电厂#5 机组故障录波器频繁报警，检查发电机零序电压波动频繁，17 点 40 分，零序电压开始上升，18 点 12 分 36 秒，保护 A 柜定子接地报警（运行将保护 A 柜定子接地保护退出），保护 B 柜定子接地保护动作，5 号机组掉闸。5 号机出口开关 5043、开关 5042 跳闸，灭磁开关跳闸，6kV 段 A、B 分支开关跳闸，快切装置动作备用电源开关合闸，对发电机封闭母线进行高压试验，发现发电机出线封闭母线绝缘 A 相 9000 MΩ、B 相 5 MΩ、C 相 1000 MΩ，B 相封闭母线绝缘低，不合格。分析判断接地点在 B 相室外封闭母线侧，打开高厂变上部封闭母线观察孔检查，发现 B 相水平封闭母线底部、竖直封闭母线内壁、盘式绝缘子上部均有不同程度结冰，同时对其他两相进行检查，发现水平方向也有不同程度轻微结冰现象。拆下三相封闭母线盘式绝缘子后发现，B相盘式绝缘子有大量积冰并有明显放电痕迹，是本次发电机定子接地的故障点。对A、B、C相封闭母线内部进行除冰、干燥、抽气处理，进行高压试验，三相封闭母线绝缘电阻试验合格，交流耐压4kV/min合格，恢复各项措施。16日4点40分机组并网。该电厂共有8台发电机组，2013年1月短短几天内，有7台机组先后出现绝缘下降事故，事后经调查，这是一起典型的因自然环境出现结露特征而引发机组封闭母线结露的重大事件，当时，又赶上母线保护装置因过滤精度不高，微正压装置干燥器失效，过量的水分充入到封闭母线内，而引发母线的结露和绝缘下降事故。如图3-8所示。

（a）结露的部位

（b）闪络的绝缘子

图3-8 某电厂结露跳机的机组及闪络的绝缘子

2. 封闭母线内部结露的种类

封闭母线内部结露，主要原因就是母线受到外壳的屏蔽后，在母线夹层内形成一个小型的、稳定的、微观的结露环境，该环境与外界的结露环境息息相关，同时，又形成一个自身容易结露的微观环境。由于封闭母线保护装置过滤精度不高，或干燥装置失效，导致含有大量水汽的空气误充入到封闭母线内，致使封闭母线内部湿度加大，从而在母线夹层内源源不断地制造出大量的凝结水，引发封闭母线的固体绝缘下降、闪络或跳机。通常来讲，封闭母线内部的空气结露主要有两种，即表面结露和固体材料内部结露。

（1）表面结露。所谓表面结露，就是指当封闭母线内的湿空气碰到低于露点温度的壁面，通常是指封闭母线的外壳或支撑绝缘子的低温部位时，水汽就凝结成水珠附着于其上而产生的结露情况。通俗地讲，就是当外界环境温度较低时，母线外壳由于处在封闭母线的最外端，直接感受温差的变化，导致外壳的温度相对较低，而导体由于长时间带电，所以温度相对较高，两者在母线内形成强烈的温差，致使母线夹层内某区域的相对湿度快速增加并达到饱和，在外壳的内壁就开始有水珠凝结。之所以在外壳的这一区域内壁凝结，是由于外壳为铝制并具有一定的厚度，它除了导电性能很好之外，导热性也很好，这样就导致了铝制金属外壳上的冷、热能会很快转移到其他的地方，使整个室外段的封闭母线整体温度处于均衡状态，但其温度明显比导体的温度要低，两者之间温差最少在20℃以上。因此，结露水绝大多数附着于外壳的内表面，与北方冬季玻璃上的冰花道理相同，如图3-9所示。如果外壳温度长时间在0℃以下时，凝结水会直接固化成为冰。这种表面结露产生的冷凝水量比较大，水量比较多，封闭母线内部的结露水大多是由这种表面结露情况而产生。闪络、绝缘下降的情况大多也是由这些结露水而引发。

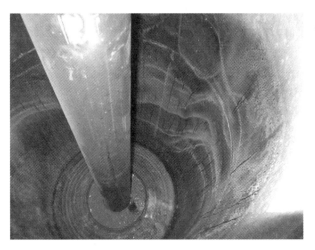

（a）凝结水在外壳凝结后最终流淌至最底端的盘式绝缘子处

图3-9　封闭母线内壁凝结水向下流淌痕迹

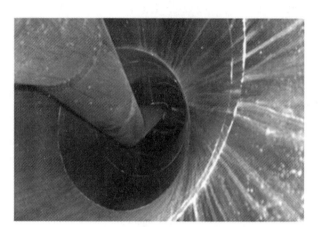

（b）凝结水顺外壳流淌痕迹

图 3-9　封闭母线内壁凝结水向下流淌痕迹（续）

（2）固体材料内部结露。所谓固体材料，相对于封闭母线来讲，指的就是封闭母线的导体、外壳、支撑绝缘子和盆式（或盘式）绝缘子、橡胶伸缩套等固体可见物。内部结露是指水蒸气在分压差力的作用下，通过上述材料的低温部位时，被阻挡在封闭母线内部相对低温的部位，而产生结露。即便在同一物体上，只要存在不同的温差，结露现象也会在该物体表面或内部出现水滴凝结现象。这种结露产生的冷凝水量比较小，通常只在封闭母线外壳的内表面、支撑绝缘子外表面与外壳连接处的局部低温部位上，因为这里存在低温区，而导体由于常年带电运行，散发的热量较高，则相对不容易产生结露现象。这种内部结露虽然产生的凝结水含量比较少，但却能储存一定量的水汽，破坏某一固体绝缘的表层结构，导致封闭母线局部表面绝缘层的绝缘值下降，从而产生局部轻微的爬电或放电现象。我们知道，封闭母线最大的原材料是铝板，将铝板加工成不同的曲率半径的铝筒体分别作为导体和外壳。铝板在加工、卷板、焊接过程中，铝原子受外力作用重新排列、组合结构，其表面会产生大量的暗纹或裂缝，这些暗纹或裂缝时间久了内部就会贮存一定的水分，导致铝制的母线整体存在一定的微量水，当母线内部出现运行条件变化或温差变化时，铝板会发生轻微的膨胀或收缩物理反应，这些微量水受到铝原子的碰撞、挤压以及气体分压力的影响，而被迫转移至浅表层，在浅表层的水分子重新排列，由原来的纵深排列转换为平面排列，从而在铝板材质的表面形成水膜。同理，支撑绝缘子和盘式绝缘子或盆式绝缘子也存在这种浅表结露的微观效应，我们肉眼看到的绝缘子，表面看起来光滑无比，但在显微环境下观察时，其表面都存在着大量的沟壑，这些沟壑就会贮存大量的水分、杂质、污物等。这种结露现象通常只发生在铝板、绝缘子等材料的浅表层，只有面积而没有纵深，因此，其产生的结露水量比较小，不会造成较大的危害，但如果时间过长，这些浅表结露现象会吸附和捕捉大量的母线内空气中的凝结水，增加水膜的厚度，降低母线的整体绝缘。

三、封闭母线内结露的过程及规律

综观国内发生结露的封闭母线，结露绝大多数发生在室外，当室外环境温度比较低时，首先会在室外段封闭母线的夹层内发生以下的物理结露反应。随着室外环境温度的降低，当母线夹层内的水蒸气压超过饱和蒸汽压时，夹层内的水汽分子开始出现水滴凝结，水汽凝结成细微的水滴悬浮于空中，形成一定浓度的雾气，这些雾气一部分漂浮在母线内，一部分会附着于支撑绝缘子、外壳的内表面上凝结出来，形成细小、密集的晶莹小露珠，如图 3-10 所示。这些凝结水，最终大多还是会均匀地附着于整个室外封闭母线的外壳内壁或支撑绝缘子上。离导体越远的部位，结露情况越严重，一般外壳的内表面结露最为严重。因为这个部位是母线夹层内温差最大的部位，而导体由于不断地散发热量，结露情况则发生的相对较少或不发生。随着室外温度的逐渐下降和时间的增长，这些小露珠不断捕捉和收集母线夹层内游离的水汽使自身体积增大，相邻的小露珠就会互相合并成较大的水珠，再成为更大的水滴，直至连接成片，成为连续的水膜。如图 3-11 所示，位于母线外壳上端的水滴受地球重力影响，会逐渐向下滑动或直接滴落于母线的底端，在向下滑动过程中又不断合并其他水滴，最终汇集成水流流淌下来。因此，在母线外壳的内表面会形成水流流动的痕迹。这种结露过程，无论在封闭母线的垂直段还是水平段都有发生。最初的水流一般都会汇集于封闭母线水平段或垂直段的最低端，由于母线的水平段远远大于垂直段，所以在水平段的凝结水自然就要比垂直段的凝结水多很多，水平段的水流就会贯穿整个或部分水平段封闭母线的底端，类似于小河中的溪流，源源不断地汇集流向整个室外封闭母线的最低端，一般是垂直段的主变或高厂变的盘式绝缘子处，因为这两处一般处于母线的最低位置，所以凝结水会大量汇集于此。我们平时遇到的闪络、跳机事件，之所以绝大多数位于这两个部位处，就是因为液态水分大都汇集在这两个部位的原因。

因此，我们就可以总结出母线内的结露规律为，当遇到环境湿度相当大，大气层结构相对稳定，无强烈的对流天气，风力微和，风速缓慢，封闭母线箱体内外存在巨大温差，母线内外空气置换的气流也相对平稳，空气中或封闭母线内部凝结核较多（母线内主要是附着物较多），这些条件完全具备时，在有些微漏或泄漏相对比较严重的封闭母线内部，便开始有结露现象发生。在结露的初期母线内会有一定的雾气产生，并有一部分凝结水滴不断

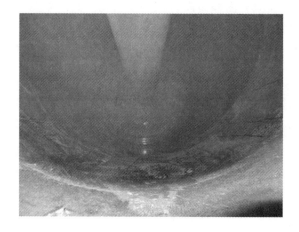

图 3-10　母线内结露初期浓雾

图 3-11　母线内结露中期凝结水汇集

地附着于母线的绝缘子或外壳内壁上。结露发生时，大量微小的凝结水滴会游离或附着在封闭母线的外壳和绝缘子这些固体材质上，形成点状的、不连续的、密集的凝结水附着点。由于凝结和吸附作用是源源不断发生的，凝结水的颗粒会不断地捕捉和吸附母线内游离的水滴，凝结水滴也会逐渐壮大，随着附着点面积及凝结水滴不断增大，凝结水也会越来越多，当水滴颗粒达到一定程度时，受地球重力的影响，凝结水颗粒会向下流动，当众多的凝结水颗粒汇聚在一起时，形成水注或水流向下流，并聚集在封闭母线的最底端，凝结水达到一定量时，凝结水会跨过盘式绝缘子的波峰直接与外壳和导体连接，封闭母线绝缘下降或闪络事故也就会不可避免地发生。

除了温度以外，室外环境的湿度和母线内灰尘的含量也是直接影响封闭母线结露的另一个重要因素。在其他几种条件不变的前提下，湿度越大，灰尘越多越容易结露。在母线内部，当相对湿度在30%~40%时，相对不结露。相对湿度在40%~50%时，会出现轻微的结露现象，当相对湿度在50%~70%时，会出现较大的结露现象。当相对湿度超过70%时，就会有显著的结露现象发生。在灰尘较多的环境中，结露水的含量明显要比灰尘少的环境多很多，其原因跟灰尘颗粒进入母线后的物理及化学变化有很大关系。如果没有灰尘作为凝结核或附着物，空气是绝对纯净、没有任何杂质的，水汽分子就会无从依附，单个水汽分子之间相互合并的能力在一般条件下是很小的，它们相互碰撞后往往又分开，即使聚合起来形成细小的水滴，也因为水汽分子很小，其形成的小水滴也很微小，从而被迅速蒸发掉。要使水汽发生凝结，还必须要有使水汽依附、聚集的凝结核，母线内大量存在的灰尘粒子及附着物，它们在水汽凝结成水滴的过程中起着凝结核的核心作用。

　　如果母线外的环境温度严重偏低，凝结水在流淌过程中会由于热量的瞬间散失而凝结成冰，导致母线内出现厚厚的冰层，如图3-12所示。这些冰并不是长时间存在的，会随着昼夜温差的变化和导体输出电流负荷的变化在固态、液态和气态之间转换。如果遇到母线上存在的缝隙，就会渗透入缝隙中（一般是支撑绝缘子和底座之间的缝隙）。这种转换会造成密封结构的破坏，导致母线发生更大的泄漏，如图3-13所示。

（a）母线内结露末期凝结水结冰

图3-12　母线内结露情况

（b）母线内结露末期冰冻

图 3-12 母线内结露情况（续）

（a）母线支柱绝缘子结冰痕迹

图 3-13 母线结冰情况

（b）母线内结冰痕迹

图 3-13 母线结冰情况（续）

第四章　封闭母线
内部闪络的综合分析

　　封闭母线内部环境的干燥、洁净是封闭母线安全、平稳运行的有力保证，但随着城乡工业的迅速发展，大气污染、环境污染等日益严重，封闭母线运行的条件也越来越恶劣，特别是火电厂、水泥厂、钢铁厂、化工厂及矿山等工业排出的大量的气、液、固态污染物以及自然界的灰石、沙土、杂质或空气中一些悬浮污秽，我们统称为粉尘。国家标准中有关粉尘颗粒的定义如下，粉尘（dust）是由自然力或机械力产生的，能够悬浮于空气中的固态微小颗粒，国际上将粒径小于 $75\mu m$ 的固体悬浮物定义为粉尘。这些粉尘随着气压、风速、温度等条件的变化形成严重的污染源。由于封闭母线的大部分处于室外，必然会遭受这些粉尘的污染和侵蚀，在封闭母线内的导体、支撑绝缘子盘式（盆式）绝缘子和外壳内壁的绝缘表面形成污秽层。当其表面污秽层受潮后，绝缘电阻下降，泄漏电流增加，从而导致闪络事故的发生。

🕹 第一节　封闭母线内部闪络的原因

1. 封闭母线内部积尘污染

　　国内目前对封闭母线的所有技术规范和文件，无一例外都要求封闭母线必须保持一定的密封效果，这是有一定的科学道理的。其目的主要是使封闭母线内部保持一个干燥、洁净的空间环境，因为洁净的空气是最好的绝缘介质，而现实运行中的封闭母线，却由于各种原因，基本无法保持一定的密封率，大都存在一定的泄漏量。封闭母线泄漏后，会出现明显的呼吸现象，这种呼吸现象是由封闭母线内外的压差作用所导致的。封闭母线上只要出现不同部位的两个泄漏点，就会产生空气的定向流动，即由一个泄漏点向内吸气，而另一个泄漏点则向外呼气，即所谓的呼吸现象。根据菲克第一扩散定律，在静止或滞留流体中，分子的运动是漫无边际的，若一处某种分子的浓度或压力较另一处高，则这种分子离开的便比进入的多，其结果自然是物质从浓度或压力高的区域扩散到浓度低或压力低的区域，两处的浓度和压差便成了扩散的推动力。就封闭母线的实际情况来讲，封闭母线运行时由于受到外壳的封闭，加之导体散发的热量，封闭母线内的气体压强会较之封闭母线外的压强明显要高，高压强气体自然会在就近的泄漏点处向外呼出气体，而在其他泄漏点处，则会向封闭母线内吸入气体，以维持封闭母线内外压力的平衡，如果只呼不吸，母线内就会出现真空现象。这种一边吸入一边呼出的现象在封闭母线上是同时发生的。通常情况下，室外段的封闭母线和室内段的封闭母线也存在微小的压差，这是因为，室外大气流动比较频繁，空气流动速度相对较快，导致气压的不稳定，而室内封闭母线因受到车间厂房的屏蔽，空气流动速度相对较慢，气压相对比较稳定，这种微弱的压差也是封闭母线发生呼吸现象的推动力。使封闭母线内的气体或是由室外段向室内段流动，或是由室内段向室外段流动，这种呼吸现象使封闭母线内外的空气发生频繁的置换，大气中的粉尘粒子伴随着这种呼吸现象进入到封闭母线内，或是受封闭母线磁场的捕捉，或是由于粉尘的某些化学机能影响，而稳定地附着在封闭母线内，造成封闭母线内部环境污染。即便机组停机后，磁场和核电效应消失，这些粉尘粒子由于受到外壳的屏蔽，也会滞留漂浮在封闭母线内，不会轻易排出母线。

2. 积尘的危害

粉尘具有形状、粒径、密度、比表面积四大基本特征，还具有磨损性、核电性、浸润性、黏附性、比电阻等重要特征和性质。就封闭母线保护而言，粉尘的核电性、浸润性、黏附性以及比电阻对封闭母线内部的危害显得尤为突出。

（1）粉尘的核电性。尘粒与尘粒间的摩擦，尘粒与封闭母线内导体、绝缘子、外壳内壁间的摩擦都可能使尘粒获得电荷。在母线的强磁场内，尘粒会从气体离子获得电荷，较大尘粒是与气体离子碰撞而核电，微小尘粒则由于扩散而核电。尘粒的核电性对封闭母线的安全性非常重要。

（2）粉尘的黏附性。粉尘之间由于存在黏附性而形成团聚，这极不利于封闭母线内粉尘的排出，粉尘与导体、绝缘子、外壳内壁间也会产生黏附效应，导致污染层增厚。

粉尘颗粒间的黏附性主要有以下三种：

1）分子力。这是作用在分子间或原子间的作用力，也称范德瓦耳斯力，实际上是一种分子间的吸附力。

2）毛细黏附力。粉尘颗粒含有水分时，互相吸附的颗粒间由于毛细管作用而生成"液桥"产生使颗粒互相黏附的力。

3）库仑力。这是粉尘核电后产生的静电力。在封闭母线的磁场中，库仑力是主要的，而无外加磁场时，库仑力远小于分子力，可忽略不计。

由于尘粒之间或尘粒与导体、绝缘子、外壳之间存在黏附力，因此我们仅凭目测就可观察出封闭母线内部的灰尘污染情况。这种黏附力并不是一成不变的，在受到潮湿或干燥时，都将影响粉尘黏附力的变化。另外，粉尘的几何形状、粒径分布等其他物性对黏附性也有影响，如粉尘的比表面积对黏附性的影响就比较大，粉尘粒径越小，其比表面积越大，黏附性越强。粉尘的黏附性直接影响封闭母线内的结垢情况，是导致粉尘增厚的主要原因。

（3）粉尘的比电阻。粉尘的比电阻是粉尘颗粒本身的容积比电阻和颗粒表面因吸收水分而形成的，用电阻率来表示。具体定义是：每平方厘米面积上，厚度为1厘米的粉尘层沿厚度方向测得的电阻值，称为粉尘的比电阻，封闭母线周边常见的水泥、锅炉粉煤灰、高炉粉尘、石灰窑粉尘等在不同温度下都会有不同的比电阻值。一般情况下，温度越高，比电阻值越大。粉尘的比电阻直接影响封闭母线内部的绝缘值。

（4）粉尘的浸润性。粉尘尘粒能被水（或其他液体）浸润的特性叫作浸润性。所有粉尘可根据被水浸润的程度分为疏水性粉尘和亲水性粉尘。但是，浸润性还随着粒径的减小和温度的升高而降低。封闭母线周边环境常见的水泥、石灰、锅炉飞灰等都具有强亲水性质，一旦这种亲水性粉尘进入封闭母线内部，将会影响封闭母线内的整体绝缘性能。

通过对粉尘几种性质的研究分析我们可以看出，封闭母线内部粉尘的积聚是造成内部环境污染的主要因素之一。内部环境污染导致封闭母线内发生闪络事故的概率大大提高。国内发生闪络事故的封闭母线，大多存在运行周期时间长、内部灰尘多等明显特征。

第二节　封闭母线内部的几种闪络分析

母线内的闪络主要有固体绝缘件上的闪络、导体上的闪络、封闭母线夹层空间内的空气电离三种。无论母线内发生那种闪络，归根结底都属于爬电、放电、闪络击穿三种范畴。

1. 固体绝缘件上的闪络

固体绝缘件主要是指封闭母线内的支撑绝缘子和盘式（盆式）绝缘子，是由固体绝缘材料制成，安装在导体和外壳之间，可同时起到电气绝缘和机械支撑的作用。

（1）绝缘子上的闪络。绝缘子上的闪络也可以准确地称为污闪和雾闪，主要是因为封闭母线密封不严，导致外界的粉尘粒子进入封闭母线，在封闭母线内部固体绝缘件的表面形成污秽层，在某些特定条件下，在导体、绝缘子、外壳内壁表面形成一层污秽膜，在电场力的作用下出现放电现象。其主要原因有两方面：

1）绝缘子表面和瓷裙内落有污秽，在干燥时有一定的耐压强度，绝缘子表面泄漏电流很小。受潮后耐压强度降低，绝缘子表面形成放电回路，使泄漏电流增大，当达到一定值时，造成表面击穿放电。

2）绝缘子表面落有污秽，虽很小，但由于电力系统中发生某种过电压，在过电压作用下使绝缘子表面闪络放电。过电压过高，电弧沿绝缘子表面发展，上下弧连接时即发生闪络，一般污染、雾气、冰冻这些环境条件能加速电弧的发展。

这种放电现象多集中在绝缘子上发生，而在导体和外壳上却极少发生或不发生，这是因为，导体与导体、外壳与外壳都是同等电位，同等电位下电流泄漏的概率很低，但也不排除特殊情况下空气的电离放电。而绝缘子因两端承受不同的电位压差，其表面的外绝缘（暴露在空气中的绝缘子表面的绝缘）的耐受电压与封闭母线内的内部污秽环境密切相关，严重时会造成绝缘子气隙击穿和沿面闪络，使绝缘子丧失绝缘性能。绝缘子上的闪络放电是一个涉及电、热和化学现象的错综复杂的变化过程。宏观上可将这种闪络过程分为四个阶段：①绝缘子表面的积污；②绝缘子表面湿润；③局部放电的产生；④局部电弧发展至闪络。封闭母线在潮湿的环境下，其内部导体、绝缘子、外壳内壁表面污秽层受潮后，在绝缘子上的泄漏电流和湿度增加，由于污秽层受潮情况不均匀等原因，有的地方电流密度大，水分蒸发快，出现局部干燥区域，电压降集中于此，首先产生辉光放电，随着绝缘子表面电阻、电压分布的变化，最后形成局部电弧。局部电弧的不断熄灭、重燃、发展形成闪络，闪络的形成不但决定于局部电弧的产生，还决定于泄漏电流能否维持一定程度的热电离。因此，绝缘子表面脏污的程度是造成闪络的决定因素。

污秽的绝缘子与清洁的绝缘子相比，其绝缘强度会有明显的降低。我们常见到这样一种情况，运行多年的机组，在停机检修后再次启机的时候，在封闭母线密封相对良好，封闭母线保护装置运行正常的情况下，但封闭母线的固体绝缘值却相对偏低，甚至无法达到开机的要求，其主要根源就是封闭母线内部的绝缘子因常年运行，在导体表面、绝缘子外表面、外壳的内表面上已经覆盖了一层饱和的污秽层膜，导致封闭母线的整体绝缘性能偏低，解决这类问题最快捷、有效的办法，就是在机组停机检修时，将所有支撑绝缘子的全部抽出，采用人工擦拭的办法，将所有绝缘子擦拭一遍，将绝缘子表面的污秽层膜彻底清除，以恢复绝缘子的绝缘性能，然后再回装到封闭母线中，并制定出相应的周期性擦拭工作制度及检修规范。

综上所述，绝缘子表面受到污染和绝缘子表面的污染物被湿润，是使绝缘子发生闪络的两个必要条件。因此，针对任何一个因素采取对策，都可以在一定程度上达到防止污闪的目的。由于封闭母线特有的封闭结构，绝缘子的清洁工作具有一定的难度。

（2）带电导体的闪络。带电导体，主要就是指封闭母线内的导体，带电导体的闪络，指的是导体与外壳之间的放电，或导体对母线夹层内空间气体的放电，即气隙击穿。气隙击穿的原因一般认为有两种，即场致发射引起的电击穿和微粒引起的电击穿。对于小间隙（10mm以下），场致发射模式的分析结果与试验比较接近，而较大间隙，微粒模式比较合适。

其中，场致发射指固体内的电子由于受到原子核的吸引作用而被束缚在固体内部。在经典物理理论中，只有当外电场场强达到 10^8，才能让电子克服原子核的吸引而发射出固体表面。但是，按照量子力学，电子会发生隧穿效应，也就是说，电子能够穿过比它的动能更高的势垒。因此，当外电场场强达到 10^6 时，已经有很明显的电子发射现象了。这种利用外界强电场，把电子拉出固体表面的现象就是场致发射现象。

1）场致发射引起的电击穿。铝制的导体在足够强的电场作用下，会产生电子发射。随着温度和表面电场强度的增加，发射电子电流密度增大。当电子流达到一定的临界值，母线内的空气间隙将被击穿。

如果只考虑电场的作用，要产生比较显著的场致发射电流，电场强度必须达到 10^9V/m 以上，而实际场致击穿场强要低得多，这可能是由下列原因引起的：

第一，铝制的导体和外壳是由铝板卷制而成，在卷板机卷筒过程中，铝板受外力弯曲、挤压，铝板变形导致表层密度和体积发生轻微变化，使铝板内的铝原子重新排列，铝制板材的内部在没有受外力弯曲、挤压前，其内部就存在原子排列结构不均匀现象（铝板的厚薄不一致），在卷板过程中，由于外力的作用，加剧了原子结构重新排列组合，会在表层的塑性变形层中产生残余应力，导致铝板的表面产生微小裂纹。这种裂纹无论在深度还是长度上都非常微弱，肉眼无法分辨，但却客观存在。每个裂纹的断裂处，其断面都存在尖锐的锋面，即便是经过抛光和打磨的铝板，在显微镜下看也是凹凸不平的，其中存在着许多的沟壑或尖峰凸起，这些裂纹或尖峰凸起部位处的电场将局部增强，发射出电子。

第二，铝板表面凸起部位场强发射的电子流尽管不大，但因为尖峰凸起部位的截面积小，电流密度很大。当场致发射电流流过尖峰凸起部位时会使铝材的局部发热，这不仅使电子发射增强，而且可能产生铝材的局部蒸发，释放出大量的金属铝离子蒸汽。

第三，铝材表面的杂质、氧化膜的存在不可避免，导致了铝材表面逸出功的降低，场致发射更容易发生。

2）微粒引起的电击穿。从微观观察，铝材的表面总是遗留着一些金属微粒。这些微粒在电场力的作用下从铝板表面的凸起部位出金属须，并携带着电荷离开铝材，并加速运动撞击到对面的外壳上，由动能转变为热能，引起局部的加热、汽化，释放大量铝离子蒸汽，以致将封闭母线夹层空间发生击穿。这种闪络对封闭母线的危害很大，轻则，导体以辉光的形式向封闭母线内的空间夹层内释放大量的铝离子，重则，粒子流直接穿过空间夹层击中对面的铝制外壳，发出强烈的弧光并释放出巨大的能量。如图 4-1、图4-2所示，这种闪络现象伴随着巨大的弧光和能量，笔者曾在某电厂目睹封闭母线外壳内表面的灼伤，大者直径约 5cm，小者直径约 1cm，而在导体上，则出现不规则形状的直径约 0.5mm、深度约 0.5mm 的浅坑。类似于电焊时产生的症状。说明在该部位上曾发生过强烈的铝离子释放而形成气隙击穿。释放出的铝离子以及弧光产生的气体，又会进一步污染封闭母线内部的气体环境，形成恶性循环效应。

图 4-1　气隙击穿时喷溅到支撑绝缘子上的铝离子团

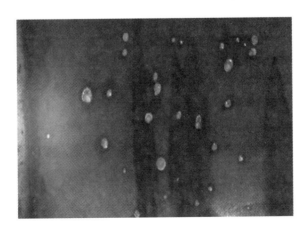

图 4-2　气隙击穿时喷溅到外壳上的铝离子团

2. 空气的电离

通常情况下空气在封闭母线内是不导电的，但如果受到极强的电场干扰，空气分子中的正负电荷受到方向相反的强电场力，有可能被撕开，这种现象叫作空气的电离。空气电离后，空气中就有了可以自由移动的电荷，即自由电子，空气就可以导电了。在封闭母线强场的作用下，运动的自由电子在封闭母线内导体与外壳之间形成微弱的电流（封闭母线内导体由于带电成为正极，外壳由于与中性点相连成为负极），导体电压越高，电场强度越大，自由电子的移动速度越快。这些高速运动的自由电子撞击空气分子，使更多的空气分子电离，这时整个母线密封的空间内，空气成为导体，于是产生了在导体与外壳之间的放电，在两者之间形成跨越电弧。当电场强度达到一定值时，强大的电场会使封闭母线导体与外壳之间的空气瞬间电离，电荷通过电离的空气形成电流。由于电流特别大，产生大量的热，使空气发光发热，产生电火花，在封闭母线的夹层内释放，甚至直击封闭母线外壳。

其具体过程为，在发电机开机或负荷电流增大时，随着电流强度的逐渐加大，微观环境下导体由于存在大量的裂纹、尖锐的锋面或凸起，导体上的自由电子通过上述部位会逸出到气隙中，并在电压的作用下高速向另一极运动。运动途中与空气分子相撞，使空气发生电离现象。而产生新的电子和离子。这些新的电子和离子，又被加速去撞击其他空气分子，重新产生撞击电离。这种连锁反应使母线夹层内自由电子的数量剧增，空气开始具备导电性能，大量电子流产生高温并发出强光，即产生了电弧，电弧产生后温度猛然升高，会使弧隙间气体发生热离。反过来又加剧了空气分子的电离，使电弧继续燃烧，从而加大了熄灭电弧的难度。在电压的作用下，运动的自由电子在封闭母线内导体与外壳之间频繁地形成微弱的电弧。电压越高，电弧长度越大，自由电子的运动速度越快。高速运动的自由电子撞击中性的气体分子使之电离，产生大量正、负离子和自由电子，使导体与外壳之间电流急剧增大，在跨越电流附近发生电晕放电，形成电晕区。电晕放电的效果与导体电压有关。当导体电压较低时，不足以使自由电子获得高速运动的能量，因此，难以撞击气体分子使之电离而实现电晕放电。当达到起晕电压后，一般为 10kV，产生电晕放电。电晕电流呈抛物线上升。随着电压的增大，空气电离放电的范围逐渐扩大。若电压高到一定值（理论值一般高于 60kV，但实际比这一数值低很多），达到击穿电压后，电晕电流急剧上升，会使封闭母线导体与外壳之间的空气产生电离，导体与外壳之间的电场被击穿，发生弧光放电，造成导体与外壳短路，引发放电事故。

封闭母线内空气的电离现象理论上需要实现的条件很高，但在实际情况中，由于封闭母线是一密闭的空间环境，在这个空间环境内任何微小的空气电离现象，都会加速内部环境的迅速恶化。同时，周边环境的污染及雾霾天气的频繁出现，也会导致现场发生电离的条件降到很低。例如，当我们处在电厂升压站或高压裸露电缆暴露场所中，经常听到空气中有"滋滋"声，其实就是一种电缆周边的空气的电离现象。

无论是绝缘子、导体还是空气电离引发的爬电、放电还是闪络，均带有一定的破坏性，只是有些破坏的程度很小，电弧很弱，没有涉及其他的保护系统动作，而有些闪络的破坏程度则很明显，致使一些保护设备纷纷动作，这时就体现出了闪络的危害性、严重性。在众多的发电企业中，运行监测人员均发现过以下情况，即发电机在正常运行过程中，运行监测人员经常会发现发电机的输出电流、电压有很大的波动。其主要原因就是封闭母线中产生了微弱的放电现象，产生了一定的电能泄漏、损耗，但由于损耗的幅度很小，不足以使保护系统动作，所以并没有引起有关部门及相关人员的注意，但这种闪络是确确实实存在的。"海恩法则"认为，每一起严重事故的背后，必然有 29 次轻微事故和 300 次未遂先兆以及 1000 个事故隐患。

第三节　封闭母线内部灰尘过大引发的闪络

封闭母线的闪络主要是因为封闭母线的密封不严，导致外界含有粉尘的空气进入封闭母线，由于粉尘所含污染物较多，污染物中的电解质（酸、碱、盐类等）浓度太高，导致空气的导电率剧增，其中所含电解质污染物引起短路，或是封闭母线内的污秽层受潮湿润后，其中的电解质首先发生电离，在封闭母线导体、支撑绝缘子、外壳内壁的绝缘表面形成一种电解液导电膜，使绝缘子的绝缘水平大大降低，在导体电场力作用下出现强烈的放电现象。其过程为：当母线内的污秽层受潮后，其中的电解质首先发生电离，形成导电膜，泄漏电流也随之增大，由于污秽层在封闭母线内表面分布是不均匀的，泄漏的路径也不同，因此绝缘表面的泄漏电流分布也是不均匀的，在表面泄漏电流密度大的区域，形成干区。当干区形成后，绝缘子表面的物理过程发展因母线导体所加电压的不同而体现出不同的特性。当电压很低时，干区的电场强度不足以使两边空气发生碰撞电离而形成局部放电，泄漏电流只有几百毫安；当电压稍高时，虽然整个污秽层的平均电位梯度不是很高，但在干区的电位梯度足以高达发生空气碰撞游离，会在干区的周围出现局部放电现象——辉光放电。尤其在发电机启机阶段，当封闭母线导体输出电压继续加大或污秽层受潮严重时，泄漏电流也随之增大，由辉光放电形式出现的局部放电转变为具有电弧性质的放电形式，它跨越了干区，成为局部电流。运行电压所供给的电能消耗在局部电流的燃烧和绝缘表面发热上。整个泄漏电流的大小将由以下两种情况决定：

第一，当表面干区影响占优势时，电阻值增加，干区扩大，泄漏电流减小，电弧经零点熄灭。但当干区因周围湿润情况下其范围缩小时，电弧又重新燃起，形成间隙小电弧。

第二，当电解质温度系数影响占优势时，电阻值减小，或周围环境湿润，泄漏电流增加，与之相应电弧电流增加，电弧会进一步伸长。当电弧单位长度压降减小到污秽层长度单位时，电弧迅速向封闭母线外壳贯通，形成闪络。

这种现象多发生在我国沿海一带和空气湿度、密度大的地区的发电企业。另外，在一些污染治理配套措施落后，总体大气环境落后，工业污染严重，全年持续干旱时间长，持续雾日时间长的地区，也存在这种现象。

当导体带电时，周边的空间被磁化，在电磁力的扭动下，周边空气中的水汽和杂质顺着磁力线发生扭曲，受磁和热的双重影响，导体周边的空气湿度和灰尘浓度会有明显的变化，越靠近导体的地方，其空气湿度和灰尘浓度也就越大，同时越靠近导体，其温度也会越高，水汽的含量也会越大。举例来讲，我们生存的地球，主要就是由大气和水等重要物质构成，而地球以外则是真空状态，为什么大气和水没有被真空吸走呢？简单来说是因为地球有引力，比如越高空的地方空气越稀薄，这就是地球引力的结果。但是这样回答，显然不是很完整，比如，月亮也有引力，但月亮上却没有大气，也就是没有空气，那么，是不是因为月亮的引力不够强呢？不完全是，水星的质量就大得多，但是也没有空气，很显然它形成的时候各种化学反应也一定会产生很多空气，但是现在都没有了。事实上，由于空气是气体，总是会向压力小的区域扩散，如果只靠地球的引力，地球上的一切水、气迟早都会被真空吸走的。压力就是由于空气分子具有一定的温度，分子就会运动，运动就产生了压力。即使在离地面很高的地方，由于太阳光的照射和太阳风的高能粒子轰击，加热的效果也足以让空气运动起来。那么，地球已经有了几十亿年的历史了，为什么还会有这么丰富的空气让地球上的生命繁衍呢？其根本原因就是地球有足够的磁场，一方面阻止了太阳风（带电粒子）对地球大气层的直接轰击，另外，地球磁场束缚住了来自太阳风（带电粒子）所形成的电离层，就是地球的大气的天然屏障，对地球的大气层产生一个压力，所以，地球并没有直接暴露在真空环境中，然后再依靠地球自身的引力就把空气和水留在了地球上，我们越靠近地面，温度就越高，空气和水的密度也就越大，我们常见的液态水，通常只存在于地表，而空气中却很少有液态水存在。由此，我们可断定，当导体带电后，受导体磁力线及外壳的屏蔽影响，母线内的空气湿度及灰尘浓度都是远大于母线外的浓度，而且越是靠近导体，其浓度就会越高，甚至有些灰尘及水分会附着于导体上，并在导体上发生物理或化学反应。因此，闪络现象也就不难理解了。

根据我们对地球这种物理现象的分析，无论是离相封闭母线还是共箱封闭母线，当其突然发生闪络事故时，如果在以上分析的基础上进一步研究，其思路也就会逐渐清晰、明朗。这种理论分析或许会为国内的输电网络线路的"不明原因闪络"提供新的分析思路。有时，在同一输电线路上，在持续大雾条件下，输电线路和绝缘子未发生一次闪络，而在雾不大甚至是晴天，发生闪络的地区工业污染也较少、系统也无操作，在不可能放电的情况下发生了闪络，因此，普遍认为污闪的可能性不大，与空气的湿度大小和影响关系也不大。其原因有可能是导体周边的磁场束缚了空气中的水分，在导体上周围形成狭小的、致密的水膜或灰膜，水膜与灰尘相互作用，发生一系列物理或化学反应，造成闪络。空气流动得越平稳、缓慢，磁场束缚的水分、污秽成分也就越多，当周围环境中的气压、湿度、风速、颗粒物浓度都在一定范围内时，闪络也就不可避免。例如，我国南方雪灾中高压电线上结起的冰挂为何会越结越厚，主要就是因为导体周边环境及相关条件具备了结露、闪络的条件，磁场束缚了越来越多的水汽及灰尘，导致冰挂也越来越厚。

综上所述，国内发生在封闭母线内的每一种闪络，都有其最明显的一种原因成为主导因素，而其他因素则为其他辅助因素。如果只针对某一种单一现象就做出判断，而忽视了事故的真实规律，不但不能从根本上解决问题，还会产生错误的观点和理念，误导其他工作人员。例如，在某一地区因大雾突发的一起跳机事件中，有人分析是因为导体上灰尘过大造成了闪络，有人分析认为是绝缘子质量存在差异造成的。试想一下，如果没有大雾的发生，导体上虽然有厚厚的污秽层，绝缘子虽然质量存在差异，但在晴天的情况下，系统不是依然能够正常运行吗？为什么大雾发生后反而会跳机了呢，很明显，大雾是造成跳机的主要原因，大雾因流动性差导致空气电离，而导体的污秽层过厚和绝缘子质量存在差异是辅助原因。如果将所有的原因归咎于绝缘子质量存在差异，会对将来后期的电气维护运行工作产生严重的误导，使得事故的真相无法解开。对于自然界中的一切物质，都具有相对稳定性，而不是绝对稳定性，对于外界突然发生的状态改变，系统内一切相关状态也会相应地发生改变，这也是自然界中一切物质存在的自然规律。

第四节　小结

封闭母线内部的闪络有一部分是由于内部的灰尘过大或空气的污浊导致空气电离度降低而引发的，因此，对封闭母线的具体保护也要以防止灰尘侵入和保持空气的洁净为主。对绝缘子的擦拭以及内部的清扫只是在一定程度保证了固体绝缘值的提高，同时还要辅助充以一定的干燥洁净空气，保持封闭母线内部空间洁净，才能达到两条措施互为补充，相辅相成。对于任何一家发电企业来讲，提高设备的监测和预防工作的费用对成本或投资影响很小，而事故的发生会造成极大的损失，任何事故对企业来讲都是不能接受的。正确地研究和分析封闭母线发生事故的每一个环节，提出相应的解决方案，对电力企业安全平稳的运行有着重要的意义。

第五章　封闭母线
外壳过热的综合分析

发电机出口至主变低压侧、高厂变高压侧间采用全连式离相封闭母线连接。每相母线各装在单独的外壳内，外壳两端用短路板连接起来。一端在发电机垂直下引母线处短路连接，另一端在主变本体低压侧出线处短路连接。整条封闭母线外壳对地绝缘，在两侧短路连接处各设一个安全接地点。在发电机出口至主变低压侧间设有主要用于发电机并列、解列离相结构的负荷开关。主变低压侧至负荷开关间发电机三相引出线至负荷开关间的封闭母线外壳为铝制，分段制造，安装时各段之间焊接为一个整体。由于安装、检修的需要，每相负荷开关外壳分为三段，各段水平中分为上下两半。各段之间的上下、两侧接合面安装时用螺栓紧固连接。负荷开关外壳与两侧封闭母线外壳之间采用环形均匀分布的螺栓紧固连接，在各螺栓连接处用铝制短路条跨接接合面。

这种连接结构的机组在设备调试或运行期间，存在着封闭母线外壳连接处在大负荷工况下局部严重过热的问题。尤其在发电机出口封闭母线外壳连接处显得特别突出，有出现 100℃ 以上的局部高温现象，严重时，在局部过热点测得的最高温度曾达到 380℃，造成封闭母线外壳支撑紧固螺栓发红。有些机组，在运行多年后突发这种外壳局部过热情况。

第一节　封闭母线外壳发热的原因

封闭母线外壳发热的原因有两个：一是铝制的封闭母线外壳处在母线所产生的交变磁场中，产生电流，引起发热。二是封闭母线导体上大电流产生的热量以辐射、空气对流的方式传递到封闭母线外壳，导致其温度逐渐升高。

显然，上述两个因素中，在机组正常运行工况下，母线发热辐射、对流到封闭母线外壳的热量，不会引起封闭母线外壳温度达到如此高温。

根据电磁学的有关理论，运行中的每相封闭母线的交流电流在其周围空间内产生呈正弦规律变化的磁场。该磁场在铝制的封闭母线外壳上产生感应电势，由于全连式离相封闭母线三相间在两端短路连接，构成回路，该感应电势在封闭母线外壳上产生感应电流。感应电流的大小为其产生的磁场能抵消母线上的交流电流产生的磁场，即感应电流的大小基本上与发电机负荷电流相等。该感应电流纵向流过整条封闭母线外壳，引起封闭母线外壳发热。对整个封闭母线外壳而言，发电机负荷电流越大，封闭母线整体发热越严重。而对于封闭母线外壳连接处的局部区域而言，该部位的发热量与其电阻的大小、流过此处的电流的平方成正比，即电阻越大、电流密度越高的地方，发热越严重。一旦某一连接处出现温度过高现象时，接触连接面会发生强烈氧化，使得接触电阻增大，温度进一步上升，导致接触处松动或烧熔。同时，由于每相封闭母线外壳上感应电流的磁场与母线电流的磁场不可能完全抵消，会产生一定的漏磁通，在其他相的外壳上产生涡流，引起封闭母线外壳发热。但由于漏磁通较小，涡流引起的封闭母线外壳发热程度并不严重。

第二节　封闭母线外壳连接处局部过热的原因

绝大多数的封闭母线外壳发热情况，主要集中在封闭母线外壳与橡胶伸缩套过渡的部位，其主要原因有以下两点：

1. 连接处导流面积不足，电流密度大

在封闭母线安装施工时，首先将主变低压侧、发电机三相引出线侧封闭母线外壳各段之间进行焊接，形成一个整体，为提高封闭母线的密封性能，安装时在结合面之间采用了焊接方式。这样，发电机负荷电流在封闭母线外壳上产生的感应电流在外壳两侧与其两侧封闭母线连接处只能流经支撑紧固螺栓及短路条（可拆伸缩节）。由螺栓及短路条（可拆伸缩节）形成的导流面积与整个封闭母线外壳的接合面面积相比相差悬殊，因此各螺栓及短路条上的电流密度大大高于整个封闭母线外壳其他地方的电流密度，引起螺栓及短路条（可拆伸缩节）在大负荷工况下过热。

2. 连接处接触电阻大

封闭母线外壳两侧与其两侧封闭母线连接时，使用的螺栓与压紧垫片、压紧垫片与短路条（可拆伸缩节）、短路条（可拆伸缩节）与封闭母线外壳间，不可避免地会形成一定的接触电阻，该接触电阻的阻值必然会远远高于封闭母线外壳其他部位的铝材电阻，造成负荷开关外壳与封闭母线外壳连接处的发热量明显高于其他地方。该接触电阻的阻值虽在一定范围内可以通过调整螺栓紧力、平整压紧垫片、平整短路条（可拆伸缩节）降低一些，但不可能完全消除。

🔩 第三节　封闭母线外壳过热的危害

封闭母线外壳过热严重时，将使封闭母线外壳变形产生应力，固定在外壳上的支撑绝缘子受应力影响，造成绝缘子位移，严重时导致支撑绝缘子破碎，易引起发电机单相接地。

长期过热导致封闭母线外壳变形严重时，可能引发外壳与母线间的距离变小，容易引发外壳与母线间的放电，引发单相接地。

局部高温可能导致封闭母线的铝制外壳及短路条（可拆伸缩节）局部熔化，引起单相接地。

封闭母线外壳严重过热时，导致封闭母线内部温度升高，发电机引出母线冷却条件恶化。

封闭母线外壳严重过热区域附近的绝缘子长期受到高温作用，绝缘材料逐步变脆和老化，以致绝缘失去弹性和绝缘性能下降，使用寿命大为缩短。

铝制封闭母线外壳温度长时间处于高温之中，抗拉强度急剧下降，受用寿命和年限大大降低。

🔩 第四节　解决封闭母线外壳发热的措施

将断路器外壳两侧与两侧封闭母线外壳连接处的橡胶密封垫换成铝制波纹管，增加导电面积，减小电流密度。

调整各接合面加工平整，保证各接合面间能紧密接触在一起，在各接合面上涂上导电膏，尽量减少接触电阻。

短路条（可拆伸缩节）与压紧垫片、短路条（可拆伸缩节）与封闭母线外壳间的接触面进行检查处理平整，并在各接合面上涂上导电膏，尽量减少接触电阻。

对紧固螺栓按要求力矩重新检查紧固，对出现接合面局部曲翘进行处理，减少局部区域接触电阻过大。

消除因运行中震动及过热导致的螺栓松动、螺栓压紧垫片变形等引起的局部过热现象。

拆除封闭母线固定支架与母线外壳的绝缘垫，母线外壳通过支架直接接地。

短路条（可拆伸缩节）长时间使用后，也存在局部严重过热的问题。如

图 5-1 所示，这是由于设备安装时或长期运行中由于外壳的震动导致各连接螺栓紧固力不均匀，造成局部接合面翘曲，接触不良，或运行中震动及过热导致连接螺栓松动、螺栓压紧垫片变形，造成局部接触不良。封闭母线连接时使用的螺栓与压紧垫片、压紧垫片与跨接铝排、跨接铝排与封闭母线外壳间有一定的接触电阻，其阻值远高于封闭母线外壳其他部位的铝材电阻，造成两段封闭母线外壳连接处的发热量明显增高。长期运行中的封闭母线，应经常对封闭母线上的各连接螺栓进行定期紧固，可通过调整螺栓紧力、平整压紧垫片、平整跨接铝排的紧固增大该处的接触面积，降低一些该接触电阻值，但不可能完全消除。

（a）可拆伸缩节结构

（b）高温融化的短路条

图 5-1　短路条局部严重过热

　　虽然伸缩节处的跨接铝排设计为内藏式，但仍可判断过热处的内藏跨接铝排有接触不良现象。鉴于此，国内大多数发电企业已将可拆伸缩节更换为铝制波纹管，见图 5-2。

图 5-2　使用中铝制波纹管

第六章 封闭母线漏氢的综合分析

第一节 封闭母线漏氢的原因

　　氢气是如何进入封闭母线内部的呢？我们知道，发电机与封闭母线连接的部位是发电机出线箱，当封闭母线受发电机出口套管老化、间隙过大或套管损坏的影响，导致发电机内的氢气外泄时，外泄的氢气大部分由发电机出线箱上的排氢孔排入到大气环境中，如果发电机出线箱内封闭母线的盘式绝缘子存在一定的泄漏点，而在出线箱内又恰巧因气压原因封闭母线内发生"吸气"过程，那么就有可能会有微量的氢气被动吸入到母线内，或者残存在出线箱具有弧形拱顶的隐秘部位。如果进入到母线内，就会在母线内积存一定的氢气，当封闭母线内的氢含量和氧含量达到一定比例时（通常达到4%时），空气出现"爆鸣"，如遇到母线内瓷瓶座脏污，出现微弱的放电，就会造成封闭母线爆炸的重大设备事故。微正压装置保护封闭母线的理论也正是由此而提出的。国内20世纪七八十年代的封闭母线，由于相关工艺和理论并不成熟，封闭母线经常发生局部变形起包的现象，其主要原因就是封闭母线内部渗透了少量的氢气，在母线内发生了爆鸣的现象，引起母线发生轻微变形。由于对这种现象维护人员通常无法做出合理的解释，将这种母线起包变形的原因归为母线内部发生了巨大的闪络。其实，是由于发电机出线套管漏氢所致。1986年10月27日20时4分，正在进行72小时试运的陡河电厂七号机组因发电机严重漏氢，导致出口封闭母线发生爆炸，造成封闭母线、发电机出口套管、主变压器低压侧套管等严重损坏。国内其他电厂也曾经发生过运行中的发电机组、发电机出线箱部位莫名其妙地发生出线箱变形和鼓包的现象，却给不出任何合理、正确的解释。

第二节　封闭母线漏氢的危害

　　发电机漏氢是国内火力发电机组常见的故障之一，国内早期的发电机组，装机容量普遍较小，密封工艺存在不足，会导致机组出现一定的漏氢现象。随着国内电力事业的蓬勃发展，单机装机容量不断加大以及密封工艺逐步完善，漏氢的事故概率呈明显下降的态势，但仍有少量机组会因各种原因发生一定的泄漏事故。氢气制冷是发电机冷却的常规方案，由于氢气的分子颗粒较小，氢气分子的穿透能力比较强，即便存在微弱的气压，也会在一定区域内发生渗透现象。国内在防止发电机漏氢方面要求非常严格，在后期大型机组的施工建设中，对防止发电机漏氢做了严格的工艺防范。但由于氢气的物理性质非常特殊，即便是微小的疏忽也可能会造成较大的事故隐患。我们知道，国内后期建设投入使用的大型机组，发电机出线箱均设计有排氢孔和漏氢检测仪，但由于氢气特有的物理性质，仍会有微量的氢气无法及时检测到。这些氢气通常会贮存于出线箱内顶端位置的凹凸不平之处或某些倒扣形状的区域内，当氢气与空气混合比例达到一定的比例时，"爆鸣"反应就会发生。"爆鸣"反应最大的特点是空气会剧烈地膨胀，其破坏力之大往往超出人们的想象。例如，有些发电机组，运行中突然发现发电机出线箱局部区域发生变形或鼓包现象，有时，封闭母线内某一区域发生小面积的鼓包或变形现象，对于这种莫名发生的鼓包现象，许多企业并没有足够的重视，甚至完全没有想到是氢气渗透所造成的，往往以简单的闪络事故去解释这种现象，而导致事情的真相被忽略。

第三节　防止漏氢的相关规范

　　1. 防止国产氢冷发电机封闭母线爆破事故技术措施[①]

　　为了防止国产氢冷发电机出线套管密封不严，氢气漏入封闭母线在具有某种引爆条件时，引起氢气空气混合气体爆炸事故。在敦促电机制造厂进一步改进发电机出线套管密封结构，彻底解决密封问题的同时，特意从封闭母线制造、安装、维修、试验等方面，提出下列反事故技术措施。

　　（1）发电机各相及中性点出线套管保护箱上部应增加适当孔径、适当数量的排氢孔，以利于及时排掉自出线套管漏出的氢气。为防止汽、水、油、

----

　　① 摘自水电部（87）电生火字第8号文附件。

昆虫、杂物等进入孔内，应设计完善的排氢管结构及过滤网，并提供在运行中自管口伸入测氢仪表探头进行测氢的安全和方便条件。

排氢管孔的位置在无连续测氢装置的条件下，应设计在保护箱顶部空气易流通处。今后设计带有连续测氢装置的保护箱、排氢孔的位置是否需要改变，根据测氢装置的性能再做研究，但现有连续测氢装置的保护箱、排氢孔设在侧面的不必改动。

（2）发电机出线套管保护箱和封闭母线之间设计安装隔断套管，不论从隔氢以限制爆炸范围还是从保护箱开孔后保持封闭母线封闭性能来看，都是必要的，但要求隔断套管具备同其工作条件相适应的密封性能。因此，隔离套管在出厂前和安装后均应进行密封性能的试验。

（3）为防止在正常运行中和系统过电压的情况下，封闭母线产生电晕，为氢气爆炸提供能源条件，在产品型式试验中应增加起晕电压试验项目，并达到3~3.5倍额定相电压时不起晕。

（4）要求制造单位应保证封闭母线出厂前外壳的内表面和母线管的外表面光滑、焊缝无毛刺、外壳两端牢固封闭，现场安装时（包括大修后）应严格按制造厂要求进行施工，安装前应彻底进行内部清理、擦拭或必要的清洗。接头部分的连接螺丝必须要求紧牢，防止接头发热。有条件时，可在接头上贴敷温度计或试温蜡片，以便于通过窥孔监视母线接头温度。

机组大修时，应对发电机出线套管的漏氢情况进行检查（建议采用将套管下端以塑料袋套入并将塑料袋口扎紧于套管外壁的方法）。发现缺陷及时处理，为了检修时能较为方便地对封闭母线内部进行清扫、检查，制造单位应从外壳结构设计上创造必要的条件。

（5）加强运行中对发电机出线套管漏氢情况的监测，原有的连续测氢装置应加强维护管理，充分发挥应有的作用。且每周应进行一次核对性检测，没有连续测氢装置的，应使用防爆等级符合规定的便携式测氢仪口处的氢含量。大型氢冷发电机封闭母线凡未装设连续测氢装置每昼夜检测一次保护箱排氢的，应抓紧选型及安装设计，列入更改工程项目，尽早实现连续测氢。

（6）进口氢冷发电机封闭母线原未设计排氢孔，应由所属电厂邀请有关单位进行调研，必要时提出补充措施。

2. 防止发电机和封闭母线氢爆着火的技术措施

国电某发电有限公司所属4台发电机型号为：QFQS-200-2型（#4发电机型号为：QFSN-200-2），发电机采用水—氢—氢型冷却方式，即发电机定子绕组及出线套管采用水内冷、转子绕组采用氢内冷、定子铁芯及结构件采用氢气表面冷却，近年来，该公司20万发电机本体密封性能不够完好，一直存在着漏氢、漏油等现象，给发电机组的安全运行构成一定威胁，且漏氢严重时，随时都有爆炸的危险。据统计，国内200MW、300MW同类型发电机组中，因氢气渗漏，导致多起氢气爆炸事故的发生。该公司#1 发电机于 1992 年 5 月，由于定子出线冷却水没有投运，造成套管密封件发热，氢气大量泄漏，最终引发氢气爆炸事故。因此，发电机各部件密封性能的好坏，对发电机的稳定运行和工作人员的生命安全起着决定性的作用，为杜绝类似事故发生，确保发电机组能达到安全稳定运行的目的，特制定下列技术措施：

（1）对发电机组的运行状况进行全面的了解掌握，统计运行中存在的各类缺陷，查阅运行记录，借助发电机相关图纸、资料，确定重点处理对象，对影响发电机组正常运行的缺陷进行彻底消除。

（2）检修和运行人员应熟悉发电机内部结构和运行方式，对发电机氢、油、水系统的操作应熟练掌握，避免发生操作失误的情况。

（3）做好发电机事故备品计划和材料计划，必须使用的专用工器具应提前准备齐全并检查合格，需要更换的备品、备件须经专业技术人员和工作负责人验收确认后方可使用。

（4）发电机停运后，应采用二氧化碳中间置换法进行氢气置换工作（氢气置换过程中不得进行预防性试验和拆卸螺丝等检修工作），检修人员开工前必须对现场进行氢气化验，确定合格后，方可开工。

（5）在发电机本体及其氢系统上进行检修、试验工作时，必须断开氢系统，并与运行氢系统有明显的断开点，充氢侧加装严密的隔板，并会同运行人员确认发电机内部无压力。

（6）打开发电机入孔后，工作人员不得马上进入本体内部，要保持长时间的通风换气且经化验氢气含量合格后，工作人员方可进入。

（7）发电机检修中，打开的端盖、人孔门、氢冷器、套管、导电螺钉以及阀门等部位的密封垫，必须更换为耐油胶垫、胶板（内冷水系统中的管道、阀门的橡胶密封垫应全部更换为聚四氟乙烯垫圈），特别对外部氢气系统管道、阀兰密封垫应定期更换。

（8）发电机气密性试验，必须按规定标准执行，试验期间，检修人员应对端盖、密封瓦、人孔门、氢冷器、出线套管、导电螺钉、测温接线板以及氢气系统仪表、阀门等部位仔细检查，尤其要保证发电机 6 个出线套管无渗漏。发电机修后气密试验不合格严禁投入运行。

（9）发电机运行期间，检修和运行人员应定期进行巡回检查，应对高温部位和漏油地点的密封面重点检查，及时消除漏氢和漏油渗点，并根据每日漏氢量，化验发电机周围的氢气含量，以便于及时发现问题。

（10）在消除发电机氢气渗漏点时，必须在条件允许的情况下，应由熟练的专业人员进行处理，并使用特殊工具（软金属工具），防止在紧固渗漏点螺栓时碰撞出现火花，引起氢气爆炸。

（11）发电机主要部件的运行温度应不超过规程规定值，要定时抄记发电机本体温度表，对发电机各部温度进行监督分析。

（12）发电机的运行氢气湿度、纯度必须符合规程规定，要加强对内冷水压、氢压和油压的监视和调整，确保发电机水压、氢压和油压在规定范围内运行。

（13）发电机周围严禁堆放易燃、易爆物品或其他可燃性气体，提前做好安全防范措施，应定置摆放好消防灭火器材，并定期进行检验。禁止在充氢管线上搭接电焊地线，严禁用电焊把在充氢管线上打火。

（14）发电机本体周围严禁堆放杂物，应定期打扫设备卫生，保持设备清洁，使发电机各部位无积油、积灰现象。

（15）发电机本体及周围要设有防火标志，如"氢气运行，严禁烟火"标志等，严禁将火种带入发电机现场。

（16）发电机油系统电气设备应使用阻燃电缆，周围其他电缆要定期进行清扫检查。照明要使用 36V 安全电压灯具或使用防爆灯具。

（17）运行中发电机及氢系统 5 米范围内严禁烟火，如需进行明火（电、火焊）作业或检修试验等工作，则必须办理《动火审批单》，化验监测氢气含量合格经当值班长同意后，在专人监护下方可使用，需长时间使用明火工作，应每隔 4 小时化验监测一次氢气含量。

（18）在发电机大修中，应对发电机封闭母线进行起晕电压试验，并达到 3~3.5 倍额定相电压时不起晕（防止在正常运行中和系统过电压时，封闭母线产生电晕，为氢气爆炸提供能源条件）。

（19）在发电机大、小修中应对发电机出线套管、封闭母线内部进行清扫、检查（包括支持瓷瓶）。

（20）为防止发电机氢气漏入封闭母线，在发电机出线套管箱与封闭母线连接处之间应装设隔氢装置，在出线套管箱处加装漏氢监测装置。应加强运行中对发电机出线套管箱漏氢情况的监测，使用防爆等级符合规定的便携式测氢仪每昼夜监测一次出线套管箱的含氢量。

（21）应按时检测发电机油系统、主油箱内、封闭母线箱内的氢气体积含量，超过 1% 时，应停机查漏消缺。当内冷水箱内的含氢量达到 3% 时会报警，在 120 小时内缺陷未能消除或含氢量升至 20% 时，应停机处理。

（22）发电机密封油系统平衡阀、压差阀必须保证动作灵活、可靠，密封瓦间隙必须调整合格。若发现发电机大轴密封瓦处轴颈有磨损的沟槽，应及时处理。

（23）空侧密封油泵（直流油泵）必须经常处于良好备用状况，保证能随时联动成功。

（24）发电机运行时，保证排烟风机运行正常，应定期（每周一次）从排烟风机出口取样（漏氢增大时应随时取样检查），监视含氢量是否超过厂家规定（2%），如超过应查明原因并予以消除。

第七章　离相封闭母线的保护

第一节　离相封闭母线密封的三种状态

从国内外大量的相关文献资料可以看出，封闭母线的保护十分受重视。《GB/T 8349-2000 金属封闭母线》明确规定了充气压力与空气泄漏率，微正压充气离相封闭母线的外壳内充以 300~2500Pa 压力的干燥、净化空气，其空气泄漏率每小时不超过外壳内容积的 6%。但在实际运行过程中，离相封闭母线由于受到机组抖动、外壳应力变化、土建基础变形等多重因素影响，能够达到密封要求的很少。尤其运行时间较长的封闭母线，其密封性能就越差。因此，封闭母线的密封性能普遍存在一定的泄漏情况。

国内目前正在使用的封闭母线从密封性能上区分，主要分为封闭母线密封良好、密封合格、密封泄漏三种状态。

一、封闭母线密封良好

这类封闭母线的特点是：封闭母线的保护装置充气迅速，往往三五分钟就可在母线内建立正压，保压时间相对较长且时间稳定，封闭母线内能够始终保持一定正压的气体。当微正压装置向封闭母线内充气压力由 300Pa 增长至 2500Pa 时，充气时间最长不超过 5 分钟，即便母线体积特别庞大，这个时间也能建立起压力，且压力增长速度比较均匀。当压力由 2500Pa 降至 300Pa 时，保压时间通常在半个小时甚至更长，降压速度缓慢、均匀。我们将这种封闭母线定性为密封良好。其主要表现为，封闭母线的保护装置会运行平稳，无任何报警或异常情况发生。

对于有些封闭过于严密的封闭母线，降压过程中有时会发生压力反复上升、下降的情况，主要原因是气体在母线内受热膨胀，导致气体压力重复升高和下降。只要膨胀压力在规定范围之内，这一情况仍可接受。

这类密封良好的封闭母线，是国内公认的运行状态最为稳定和最为理想的封闭母线，但在国内数量却寥寥无几。这类母线发生结露、闪络、跳机事故的概率也相当低，如果保护得当，很少会发生事故。密封良好的封闭母线不管采用何种保护方式，只要将保护装置或微正压装置开启到自动运行的状态，确保充入到封闭母线内部为干燥、洁净的空气，都能确保这类封闭母线以及其保护装置长久、安全、可靠、正常的运行。但是，这类封闭母线也有其弊端。

首先，这类封闭母线密封状态并不是十分稳定。随着时间的增长或运行状态的改变，母线的密封会逐渐发生泄漏，需定期对母线的密封性能做维护，维护的成本费用相对较高。

其次，一旦潮气及水分进入母线内，不能迅速地排除，只能越聚越多或长时间滞留在母线内，水分或潮气最终成为热空气的补偿水分而滞留在母线内部。当机组停机或负荷电流降低时，其绝缘性能也会有相应地下降，影响到母线的绝缘性能及正常开机运行。这类事故在国内个别企业曾有发生。

此外，由于这类封闭母线密封性能优良，母线内有时会发生气体膨胀事件，即充入封闭母线内的气体，受导体热效应影响，母线内部压力会超出正常范围，导致其保护装置——微正压装置的保护系统动作。或者，由于封闭母线内部空气密封时间过长，保护装置无法正常向其内部补充干燥、洁净的气体。而其内部湿热的空气也无法置换出来。这种密封过于严密现象，也会对封闭母线密封性能及绝缘性能产生一定的影响。

国内某发电企业，曾对封闭母线的密封性能做了细致的工作，封闭母线由 2500Pa 下降至 300Pa 用时 3 小时 50 分钟左右，曾经创下了国内密封时间最长的纪录。但机组在开机时，母线的绝缘值却异常偏低，无法满足开机要求。后经多方查询，证实在封闭母线密封阶段，室外曾经下过暴雨，密封工作采取了临时以塑料薄膜覆盖母线的技术手段，待雨过后又继续进行了密封施工，导致母线内封存了大量的水汽，水汽导致母线的绝缘值异常偏低。后将微正压装置的取样管路拔下，用微正压装置处理的洁净气体对封闭母线内的潮湿气体进行强制置换，经过一定时间的通风换气，绝缘值缓慢上升到开机水平，机组得以顺利启机。

二、封闭母线密封合格

这类封闭母线的特点是：封闭母线保护装置向母线内充气时间平稳，母线保压时间相对稳定，母线内能够充入一定的干燥、洁净的正压气体，母线内压力下降平稳，且有一定的时间规律。当保护装置向封闭母线内充气压力由 300Pa 增长至 2500Pa 时，充气时间一般在 5~10 分钟，且母线内压力增长先快后慢（压力低时，充气速度较快，压力增长速度也较快；压力逐渐升高时，充气速度逐渐减慢，压力增长速度也减慢），充气时间明显过长。当压力由 2500Pa 降至 300Pa 时，保压时间通常在 10~30 分钟，降压速度先快后慢（压力越高，降压速度就越快，压力越低，降压速度就越慢）。我们将这种母线定性为封闭母线密封合格。

这类密封合格的封闭母线，在国内数量相对较多，封闭母线发生结露、闪络、跳机的事故少量就发生在这类封闭母线上。由于封闭母线存在一定的泄漏性，受导体负载电流大小变化或其他自然因素的影响，母线内外的空气会发生一定的气体置换现象，即我们常说的呼吸现象。当外界的灰尘、杂质或水汽进入到封闭母线内，受热能、磁场的影响，会在母线内发生一定的物理或化学反应，影响母线内正常工作环境。对于这种封闭母线，应重点强调母线内部环境的重要性，确保封闭母线内部有干燥、洁净的空气存在，并保持母线内有一个正压的工作环境，使母线达到气封状态，防止母线外的灰尘、杂质、水汽侵入到母线内部。如果退出或停止保护装置运行，其发生事故的概率会有所增加。这类封闭母线的优点是，保护相对容易，如果保护得当，其发生事故的概率会降至最低点。如果失去保护装置的保护，或者不投入保护装置进行实时保护，母线在一定程度上很容易受到灰尘、杂质、水汽的侵扰，导致结露、闪络、跳机事故的发生。

三、封闭母线密封泄漏

这类封闭母线的特点是：微正压或其他保护装置向母线内充气，由于母线严重泄漏，压力始终无法达到保护装置或微正压装置所设定的上限值（即 2500Pa），母线保压时间短或基本无正压。其主要表现为，当保护装置向封闭母线内充气时，压力基本不增长或只维持在低压状态，保护装置自始至终都处于充气状态，当停止充气后，压力迅速下降至最低，保压时间通常为 0~10 分钟。我们将这类母线定性为封闭母线泄漏。

这类密封泄漏的封闭母线，在国内数量众多，国内发生结露、闪络、跳机事故的机组，90%以上的概率都是发生在这类母线上。由于封闭母线存在一定的泄漏性，母线内外的空气可自由出入、置换，灰尘、杂质受导体磁场的磁化，大部分成为带电粒子游离于母线内。当遇到这种封闭母线时，保护装置能起到的保护作用就微乎其微，其结露、闪络等事故发生的概率会显著增加。如果强制启动封闭母线保护装置对母线进行保护，必然会导致保护装置长时间启动充气或频繁启动充气，久而久之，造成保护装置电器元件烧毁，设备退出运行或损坏。同时，也对气源造成一种巨大的浪费。这也是国内大多数微正压装置或其他保护装置无法正常运行的原因所在。这类严重泄漏的母线发生结露、闪络、跳机事故的案例非常多。

四、具体案例：某电厂#1 机组保护动作经过

1. 运行方式

#1、#2 机组运行，#1 机负荷 168MW，主汽温度 535℃，压力 11.4MPa，再热气温 530℃，压力 1.9MPa，A、B、C 磨煤机，A、B、C 给煤机运行，#1、#2 给水泵运行，#1、#2 凝结泵运行，真空-80KPa。#2 机负荷 280MW，工业抽气，采暖抽气由#2 机接带。

2. 经过

2014 年 2 月 25 日 10 时 14 分，NCS 语音报警，事故变位，DCS 画面发变组出口开关 2201、灭磁开关 FMK 跳闸，6kV 快切动作，启备变带#1 机厂用电正常。工作进线开关 6101A、6101B 跳闸，备用进线开关 6102A、6102B 合闸，#1 发电机有功、无功为零，DCS 光子牌报"#1 机发变组保护 A 柜基波零序定子接地保护动作""#1 机发变组保护 B 柜基波零序定子接地动作""6kV Ⅰ A 段快切装置总告警""6kV Ⅰ B 段快切装置总告警""6kV Ⅰ A 段快切装置闭锁""6kV Ⅰ B 段快切装置闭锁"，NCS 告警显示#1 机保护 A 屏、B 屏后备保护动作，发电机跳闸，机炉电大连锁动作，汽机跳闸，汽机高中压主汽门，调速汽门，低压缸导汽蝶阀关闭，各抽气电动门、逆止门关闭，疏水联开，联启交流油泵，联启高启油泵，本体事故疏水扩容器减温水自投，锅炉 MFT 动作，跳闸首出汽轮机跳闸且负荷大于 30%，A、B、C 制粉系统跳闸，A、B 一次风机跳闸，A 密封风机跳闸。检查#1 机电子设备间首出遮断报警为电气保护 2（RMT）。

10 时 15 分，值长报调度，通知各相关领导，通知各辅助专业，通知检修，热控人员。值长派电气运行人员检查#1 机发电机本体、#1 机发电机出线小室、#1 机发电机中性点接地柜、#1 发电机 PT、#1 机励磁变高压侧、#1 发电机封闭母线、#1 发电机励磁小室、升压站稳控装置。电气运行人员现场检查发变组保护 A 柜及 B 柜同时报"基波零序电压超高限保护动作"动作值为 30V（保护定值为 28V），保护动作正常。

11 时 10 分，#1 发变组由运行转冷备。运行人员与检修人员共同对发电机定子线圈连同离相母线部分测绝缘，绝缘值为 R15 = 0.306GΩ，R60 = 0.085 GΩ，吸收比为 0.27，绝缘值低于额定值。

12 时整，#1 发变组转检修。电气检修检查发变组保护 A 柜及 B 柜二次回路正常，发电机中性点电压互感器及出口电压互感器正常，故障录波图形显示保护动作前两个周波的发电机机端电压 C 相幅值明显小于 A、B 两相。初步判断为发电机定子线圈及定子出线离相母线部分 C 相存在接地故障的可能。为

确定是发电机定子线圈 C 相问题还是离相母线 C 相问题，检修人员解开发电机出口与离相母线软连接，解开#1 机组励磁变、主变、厂高变与离相母线软连接。分别对发电机定子线圈的三相、离线母线的三相测绝缘。

18 时整，检修人员进行发电机定子绝缘电阻试验，数据为：A 相，$R15 = 5.1G\Omega$，$R60 = 5.95G\Omega$，吸收比为 1.17；B 相，$R15 = 4.02G\Omega$，$R60 = 4.68G\Omega$，吸收比为 1.16；C 相，$R15 = 3.98G\Omega$，$R60 = 4.75G\Omega$，吸收比为 1.19。发电机定子线圈三相绝缘值正常。

20 时整，检修人员进行离相封闭母线绝缘电阻试验，A 相电阻为 $1G\Omega$，B 相电阻为 $7G\Omega$，C 相电阻为 $0.01G\Omega$。根据试验数据判断离相封闭母线 C 相绝缘电阻不合格，检修人员对离相封闭母线 C 相进行检查。

23 时整，检修人员拆开#1 厂高变上部 C 相离相封闭母线支撑绝缘子，伸手对离相封闭母线内部进行拍照，发现垂直段 C 相离相封闭母线盘式绝缘子大量结冰并有放电发黑痕迹。

26 日 10 时整，检修人员对 A、B 相离相封闭母线也进行了检查，发现#1 厂高变 A 相离相封闭母线盘式绝缘子也有少量结冰现象。

26 日 14 时整，检修人员对 A、C 相离相封闭母线盘式绝缘子上部母线外壳开洞，剔除冰块。

26 日 23 时整，冰块剔除完毕。检修人员进行离相封闭母线绝缘电阻试验，A 相电阻为 $0.4G\Omega$，B 相电阻为 $3G\Omega$，C 相电阻为 $0.5G\Omega$，离相封闭母线绝缘电阻合格，具备运行条件。

27 日 4 时 50 分，检修人员恢复完软连接，结束检修工作。

3. 原因分析

（1）发变组离线母线内部为空气通道，在环境温度变化时（2 月 24 日中雪，最高-2℃，最低-11℃。23 日至 24 日连续小雪及中雪，2 月 25 日多云，温度最高-10℃，最低-22℃），离相母线内部空气中的水蒸气凝结成水，厂高变、主变为母线的最低点，水分在#1 机厂高变 C 相本体盘式绝缘子处汇集。

（2）#1 机厂高变 C 相在最东侧迎风面处（从现场拍摄的照片看，A、B、C 三相盘状绝缘子均有不同程度的结冰现象，C 相最严重）。

（3）2 月 24~25 日，电负荷由 270MW 减至 168MW，母线电流减小，母线本体温度会有大的降低，空气中的水蒸气结露。综合以上几个因素造成#1 机厂高变 C 相本体盘式绝缘子处结冰放电，造成#1 机"基波零序定子接地"保护动作，#1 发变组跳闸。

（4）封闭母线保护装——微正压装置并没有投入运行，使封闭母线没有得到有效保护。

4. 事故定性

根据国网公司安全事故调查，此次事故由雨雪冰冻天气不可抗拒因素导致，定为七级设备事件一次。

五、小结

上述母线分类，主要是依靠封闭母线保护装置的实际运行状态为标准做出的分析、判断。许多电厂封闭母线的保护装置，尤其是微正压装置故障频发，表面上看是微正压装置的故障，但实际上主要是因封闭母线本身的泄漏引起的故障。封闭母线本体密封微漏或者严重泄漏，造成保护装置不能正常充气、保压，封闭母线内部压力达不到微正压装置供气系统停运设定的上限值，导致空压机、微正压装置频繁启动，微正压装置相关电气元件、气动元件频繁损坏，装置不堪重负，保护装置故障频繁发生。见表7-1。

表 7-1　封闭母线密封状态

密封状态	密封良好	密封合格	密封泄漏
密封时间	30分钟以上	10~30分钟	10分钟以下
保护装置	充气时间短	充气、保压时间均匀	充气时间长
显示状态	保压时间长	稳定	保压时间短

第二节　封闭母线保护的综述

由上一章我们知道，封闭母线主要有结露、闪络、外壳过热、漏氢四大故障隐患，因此，对封闭母线的保护也应该从这四方面着重入手。例如，针对母线结露，应快速将封闭母线内的凝结水除去，降低空气的饱和含湿量，并提高母线的绝缘值，使母线内的空气始终保持一定的干燥度，防止空气中的水分凝结；针对封闭母线的闪络，应保持封闭母线内部环境的干燥、洁净，避免粉尘、灰尘、杂质、化工气体离子团等物质侵入，造成封闭母线内部环境的污染，从源头上控制封闭母线内部闪络事故的发生。对已经发生的闪络，要快速地将闪络时电弧产生的含有大量的电子、离子、一氧化碳、烟气等污浊、湿热气体快速排除出母线，防止母线内部空气电离度的增加，导致空气的二次闪络；对于外壳过热，虽然不能将封闭母线外壳上感应电流引发的热量除去，但至少要将封闭母线内因导体发热而产生的热空气迅速排出母线，以保持母线夹层空间内的恒温；对于封闭母线的漏氢隐患，不能只单纯地依靠封闭母线的密封性能来保证、防止发电机内的氢气通过泄漏点渗透进入母线内，而应始终保持母线内有一定的正气体，在起到密封作用的同时，在泄漏点处形成向外呼出的气流，防止氢气由泄漏点吸入封闭母线内

部。因此，对封闭母线保护装置而言，其具体配置、使用条件和保护功能都
要有着严格的技术要求。

第三节　封闭母线保护装置的分类与分析比较

　　国内早期由于机组装机容量普遍较小，大电流母线普遍是裸露式或开放
式的，由于没有成熟的大电流母线保护工艺，常常危及人身的安全和电气设
备的正常工作。随着 200MW 及以上大型机组的相继投入以及国外大型机组
的引进，国内开始借鉴一些国外较为成熟的母线保护工艺。我国早期曾进口
了几套国外机组，封闭母线配套安装了几套小型的封闭母线保护装置，如图
7-1 所示。其作用主要是防止发电机出线套管漏氢而采取的防漏氢措施，后
期随着发电机出线套管技术及发电机出口密封的保护工艺逐渐成熟和完善，
该保护装置所存在的保护价值也就无从体现。但在后期的实际使用中，该保
护装置在封闭母线的防结露、闪络方面却有着优异的表现，并得到了国家权
威部门及专家的认可。此后，国内将国外的封闭母线保护装置与国内的相关
技术相结合，并引入到了封闭母线保护的工艺中，取得了一定的效果。因此
说，封闭母线保护装置早期的设计理念并不是作为防结露、闪络装置来使
用，而是作为防止发电机出线套管向封闭母线内漏氢而设计使用的。后来在
此基础上，逐渐衍生并发展出众多封闭母线系列保护品牌。

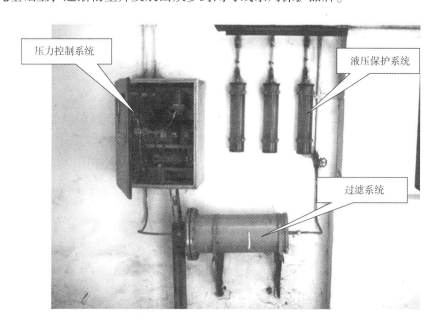

图 7-1　国内早期的微正压装置

国内现役正在使用的封闭母线保护装置主要有微正压装置、热风保养装置、防结露闪络装置、强迫空气循环干燥装置、憎水性绝缘子、开放式微风循环正压装置等。下面就每一种保护装置的工艺、原理、效果等做一详细分析、点评。

一、微正压装置

微正压装置是国内外离相封闭母线保护领域中使用最为广泛和普遍的一种保护装置，国内外125MW机组至1000MW机组中都能看到微正压装置的身影。微正压装置又分为两大系列产品，即吸附式微正压装置、冷凝式微正压装置。微正压装置的主要作用是向封闭母线内部充入300~2500Pa的正压力，使母线内部的压力略高于母线外的大气压，补充封闭母线内因负载电流变化、温差变化、封闭母线泄漏等原因造成的预制剩余空间，防止母线外空气中的水分侵入到母线内部，并始终保持这一区间压力，从而达到防止封闭母线结露、闪络，保护其内部环境洁净，漏氢等事故的目的。

1. 吸附式微正压装置

吸附式微正压装置是国内最为常见和普及的一种微正压装置，是一种集自产压缩空气、供气、储气、气体干燥、气路分配于一体的设备。其工艺原理为：由现场提供的小型空压机、厂内仪用气或杂气作为主要气源，压缩空气进入控制柜后，首先通过一充气电磁阀，然后进入气水分离器，在气水分离器中，压缩空气中的水分被初步分离出来，并定期排出。经初步分离以后的压缩空气进入减压阀，在减压阀内，压缩空气维持在平稳压力并被初步过滤，空气随后又进入吸附式干燥器，干燥器有两个充填了5A分子筛的吸附筒T1和吸附筒T2，压缩空气通过T1筒体上的电磁阀由吸附筒T1的下端充入，通过5A分子筛层由下至上流动，在此过程中，空气中的水分被分子筛吸收，成为干燥的空气，大部分由输出口输出，进入封闭母线。同时，10%~15%的干燥空气经一固定节流孔进入T2筒。T2筒上的排气电磁阀同时开启与大气相通，使T2筒中的已吸收饱和水分的分子筛在低压下脱附还原，脱附出来的水分随空气排至大气中，由定时器周期性地对T1筒和T2筒上的充气和排气电磁阀进行切换（通常5~10秒切换一次），T1筒和T2筒定期交换工作，使分子筛轮流吸附和再生，这样微正压装置便可源源不断地产生干燥、洁净的空气。T1筒上的充气电磁阀与T2筒上的排气电磁阀同步运行，T2筒上的充气电磁阀与T1筒上的排气电磁阀同步运行，并定期自动切换。充入封闭母线内的是干燥、洁净的空气，同时将大量含有水汽的湿空气向周边大气环境释放出来。保证气源的持续性和稳定性。干燥器的出气口与封闭母线A、B、C三相通过一充气管道逐相连接，干燥、洁净的空气经充气管道充入到封闭母线内。同时，封闭母线上有一根压力监测管与吸附式微正压装置上的微压表相连，由微压表对充入封闭母线内的空气压力实施监测，当母线内的压力低于300Pa时，微压表启动充气电磁阀向封闭母线内充气，封闭母线进入充气状态。当封闭母线内压力达到2500Pa时，微压表关闭充气电磁阀，封闭母线进入保压状态。通过以上步骤，微正压装置完成自动充气、保压过程。图7-2为国内最为常见的几种吸附式微正压装置。

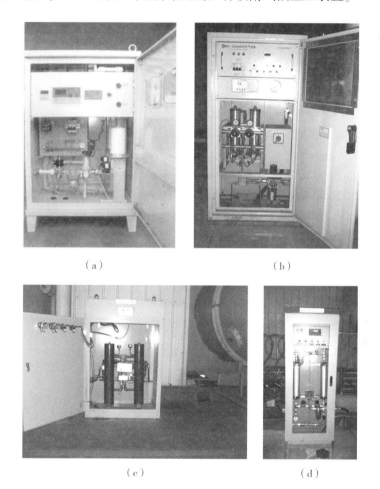

（a）　　　　　　　　　　　　（b）

（c）　　　　　　　　　　　　（d）

图7-2　国内常见的几种吸附式微正压装置

吸附式微正压装置的优点：结构简单，维护方便，其连续处理空气的能力较强，处理空气的指标比较高，大气压露点可达到-40℃，封闭母线可获得质量较高的干燥、洁净的不饱和空气，可有效保证封闭母线内部的干燥和洁净。

吸附式微正压装置的缺点：耗气量大、能源品位低，有效供气量小，有时露点不够稳定等。其具体表现在：

（1）微压控制表。吸附式微正压装置中普遍采用的是微压控制表，微压保护控制表是普通电子仪表，这种表的控制精度较低，在温度过高、受到震动敲击或磁场干扰的情况下，其传递信号的能力会受到影响，导致该表反应迟钝或损坏，这是微正压装置经常不能向封闭母线内部正常供气的主要原因。目前，国内还有一部分老旧的微正压装置依然采的是用膜盒表，造成微正压装置无法正常工作。如图7-3所示。

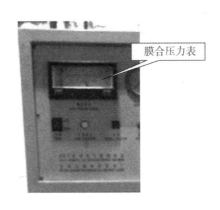

膜合压力表

图7-3　国内常见的膜盒压力表

（2）充气电磁阀。国内现在装机运行的机组，装机容量普遍较大，封闭母线长，容积大。所以母线对用气量的需求也非常大，加之封闭母线普遍存在一定的泄漏量，因此对充气电磁阀的要求特别高。吸附式微正压装置大多采用的是普通的两位两通电磁阀，这样设计对密封较好的封闭母线比较适用，但对于存在微漏和严重泄漏的封闭母线，如果长时间通电，必然会导致电磁阀线圈烧毁，一旦充气电磁阀损坏或失控，必然会影响封闭母线的安全运行，这是国内大多数保护装置电磁阀频繁损坏的原因。据统计，国内采用这种普通两位两通电磁阀的微正压装置，绝大多数都有多次更换电磁阀的记录。如图7-4所示。

  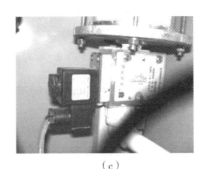

（a）　　　　　　　　　（b）　　　　　　　　　（c）

图7-4　国内吸附式微正压装置常使用的几种电磁阀

（3）干燥机。吸附式干燥机是吸附式微正压装置的核心部件之一，它的正常工作与否直接关系到母线内空气的质量，如果母线内的空气质量不合格，就无法为封闭母线提供干燥、洁净的保护空气，严重影响母线内空气的质量和母线的绝缘性能。同时，微正压装置的吸附式干燥机的设计不当或运行方式不正确，会造成干燥器内的干燥剂——分子筛过早地失效，干燥的分子筛是母线内空气质量的直接保障，国内有相当多的事故就是因分子筛失效，导致大量含有水分、油气的空气被误充入到封闭母线内，导致母线内部空气结露及绝缘性能下降。

国内目前常用的吸附式微正压装置干燥机如图 7-5 所示。

（a）不锈钢体

（b）有机玻璃体

（c）低碳钢体

（d）铝合金体

图 7-5　国内吸附式微正压装置常使用的几种无热再生干燥机

（4）空气处理量。国内采用的吸附式微正压装置的最大充气量通常设计只有 0.42m³/min，对于密封良好的封闭母线，这个充气量或许会满足母线的用气要求，但对于微漏或严重泄漏的封闭母线，其供气量远远低于母线对于洁净空气的需求量。造成吸附式微正压装置空气处理量过低的原因主要是装分子筛的 T1 筒和 T2 筒内部因分子筛的层层堆压，导致压缩空气在流动过程中产生阻力，在 T1 筒和 T2 筒内部产生一定的压力降，因此，在筒体内部空气会产生一定的损耗。空气处理量较小会引发严重的连锁反应。例如：

1）干燥机会连续 24 小时不间断工作或频繁启动，以满足封闭母线对空气的需求量，长此以往会造成干燥机各原部件过度疲劳，这就是导致干燥机不在正常工作状态的原因。

2）由于干燥机处理流量小，微正压装置充气量远低于封闭母线对空气的需求量，会导致微正压装置长时间处于工作状态，特别的充气电磁阀如长时间开启，电磁阀线圈会烧毁，造成充气失控，对母线的安全运行造成隐患。

3）微正压装置处理流量小，会使外界污物或浓雾、雨水等，逆行进入母线，增加了母线的不安全因素。

4）微正压装置处理流量小，干燥剂——分子筛会长时间处于潮湿环境中而达到饱和，过量的水和杂质会继续侵入母线，对母线造成隐患。

（5）保护系统单一。吸附式微正压装置对封闭母线的保护只有一种方式，即保护值达到 3200Pa 时报警，报警的方式只是一种灯光警告等简单报警方式，但母线内的压力却无法排出，起不到实质性的保护作用。在炎热的夏天，母线的外壳室外部分经阳光的暴晒，温度会高达 70℃甚至更高，母线内导体的温度也会随之上升，高达 90℃甚至更高。经微正压装置充入母线内的气体在如此高的温度下会急剧膨胀，压力会由几千帕膨胀至几万帕，这种膨胀压力对母线的绝缘及密封性能都会造成冲击。微正压装置只是停止了对母线的充气，而却不能将母线内的膨胀气体释放出来。保护方式相对单一。

（6）旁路应急系统。微正压装置在维护检修时应使用旁路应急系统对母线继续实施监测和保护，以免在此期间出现异常事故。在雷雨、浓雾或其他恶劣气候环境时，湿空气或雨水会在很短时间内渗透或流入母线，导致母线发生接地或闪络事故。就国内目前情况而言，吸附式微正压装置多是配套、附属设施，其配置和功能相对较低。大多数吸附式微正压装置在运行一段时间后，会出现各种不同故障或问题，导致无法再继续投入使用。在遇到暴雨、梅雨等极端气候条件时，应开启旁路手动应急系统。这样，即便在微正压装置损坏或异常情况下，也可手动向封闭母线内部送入洁净气体，继续起到对母线实施监测和保护的作用。

（7）过滤精度低。吸附式微正压装置在整套空气净化系统中，只有一级或两级过滤器，分别布置于吸附式干燥机的前后两端，前一级过滤器起到初步的油水分离作用，设计目的是防止大量的油和水污染干燥机内的分子筛，后一级过滤精度稍高一些，防止分子筛中的粉末和杂质被误充入封闭母线内，但由于两级过滤器的过滤精度低，并不能将空气中的水和油有效地过滤出来，致使大量的水和油直接侵入到分子筛筒内，造成分子筛污染，这是造成分子筛失效的主要原因。同时，大量的过滤器设计上采用了手动排水的方式，由于排水不及时，造成过滤器滤芯中过量的水和油误充入到封闭母线内。由此产生的隐患是，充气过滤系统在过滤不彻底的情况下直接将含水、含油的污浊空气充入封闭母线。这样，封闭母线在无形中增加了发生闪络的可能性，引发安全事故。如图7-6所示。

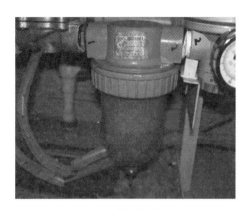

（a）油水分离器　　　　　　　（b）组合式油水分离器

图7-6　油水分离器

（8）自动排污系统。国内配套安装的微正压装置，大部分的排水、排污阀门均为手动操作，给日常的维护、管理带来极大的不便。通常，微正压装置的排水、排污阀门在自动状态下，应每30分钟排水、排污一次，在手动排水的情况下，最少应一天排水、排污一次。而吸附式微正压装置的排污阀门因配置较低或长时间通电，存在大量损坏现象，大量的水、油无法自动排出，导致水或油直接充入封闭母线内，这一点由微正压装置内的露点指示剂便可以看出。由此可以判断，由于无法及时正确地将大量的油、水、杂质排出，导致物质将被充入封闭母线，严重影响封闭母线内空气的质量和固体的绝缘性能。如图7-7所示。

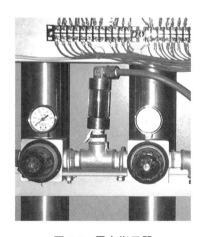

图7-7　露点指示器

露点指示器的基本配置：空压机、储气罐、两位两通电磁阀、过滤器、吸附式干燥器、压力传感器、数显压力表等。

案例

内蒙古某电厂吸附式微正压装置污染母线事故

2010 年 1 月，内蒙古某发电有限责任公司 2 台 600MW 机组封闭母线频繁发生结露、受潮以及绝缘低、影响开机的事件。后对封闭母线实施大修检查，发现封闭母线内有大量凝结水，初步怀疑是封闭母线内部空气结露造成的，进而怀疑所投入使用的吸附式微正压装置使用不正常，于是对所使用的吸附式微正压装置进行了改造。改造前的微正压装置如图7-8所示。

图 7-8 内蒙古某电厂曾使用过的微正压装置

微正压装置改造完成后，施工人员利用闲暇时间，将拆下的旧吸附式微正压装置拆除，在将旧微正压装置的吸附式干燥器打开后，发现干燥器内部完全被油污污染，分子筛以及氧化铝颗粒等干燥剂完全浸泡在油水中，整个干燥器已经彻底失去了干燥、净化空气的作用，如图7-9所示。施工人员立即在现场做了模拟该装置向封闭母线内充气的相关实验。将原吸附式微正压装置的小型空压机与吸附式微正压装置重新连接，采用长时间充气的工作方式模拟该微正压装置向封闭母线充气。现场发现，小型空压机启动后，所产生的压缩空气中夹杂着大量的水汽和微量的油，压缩空气随后进入到吸附式干燥器内，压缩空气内的水汽和微量的油由于受到分子筛颗粒的阻挡，大量的水汽和油被滞留在干燥器内，干燥器无形中成为小型的储水罐，被吹出的压缩空气中同样也含有大量的水汽和微量的油。现场检验空气质量的几张A4 纸，短短几分钟之内就被水汽和油浸湿透。试验得到一个明显的结论，封闭母线内空气湿度的增大，是由于原吸附式微正压装置将水汽和油充入到了封闭母线内，从而导致母线内空气湿度的增大、凝结，并最终导致封闭母线的绝缘下降。

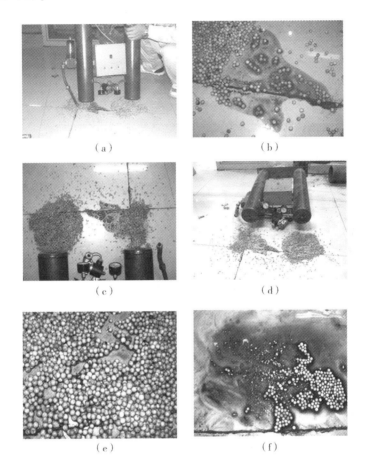

（a）　　　　　　　　　　（b）

（c）　　　　　　　　　　（d）

（e）　　　　　　　　　　（f）

图 7-9　改造中原微正压装置发现的问题

目前，国内仍有大量的企业在装配和使用这种吸附式微正压装置，微正压装置的干燥剂从使用至今都少有更换或没有更换过，吸附剂早已失效、老化甚至污染，过滤器、电磁阀等一系列零部件也都面临着诸多问题。因此，有必要对此类保护装置进行认真细致的检查，以避免出现以上类似情况。

2. 冷凝式微正压装置

冷凝式微正压装置与吸附式微正压装置的工艺、原理基本相同，也是一种集自产压缩空气、供气、储气、气体干燥、气路分配于一体的自动充气设备，只是对气体的干燥方式不同。吸附式微正压装置采用的是吸附式干燥器对气体进行干燥、吸收水分，冷凝式微正压装置采用的是对压缩空气冷冻、降温的除水、干燥方式。其工作步骤为，由小型空压机或厂内仪用气作为主气源，空气压缩机将空气压缩后进入储气罐，在储气罐内，压缩空气缓冲和降温并初步析出部分水分，经手动阀门或排水电磁阀排出储气罐体。压缩空气经储气罐进入前置过滤器，在前置过滤器中，压缩空气中大于 5mm 以上的杂质、颗粒或大颗粒水滴被过滤、析出，经自动排水器排出，然后压缩空气进入冷冻式干燥器，空气中的水分绝大部分在这里析出，析出的水分被自动排水器自动排出。然后，压缩空气再进入后置过滤器，在后置过滤器中，压缩空气中的油雾和大于 3mm 以上的颗粒、杂质、油雾再次被分离出来，并自动排出，空气经压缩、过滤、冷凝式工艺后，压缩空气成为干燥、洁净的空气。最后，经限流阀及电磁阀或五位两通阀充入到封闭母线中，当母线内的压力低于 500Pa 时，充气电磁阀自动开启，压力达到 1500Pa 时，充气电磁阀自动关闭，并始终保持这一区间压力。图 7-10 是国内常用的几种冷凝式微正压装置。

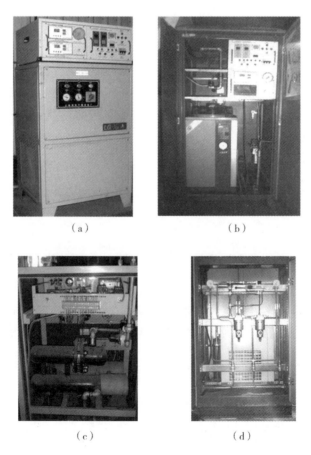

（a）　　　　　　　　　　　（b）

（c）　　　　　　　　　　　（d）

图 7-10　国内目前通用的几种冷凝式微正压装置

冷凝式微正压装置的优点：冷冻式微正压装置适用于处理空气量大，压力露点适中的封闭母线，适用于大气压露点温度为 2 ~ 10℃的场合，具有结构紧凑、占用空间小、噪声小，使用维护方便和维护费用低的优点。

冷凝式微正压装置的缺点：

（1）冷凝式微正压装置适用范围较小，通常适用于密封良好或密封微漏的封闭母线，如果封闭母线存在严重的泄漏，导致冷干机长时间运行，可靠性会有所降低。压缩空气质量差，如混入大量灰尘和油雾，这些脏物会黏附在冷干机的热交换器上，降低其冷干机的工作效率，同时排水也易失效，如图 7-11 所示。处理空气大气压力露点只能达到-17℃，但在实际运行中，其大气压露点温度在-10℃左右。

图 7-11　被油雾严重污染的冷凝式微正压装置

（2）冷媒易泄漏，导致冷干机无法正常工作，直接将水注入封闭母线。

（3）干机的大气压露点只能达到-17℃，而冬季北方地区普遍温度在-30 ~ -15℃，普遍大于冷干机的的温度（-17℃），这种温度上的差别，依然可以造成封闭母线内空气的二次结露。空气的温度高，能够包含的水蒸气就多。反之，空气温度低，尽管只有少量水蒸气，空气也能够达到饱和。即使湿空气本身没有达到过饱和，而与湿空气接触的物体、空隙部位、表面及内部冷却到低于湿空气的饱和温度时，则在其界面附近空气中所含的水蒸气也会凝结成水而变成水滴，也就是出现了结露现象。即使接触到的比湿空气饱和温度低一点点的物体，结露也会发生。所以，当冷干机处理的低露点空气遇到更低的环境温度时，依然会产生空气的二次结露。

（4）有些冷凝式微正压装置的管路连接，采用铜管或低碳钢管路，这在工艺上是合情合理的。而有些连接管路则采用的是塑料材质的 PU 管及塑料材质的 PC 快插接头，这种塑料材质的 PU 管及 PC 快插接头，如果在封闭母线微漏或严重泄漏的情况下，微正压装置会处于一种频繁充气、保压的情况，在管路内会产生强烈的脉冲震动，造成管路或管接头松动、脱落，造成密封管道四处漏气的情况。一方面，会造成气源的大部分浪费；另一方面，会造成微正压装置磨损过大，过早退出运行。另外，由于 PU 管及 PC 快插接头是塑料材质的，并且管道内长期经受气流的冲击，塑料会过早地老化，也会造成微正压装置本身四处漏气。这种情况在山东某电厂的 2×1000MW 发电机组及内蒙古某发电有限公司 2×600MW 发电机组的多台冷凝式微正压装置中曾出现过。

案例

某电厂封闭母线跳机事故

2009 年 12 月，国电西北某发电有限公司#8 机组封闭母线发生严重结露、跳机事件。#8 机组封闭母线 C 相发生严重闪络，导致该相封闭母线的外壳击穿，造成机组在启机 1 小时后跳机。

该公司发生的这起封闭母线结露、跳机事件，是由多种原因综合在一起并发而成的，造成此次结露事件的主要原因有以下两点：

其一，微正压装置的空压机无自动排水装置。该公司微正压装置的气源采用 0.42m³/min 无油空气压缩机提供，根据空气物理学定律，当自然界中的空气被压缩时，空气中的水分会分离出来。也就是说，当空气被压缩时，压缩空气中会有水产生，由于水的密度远大于压缩空气的密度，大部分水分会沉淀在压缩空气的下部，所以，应在空压机压力容器的最下部设置排水装置。该公司微正压装置的空压机虽然在储气罐的最下端设有排水装置，但排水装置为手动排水，由于排水阀门常年没有开启过，导致锈死，大量析出的水分无法及时排除，导致储气罐内的水分越积越多成为过量水，这些过量水随压缩空气直接充入到封闭母线中，造成封闭母线绝缘下降。如图 7-12 所示。

其二，冷凝式微正压装置除水系统完全失效。该公司多机组采用的是冷凝式微正压装置，该装置原为封闭母线配套装置。其工作原理是利用压力的增加和温度的降低，将压缩空气中的水分凝析成液态水排出，从而得到干燥的压缩空气。该公司微正压装置的除水核心部件是冷凝式干燥器，在使用后不久就不能正常工作，导致压缩空气中的水分无法排除，起不到应有的过滤水分的作用。空压机产生的凝结水因除水装置的失效而直接注入到封闭母线内。如图 7-13 所示。

（a）　　　　　　　　　　　　　（b）

图 7-12　微正压装置空压机内大量的液态水

（a）　　　　　　　　　　　　　（b）

图 7-13　出现问题的微正压装置的冷凝式干燥器

微正压装置的基本配置：空压机、储气罐、脉冲电磁阀、过滤器、冷凝式干燥器、压力传感器、数控压力表等。

微正压装置对于封闭母线的保护，多局限于在封闭母线密封良好的前提下使用，而对于存在一定泄漏率的封闭母线，微正压装置能起到的作用相对有限，可以说，封闭母线的密封程度，决定着微正压装置的正常工作与否。大多数电力企业经常出现因封闭母线密封不严而导致微正压装置频繁启动或长时间启动的故障。究其原因，主要有以下几点：

第一，无论是吸附式微正压装置还是冷凝式微正压装置，并非都针对封闭母线而单独设计研发的，大多数是由电缆充气机衍生而来。电缆充气机多应用于电信行业，主要作用是在通信电缆的内部充入一定气压的干燥气体，使电缆内部气压始终高于外面大气压（一般为 40~50kPa），防止外界潮气或水侵入电缆内部导致电缆芯线受潮，以保证电信的畅通。由于现在的通信电缆被光缆逐步取代，使电缆充气机失去了原有的市场，但是电缆充气机与微正压装置的制作工艺及工作原理存在一定的相似度，因此，电缆充气机在经过小范围局部改造后，被成功引入到微正压装置设计、生产中。但电缆和封闭母线相比，是存在诸多差异的，导致这种微正压装置在母线的保护中无法发挥出应有的作用。电缆充气机功能参数见表7-2。

表7-2　电缆充气机全塑电缆在24小时内允许下降的气压标准参考

数值（kPa）　　　长度（km） 电缆种类	小于0.3	0.3~1	1~3	3~5	5~10
地下电缆（不带分支）	1.8	1.2	0.84	0.72	0.6
地下电缆（带分支和气塞）	2.4	1.96	1.32	0.96	0.72

由表7-2我们可以看出，电缆充气机的工作参数与微正压装置的工作参数存在高度的吻合。同时也可以看出，国内大多微正压装置的相关技术规范，都是由电缆充气机的技术规范演变而来。

第二，国内关于微正压装置的技术规范、生产工艺与相关的文献资料相对较少，对微正压装置生产、制作的规范性文件少之又少。一般只是明确微正压装置在封闭母线保护中的作用，而对其制作工艺及配置标准却没有严格的规范和标准作为依据和参考。相当一部分电力企业对微正压装置的认知仅局限于生产厂商对微正压装置的宣传与推广资料或周边某一企业的单一成功案例。从而导致微正压装置市场鱼龙混杂，工艺低下。

第三，国内大多数电力企业，在采购或选用微正压装置的过程中，往往将设备价格放在首位。招标文件中只要求低价位中标，而忽略了微正压装置的配置、功能以及工艺。迫使供应商在保证成本面前，只能将微正压装置的配置和工艺及功能做成低配标准。

无论是吸附式微正压装置还是冷凝式微正压装置，都属于国内最早期的封闭母线保护装置，工艺和原理都存在一定的不足和缺陷。在2000年后，国内相继出现了一批新型的吸附式和冷凝式微正压装置，在制作工艺、过滤精度和处理空气质量上都有了极大的改善。但作为微正压装置，这类新工艺依然只能对密封良好的封闭母线起到一定的保护作用，而对于微漏或严重泄漏的封闭母线，则存在一定的局限性。虽然有些微正压装置在宣传上宣称对密封不严的封闭母线也适用，但在实际应用中，经常会出现微正压装置频繁充气或长时间充气导致系统损坏的现象。

二、高分子膜微正压装置

高分子膜微正压装置是在吸附式微正压装置和冷凝式微正压装置的工艺和基础上衍生而来的一种新型保护装置。

其工作原理与吸附式和冷凝式微正压装置的工作原理相似，只是在水分的处理方式上采用了最新的高分子膜干燥工艺。该装置也是一种集自产压缩空气、供气、储气、气体干燥、气路分配于一体的自动充气设备。保护母线的空气气源由自带的小型空压机或厂内仪用气提供，压缩空气压缩后进入储气罐，在储气罐内，压缩空气得到缓冲和降温，并初步析出部分水分，析出的水分经储气罐最底端的排水电磁阀排出罐体。压缩空气经储气罐进入主过滤器，在主过滤器中，压缩空气中大于 0.3μm 以上的杂质或颗粒被析出，经主过滤器本体上的自动排水器排出。压缩空气再进入高精密过滤器过滤，在高精密过滤器中，压缩空气中的超过 0.1ppm 的油雾和大于 0.1μm 以上的颗粒及水分被再次分离出来，并经过微滤器本体上的排水器自动排出，然后压缩空气又进入高分子膜式干燥器，空气中的水分绝大部分在这里析出，析出的水分以湿空气的形式被自动排出。这时的压缩空气已成为干燥、洁净的空气。最后，经限流阀及双电控电磁阀充入到封闭母线中，当母线内的压力低于 500Pa 时，充气电磁阀（五位两通阀）自动开启，压力达到 1500Pa 时，充气电磁阀自动关闭，并始终保持这一区间压力。如图 7-14 所示。

图 7-14　正在使用中的高分子膜式微正压装置

高分子膜式微正压装置的优点在于：①设计简单，高分子膜无需排水器，带有露点显示器，除水率高，不用氟利昂，使用寿命长，安装方便，工作时无需电源，可与多级过滤器组合使用。②高分子膜干燥器的过滤精度明显要高于吸附式干燥器和冷凝式干燥器，经高分子膜干燥器处理的空气多适用于食品行业、精密机房、电子间、科研实验室等高等级空间场所。对过滤空气中气态水分效果尤为明显。③该机过滤精度高，自动化程度高。

高分子膜式微正压装置的缺点在于：对空气质量要求比较高，所使用气源，必须采用厂内仪用气作为主要气源，过滤器滤芯需保持高度清洁状态，否则将影响高分子膜的使用年限，且价格成本偏高。由于处理空气的精度过高，致使空气的流量受到一定的损失，导致空气处理量较小。对密封良好和密封存在微漏的封闭母线来讲，由于封闭母线密封等级相对较好，对空气的用量也相对较小。而高质量的干燥、洁净的不饱和气体是防止封闭母线内部空气结露的最好介质。因此，虽然高分子膜干燥器处理的空气流量较小，对密封良好和密封微漏的封闭母线也足以正常使用。对于严重泄漏的封闭母线，该装置表现出明显的供气量不足，存在一定的技术缺陷。高分子膜干燥器对油雾的防御能力较差，如果空气中油雾的含量较大，会造成滤芯的失效。该机对封闭母线的密封等级以及气源质量有着严格的技术要求。

基本配置：空压机、储气罐、脉冲电磁阀、过滤器、高分子干燥器、压力传感器、数显压力表，液、气压保护等。

高分子膜微正压装置是国内第一款针对封闭母线密封良好和密封微漏两种密封状态提出的全方位保护理念的一款设备。在设计上采用了国际上先进的高分子膜干燥技术，这种干燥技术工作时不需要施加任何外接电源，只需提供具有稳定压力的空气气源即可，因此，可以24小时不间歇工作，极大地提高了系统的可靠性和稳定性，避免了因微正压装置长时间充气导致电气系统和气动系统的故障。因此，无论是对密封良好，还是对密封微漏的封闭母线都极为实用。该装置对气源有着严格的等级要求，需要气源具有稳定的压力和一定的洁净度。如果没有高质量的空气气源做技术支持，相应地会缩短该装置的使用寿命。

国内曾有观点认为，高分子膜在我国普遍应用于水处理净化系统。最近几年市场上出现了由SMC公司生产的高分子膜用于微正压装置的产品，此种装置对压缩空气的前级过滤与冷却有极高的要求，而我国多为火电厂与热电厂，空气环境一般。如果前级压缩空气微尘、油污处理不净极易造成对膜的堵塞，流过膜的压缩空气压力过高或温度过高也极易造成膜的损坏，因此建议与吸附式干燥器或冷冻干燥机配套使用。由于高分子膜无法再生与清理，如遇堵塞或损坏只能重新购买。再有现用于微正压装置的性能好的高分子膜多为国外进口产品，所以更换费用很高，装置的后期维护成本大大增加，因而不建议单独使用。这种观点严重脱离了客观事实。众所周知，吸附式、冷凝式、高分子膜式干燥技术是目前国际上公认的三大空气干燥、除水技术。高分子膜式干燥技术因其起步晚、科技含量高，适用范围小而受到了忽视，但其起到的作用和效果却不容忽视。我们经常听到高分子膜水处理技术是公认技术的一种，在空气处理方面，其更有着不俗的表现，被广泛应用于食品行业、精密机床、电子间、科研实验室等高等级空间场所。不可否认，高分子膜式微正压装置对气源的要求很高，对前置过滤器滤芯及高分子膜滤芯有着很高的等级及精度要求，如果在能够保证气源的稳定及洁净的前提下，采用电厂的厂内仪用压缩空气作为主气源，这种情况则完全可以避免。在我国山西、陕西、甘肃、宁夏、内蒙古等地的众多电厂，有着数十台高分子模式微正压装置的技术改造和使用记录，技术改造后均使用的厂内仪用压缩空气作为主气源，更换的均为原老旧的原厂配套的吸附式微正压装置和冷凝式微正压装置。其高分子膜和过滤器的更换、维护、保养记录长达4~6年一次，最高纪录长达 8 年一次，空气湿度最高达 0.2 %，内蒙古薛家湾某电厂实际测试结果就是一个最有利的证明。虽然该设备处理流量较小，但其空气处理的洁净度是目前所有微正压装置中气源品质最高的一种。而且对于密封良好和密封微漏的封闭母线，其空气处理量也足以保证封闭母线的用气量。

三、热风保养装置

热风保养装置的工作原理与吸附式微正压装置完全相同，只不过在吸附式微正压装置的末端又加了一套大型空气加热器，使热风保养装置采用较大流量的气源风量，能比较迅速地对封闭母线进行干燥置换，从而达到快速提高封闭母线内固体绝缘子绝缘值的目的。热风保养装置主要由四大部件组成，即主电控柜、空压机、储气罐、微正压控制柜。其普遍配置是以一套吸附式微正压装置外加一空气加热器组合而成[①]。如图 7-15 所示。

大电流封闭母线内空气结露的根本原因：当热湿空气受到冷却时，因与低温对应的饱和湿空气中水蒸气分压力较低，从而导致空气相对湿度的增加，当空气温度降低到与其相应的露点温度时，就会有水珠析出。为防止母线内空气结露采用热风保养装置对母线热风置换保养，发电机进入运行状态后，由于母线自身产生热能温度升高，根据上海交通大学的相关计算结果，不会出现结露现象。而当发电机停机后，母线内温度降低，有可能出现结露现象，热风保养装置采用较大流量的气源风量，能比较迅速地对封闭母线进

---

① 引自《热风保养使用说明书》。

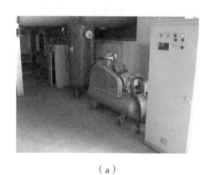

（a） （b）

图 7-15 使用中的热风保养装置

行干燥置换。热风保养装置的运行规范为：在发电机开机前 1~2 小时，将上述干燥热风立即通入母线夹层，开始空气干燥过程，50~110 分钟后关停热风保养装置启动发电机。气源由现场提供仪用气或厂用杂气，气源流量需大于等于 0.42 ~ 0.6m³/min，现场需提供电源，电源为交流 380V，50Hz，三相四线制，功率为 12kW（如果现场用空压机作为气源，需功率 18kW）。温控仪对加热器工作进行监测，当加热器温度低于下限设定值时，进气口电磁阀打开，加热器启动工作。当温度高于上限设定值时，进气口电磁阀关闭，加热器停止工作。

热风保养装置的基本配置：空压机、配电柜、储气罐、两位两通充气电磁阀、截止阀、无热再生吸附式干燥器、空气加热器、5A 分子筛、空气过滤器、湿度传感器、压力传感器。

热风保养装置的优点在于可相应缩短封闭母线的保护时间，只在启机前的短暂时间内投入使用，见效快。依据焓湿图，在密闭的空间内，温度升高，空间内的含水量虽然不会变，但是相对含湿量会因此而下降。我们在冬季密闭房间内开启空调时感觉房间内比较干燥，就是这个道理。

热风保养装置的缺点有以下几点：

（1）配置复杂，安装、操作、维修等异常烦琐。过滤精度低，过滤的成品气源质量中常含有大量的水汽和油雾。在早期的设计安装中，热风保养装置在加热压缩空气前期并没有任何过滤系统，而是直接将厂内仪用压缩空气或杂用压缩空气进行加热，然后输送到封闭母线内，利用封闭母线末端的排气电磁阀实行空气的快速流动与置换，空气中的水和油没有任何的去除，只是将原来的液态转换为气态，而水和油的总量却没有改变，导致封闭母线存在绝缘下降、油污污染的隐患。

（2）由于封闭母线导体及外壳均为铝制，传热效果好，散热快，故一旦停止加热或沿封闭母线长度方向距加热点较远时会出现降温。随着温度的降低，空气中的水蒸气将重新凝结成液态水，造成母线分段绝缘不合格。封闭母线采用热风送风时，母线内的水分并没有去除，水分的总含量也没有减少，只是发生了一定的空间和状态转换，由一个空间装换到了另外一个空间。热空气将液态或固态水蒸发，变成了气态存在，但其总的含水量没有变化。气态的水蒸气当遇到较低温的物体时，会重新凝结在固体物质表面。举例来讲，在冬季，汽车的前挡风玻璃、侧窗以及后窗上会凝结一层冰霜，为了保持视线开阔，我们通常会给前挡风玻璃吹热风，以便将冰霜融化，而前挡风玻璃上的冰霜在融化、减少的同时，侧窗和后窗的冰霜却在逐渐加厚。这就是典型的空气受热时的水分空间和状态发生变化。封闭母线在采用热风保养时，其内部同样会发生这种变化。

（3）在冬季，当加热的空气和室外较低温的空气相遇时，会产生强烈的空气对流效应。当两种气流在封闭母线内部交汇时，热量不能及时传递，出现强烈的冷凝结露现象，产生大量的水。尤其在室内和室外结合部——A 列墙处，结露情况最为严重，这些结露水严重影响封闭母线运行安全。举例来讲，自然界中暴雨、闪电、台风等强对流气候就是由冷热两种气流相遇而产生。

（4）在自然界中，热能只以三种方式传播，即传导、对流和辐射。热风循环保养装置在投入使用时，加热器会产生大量的热量。热风保养装置在投入使用时，加热器温度普遍设置在 80℃左右，利用这些热量将空气加热后充入封闭母线，在封闭母线内以对流的方式迅速散开。同时，加热器自身产生的这些热量（通常在 80℃以下），通过充气管路的管壁将热能以传导的方式传至封闭母线外壳，在距离充气口较近的位置，外壳的温度会很高，而在距离充气口较远的封闭母线末端，外壳的温度则主要取决于环境，当外界环境温度过低时，封闭母线外壳的两端就会产生强烈的温差，这种温差会使封闭母线的金属材料发生不同程度的热胀冷缩，这样，会在封闭母线的两端产生强烈的温差效应，温差效应会使封闭母线的外壳上产生强大的内应力，导致外壳发生一定的扭曲和变形，内应力在释放过程中，会破坏封闭母线的密封结构，导致封闭母线发生泄漏。

（5）过多的热量对封闭母线的密封结构，如橡胶密封垫、橡胶伸缩套、法兰密封胶圈和导体密封胶圈等产生影响，加速了橡胶结构的老化过程，从而对封闭母线的密封性能产生不良影响。从大量的资料文献中我们可以得知，封闭母线的最佳密封时间为 30 分钟左右，但据实际调查，国内使用热风保养装置的封闭母线，其密封结构普遍不良，密封时间普遍为 10 分钟以下，这与封闭母线内的温差变化不无关系。

（6）封闭母线无论是导体还是外壳，都是由铝板加工而成。铝板的表面在肉眼观察下，表面是平整的，但在显微观察时，其表面布满了各种沟壑，水分子会大量藏匿于沟壑之中。当采用热风对封闭母线吹扫时，受温度的影响，铝原子受热温度升高，金属微观表现为原子之间运动加剧，金属键变长，受热之后原子运动加强，间距增大，所以宏观变化为体积变大。由于金属原子的强烈运动，原本藏匿在沟壑中的液态水滴被逐渐排挤到铝板的表面，加热的时间越长，所透析出来的水分就越多，当这些液态水布满铝板表面时，会引起铝板浅表面的绝缘下降，如图7-16所示。这种水分的透析现象不仅只在金属材质上发生，同样也会在支撑绝缘子上发生，只是因为材质的不同，透析率也不同。透析出的水分对封闭母线的整体密封性能以及绝缘性能存在巨大隐患。

图 7-16   铁板局部受热水分透析

四、强迫空气循环干燥装置

强迫空气循环干燥装置是国内最新研发的一种封闭母线保护装置，是一种专门应用于特别潮湿情况下的封闭母线保护装置，多适用于沿海企业或潮湿度较大的区域。在湿潮环境下，要求离相封闭母线内部环境得到更加迅速有效的处理，从而提高母线内部绝缘，使母线运行更加安全可靠。

强迫空气循环干燥装置采用闭式循环方式，把封闭母线内空气抽出，并从外界补入少量空气，再重新送入封闭母线，如此周而复始，循环干燥，使母线内的水分越来越少，相对湿度不断降低，露点温度也随之下降，从而保证封闭母线的安全可靠运行。经空气循环干燥装置干燥后的空气从 B 相进入母线内部，经各回路末端通过连接管进入 A 相、C 相母线后，通过装置干燥后再返回 B 相母线，形成闭式干燥循环，从而使母线内空气始终保持干燥，防止结露的发生。干燥装置投入运行后，母线内空气的露点可保持在-30℃左右，母线内部湿度达到40%以下。通过这样反复循环处理，可使母线内部始终保持着干燥、洁净，有效防止绝缘子出现结露现象。干燥装置设两个吸附筒，一个吸附，一个再生，轮流转换，转换时间为 6~8 小时，运行后无需人为的干预。干燥装置有两种可选择的运行方式：

自动运行方式。干燥装置通过探头检测母线内空气的湿度，当母线内湿度大于设定值上限时，干燥装置便自动投入运行；当母线内湿度下降到设定值下限时，干燥装置便自动停止运行。

手动运行方式。装置将连续运转（设备的自身运行循环仍然由 PLC 自动控制），适用于机组启动、调试和非正常运行时。这种模式下，设备连续运行，母线内的空气湿度可以维持在很低的状态。

该装置动力部分采用罗茨风机，能比较迅速地循环吸取封闭母线内的空气。电气部分采用 PLC 控制，根据天气及运行情况，用户可选择工作模式为"手动"或"自动"运行。采用"自动"模式时，按下控制面板"自动"按钮，"自动"运行模式开启，适用于空气湿度较低及机组正常运行时。在这种模式下，温湿度传感器或精密温湿度监控器采集母线内部空气参数，与设定的露点温度值或相对湿度值进行比较。当测量值大于设定值上限时，由 PLC 控制该装置自动投入运行，运行满一个周期后再次检测母线内空气露点温度或相对湿度是否低于设定值下限，如果低于下限，则退出运行，否则继续运行一个周期，直至母线内空气参数低于设定值下限则停机。设备处于待机的工作状态，待机状态下设备功耗很低，既能节能，也有利于延长设备的使用寿命。如果采用"手动"模式，则按下控制面板上的"手动"按钮，此时该装置的投入或退出由人工控制，但设备的自身运行循环仍然是自动进行的，该功能适用于机组启动前或连续阴雨天气（如梅雨季节）。在这种模式下，设备连续运行，封闭母线内的空气湿度可以维持在很低的状态。

强迫空气循环干燥装置的主要配置：罗茨风机、充气电磁阀、截止阀、吸附筒、加热器、分子筛、空气过滤器、湿度传感器。

强迫空气循环干燥装置的优点：系统采用大流量空气闭式循环干燥方式，采用先进的传感器技术、计算机控制技术以及现代电子技术相结合的办法，对离相封闭母线外壳内空气循环不断进行干燥，可使母线内湿度保持很低的水平，即使在母线密封性较差的情况下仍能有效保证母线内部干燥。该系统采用精密湿度传感器，进行实时监测和显示母线内部的相对湿度，并通过 PLC 对湿度上、下限设置来自动控制系统的启停，系统实行无人值守工作。设备成套性好，施工方便。结构紧凑，对封闭母线密封要求不高，耗电量少，具有自动化程度高、操作简便、智能性强、寿命周期长、成本低等优点。

强迫空气循环干燥装置的缺点：

（1）该装置只单独针对封闭母线的湿度指标而设计，保护功能过于单一。众所周知，封闭母线常见的有四大隐患故障，分别是结露、闪络、内部环境过热、漏氢。强迫空气循环干燥装置只单独针对结露一种常见故障而提出保护，对封闭母线内部因灰尘过大及空气污浊引发的闪络、内部环境过热、漏氢等常见故障保护相对滞后。在机组停机后，母线内空气会由于温度的下降而产生结露情况，或是在梅雨季节，空气整体湿度大时，该装置会有优异的表现。但在机组启机后，封闭母线随着运行温度的提高，露点温度和相对湿度都会有显著的变化，保护的重点应放在防止封闭母线内部吸附灰尘，将母线内吸附的灰尘吹出母线和将母线内的热空气及闪络产生的高温有毒气体快速置换出母线，以及防止氢气侵入母线三种常规故障上来，以保持母线内部的洁净。

（2）该装置只对密封效果良好的封闭母线起到保护效果，而对密封微漏或严重泄漏的封闭母线则效果不佳。举例来讲，当母线破损后，在 A 相、B 相、C 相三相上一旦出现泄漏点，则会出现下列情况，即在 B 相充气口，充入母线内的空气经泄漏点大量流出母线。而在 A 相、C 相的回气口处，母线外的空气经泄漏点被吸入到母线内，最终进入吸附式干燥筒。这种情况，会导致母线内进气口与出气口中间段的空气流动出现循环的盲点，既加重了吸附式干燥器的吸附负担，又容易形成循环死角，影响了母线局部的干燥效果。

（3）设计风量存在不足，该装置采用罗茨风机作为空气的枢纽装置，但从运行参数上看，其设计风量存在明显过小，最大空气循环量只有 45～60m³/h，仅比吸附式微正压装置的空气处理量大一些，导致吹风口吹出的风流量存在严重不足。

（4）由于采用了吸附式微热干燥系统除湿，罗茨风机产生的风力输出在经过吸附式干燥器时，会产生压力降，导致大部分风能消耗在吸附式干燥器内，最终输送出的风力压力和流量受到很大限制。且吸附式干燥器多应用于具有一定压力的压缩空气中，如果用罗茨风机作为主气源供应，运行参数存在不匹配。

强迫空气循环干燥装置是目前较为先进的一种装置，在设计上采用了罗茨风机使内部空气循环利用，减少了外界气体对母线内部环境的污染途径，采用内置式加热的吸附式干燥器，空气的质量有了明显的保障，但在动力设计上考虑不足，不如微正压装置的空压机动力强健，其保护方式仅仅局限于温湿度控制，一旦母线破损，对灰尘的防护效果不佳。该机在运行中着重于封闭母线的密封性能，但从其保护效果来看，要高于微正压装置的保护效果。如图 7-17 所示。

图 7-17　强迫空气循环干燥装置

五、开放式微风循环正压装置

该装置是根据封闭母线的实际情况而单独设计、研发出的一种新型保护装置。针对封闭母线运行中的每一种故障隐患都提出了相应的保护理念。

开放式微风循环正压装置主要应用于发电机封闭母线的保护。该装置将压缩空气干燥、过滤后充入到封闭母线中，使封闭母线中的空气始终保持具有一定压力的流动的微风，防止外界含有水分、杂质的空气进入母线，完全避免出现绝缘下降、闪络等现象，保证机组的正常开机和运行。该工艺既不采用热风，也不采用冷风，而是采用与环境温度相同的"不饱和空气"形成的微风。最大限度避免了母线内部因出现温差变化而导致的结露事故。当机组停机时，采用微风吹拂的工作方式，迫使母线内结露水的水分子动能增大，运动增强，脱离水面的分子数就增多，也就是说蒸发加快。假设温度不变、空气流动缓慢，此时，在结晶水面上存在这样的动态平衡，有部分水分子在离开水面的同时还有一部分会回到水里面，如果加快空气流动速度，空气就会将游离出的水分子带走，打破这种平衡，就会有水分子不断地离开水面，来维持动态平衡。即蒸发得越快，越能更好地防止封闭母线结露事故的发生。结露主要与降温和空气中水分的过饱和程度有关，当然，在有风的情况下水分很难饱和，也就不会结露了。当机组启机后，母线由于带电，内部会发生一系列相关物理及化学变化，粉尘粒子核电、灰尘过大、空气电离、导体及外壳过热等相关现象会不断重复发生，使封闭母线内部的工作环境逐步恶化，该装置将干燥、洁净的不饱和空气形成的微风在母线内吹拂，在吸收大量水分的同时，将母线内的灰尘、杂质以一定压力的风进行清扫，利用封闭母线本体上的泄漏点，形成向外吹的气流。达到置换、净化母线内部空间环境、阻止内部环境进一步恶化的作用。如图 7-18 所示。

图 7-18　使用中的开放式微风循环正压装置

该装置多应用于国内封闭母线微正压装置的改造计划，所谓开放式，主要是指封闭母线的密封状态而言，因国内的封闭母线大多存在一定的泄漏量，呈开放状态，这种开放状态使许多保护装置面临频繁启动或长时间运行的工作状态。同时也会导致保护装置各系统及零部件过度使用，造成损坏。该装置主要以厂内仪用气或杂气作为改造后的动力空气系统，平时主要以厂用压缩空气为主向封闭母线内充气，而原保护装置的空压机作为备用气源予以保留，当厂用气出现波动或断气情况时，空压机自动（或人工）投入运行，充分保证气源及保护装置的稳定性。该装置将封闭母线经常面临的各种问题统一考虑，设计了多种运行状态和模式，是国内比较完善的一种保护装置。如图 7-19 所示。

开放式微风循环正压装置的主要配置：立式储气罐、脉冲电磁阀、超精密空气过滤器、空气干燥器、三级压力保护系统、压力传感器、数显压力表、温湿度监测变送器等。

开放式微风循环正压装置有五大功能：微正压充气功能、正压输送功能、强风通风功能、温湿度监测功能、定时定量充气功能。其设计的每一种功能，都对应一种封闭母线常见的故障隐患。

（1）微正压充气功能。按相关规定，封闭母线内部应保持 300~2500Pa

图 7-19　改造后的新型开放式微风循环正压装置控制柜

的压力，当封闭母线内压力低于 300Pa 时，保护装置自动启动，向封闭母线内部补充干燥、洁净的空气；当封闭母线内部压力达到 2500Pa 时，保护装置自动停止向封闭母线充气，并自动重复上述步骤。

这一功能主要适用于刚刚投入运行的新封闭母线及门密封良好的封闭母线，目的是防止封闭母线内部因温差变化引发结露现象发生。

（2）正压输送功能。该功能主要是针对封闭母线泄漏后不是十分严重的情况而使用，封闭母线泄漏后，一般的保护装置由于电器元件过多，会频繁地启动或长时间地工作，久而久之，就会造成保护装置的损坏。正压输送功能就是始终以一恒定值（如 800Pa）压力向母线内充气，使封闭母线内部始终保持一恒定的正压值，以保持封闭母线内部的空气流动，达到保持内部空间环境的洁净和提高绝缘的目的。

这一功能主要针对有些微漏的封闭母线而研发，目的是避免保护装置频繁启动。

（3）强风通风功能。这一功能是保护装置 24 小时内不间断向封闭母线内强制充入干燥、洁净的不饱和空气，使封闭母线内部形成一定的"压力"的气体，而非压强，利用母线的泄漏点，在母线内形成强制定向流动的风，利用风的作用来破坏结露以及保证内部环境的洁净，防止封闭母线内部因环境脏污而引发的闪络、导体过热等事故隐患（其作用是消耗廉价的资源，来保证整个机组的运行安全，这样做虽然要消耗大量的压缩空气，但同重大责任事故比起来，损失自然要小得多）。只要让空气循环流动起来，就能把结露的条件破坏，从而达到预防母线结露的作用。

开放式微风循环正压装置的优点：①封闭母线上允许存在一定的泄漏量，在泄漏点处形成向外呼出的气流，防止封闭母线外界的空气逆行吸入母线，同样起到气封的作用，以提高母线的绝缘。②封闭母线带电运行时，导体会产生大量的热，这些热量以传导、对流和辐射的方式散发出来。采用强风通风功能后，风会将对流传递的热量切断，将导体产生的热量由母线的泄漏点处吹出，从而起到母线夹层空间内降温的作用。③该装置采用的是微正压装置的工作原理，故可节省大量的气源。④该工艺既不采用冷风，也不采用热风，而是最大限度采用与环境温度相同的微风，尽量避免温差的出现，从而避免结露事故的发生。这种功能主要是为环境恶劣的特殊环境而设计，例如，海边发电厂、环境及地理位置均比较恶劣的电厂，其目的是使封闭母线内的空气快速流动起来，如果采用微正压装置，空气在母线内滞留，受导体发热影响，空气中含有的盐分杂质等有机物会析出，在遇到特殊恶劣天气时，盐分等有机物会造成闪络现象。

这种方式也可以应用于国内内陆地区严重泄漏的封闭母线，采用这种功能后，把封闭母线严重泄漏所引发的各种隐患降至最低点，并一直保持到机组停机大修期，利用大修期将封闭母线的查出泄漏点密封。

这一功能主要针对泄漏比较严重的封闭母线而研发，目的是防止保护装置频繁启动和强制清扫母线内部的灰尘及导体降温。

（4）温湿度监测功能。此功能是在封闭母线的取样管路上单独安装温湿度监控系统，该系统直接对封闭母线内部空气的温湿度进行监测，其作用如下：

1）对充入母线内的压缩空气质量监督。湿度监测功能可有效控制、监测压缩空气中的水分，防止压缩空气中的水、油误充入到封闭母线内，导致封闭母线空气结露、绝缘子闪络、整体绝缘下降、跳机等隐患。

2）对微正压装置的过滤器监测。湿度监测可对微正压装置内的多级过滤器起到一定的检测作用，防止过滤器过滤功能失效。这是因为，每一级过滤器都有一定的使用年限，当过滤器达到使用年限或超过使用年限时，其过滤功能和效果必将有所降低，最终会导致过滤空气效果有所降低，过滤的压缩空气会含有大量的水或油。运行维护人员可根据湿度值的高低，判断出多级过滤器是否在正常的工作年限内，从而满足微正压装置的正常使用。

3）强制保护。当充入母线内的空气湿度严重超标时，强制关闭微正压装置，以对封闭母线实施强制保护。这一功能主要是预防保护装置误充入封闭母线内部含大量水或油的污浊空气而引发的结露、闪络现象。

（5）定时定量充气功能。该装置可在封闭母线破损严重的情况下，自动调整充气时间，在母线每天结露的高发时间段（参照结露实验的参数）定时定量充气，在其他时间段保持待机状态，以避免设备的频繁启动或长时间启动，可大量节省气源及厂内压缩空气，并极大地提高设备的使用效率，最大限度地避免母线结露事故的发生。由于白天温度升高，空气吸收水分；到夜间，由于温度降低，空气释放水分，使得空气的相对湿度增大。对于长期从事电气工作的人来说，很容易认识到这样的规律：配电设备突发事故往往发生在夜深人静的时候；机电设备的故障多发季节在潮湿的春季；气温骤变（骤然降低，升高）的季节；两季交换时节，往往也容易使电气设备发生故障。这一功能主要针对厂内气源有异常或波动的情况而提出。

开放式微风循环正压装置的优点：

（1）功能全面，对封闭母线的每一种常见故障及隐患都有着准确的应对方案。

（2）过滤精度高，采用多级过滤器组合过滤工艺，将空气的过滤精度精确提高，使之成为不饱和空气，充分吸收母线内部中过量的水分。充分利用了空气动力学中对流扩散的原理，将母线内的水分、潮气、灰尘、污浊空气、热量等快速排出母线，充分保证了母线内部工作环境的洁净。

该机采用多级精密过滤工艺，确保彻底清除压缩空气中的固体或雾化颗粒，极大地提高了压缩空气的质量，极为适合在沿海、沙漠、戈壁等极端气候、复杂环境中使用。

开放式微风循环正压装置的缺点：

（1）需要根据封闭母线的实际情况手动设置某一功能，而不能自动相互转换。

（2）全部零部件全部采用原装进口管件，维护成本增加。

（3）过滤工艺复杂，气源损耗较大。

（4）连接管路多采用铜管路连接，机械强度较差，容易产生变形。

封闭母线由一种运行状态到另一种运行状态，并不是短时间内形成的，而是要经过很长时间的过渡，一般需要几年时间，如果将各功能设置成相互转换的方式，在人为因素或其他因素的干扰下，保护装置会发生不保护或误保护的状况。例如，封闭母线在刚刚交付使用时，一般密封情况良好，在运行2~3年后母线就会发生微漏，再运行3年左右，又会由微漏转为严重泄漏，所以，该装置选用哪一种运行方式进行工作，最好人为设定。

六、DMC 憎水性绝缘子

支撑绝缘子是封闭母线的最主要绝缘构件，其作用是固定母线导体并承受导体的垂直负荷和拉力，并使导体对外壳绝缘。支撑绝缘子在封闭母线中占有最大的比重。因此，国内有些电力企业实施了将瓷质绝缘子更换为DMC憎水性绝缘子的做法。DMC憎水性绝缘子全名叫不饱和聚酯树脂团状模塑料。是近几年来国内在封闭母线预防绝缘下降方面新兴的一种保护材料。它由不饱和聚酯树脂、玻璃纤维、填料、颜料、助剂等多种辅料，经专用设备以特定工艺混合，压铸加工而成。该产品具有优异的电绝缘性能，较高的机械性能，良好的耐热性、阻燃性，憎水、憎水迁移性，耐腐蚀性等。可以从根本上改变封闭母线的绝缘结构，减少对微正压环境的依赖性。如图7-20所示。

（a）清扫前　　　　　　　　　　（b）清扫后

图 7-20　使用中的绝缘子

DMC 憎水性绝缘子的优点：

（1）将瓷质绝缘子更换为 DMC 憎水性绝缘子后可以达到封闭母线免维护状态，减轻人工清扫的频率和次数。

（2）封闭母线 DMC 支柱绝缘子与瓷质绝缘子比较具有质量轻、体积小、机械强度高、耐污性能好，憎水、憎水迁移以及电气强度、抗冲击耐压强度高等特点。

（3）封闭母线 DMC 支柱、盘式绝缘子减少涡流、环流、线损、震动。

（4）DMC 材料具有鲜明的自净、憎水、憎水迁移等特点，无需例行检查、免维护、永不击穿。

（5）爬电比距增加 40%~60%，机械强度是瓷质绝缘子的 1 倍。

（6）适用于高原、高浓盐雾、潮湿地区。

DMC 憎水性绝缘子的缺点：

（1）DMC 憎水性绝缘子主体为塑料材质，存在老化行为。如果长时间置于潮湿环境中，其憎水性值得肯定。但如果长时间置于高温、干燥环境中或其他恶劣环境中，其中的塑料成分会逐渐老化，其绝缘性能也会相应下降。我们在众多的文献资料查阅中，这一点都能得到有效证实。因此，其使用寿命有待于进一步论证。

（2）DMC 憎水性绝缘子在防止绝缘下降方面性能表现优异，但在防止闪络方面却相对滞后。当母线内侵入大量灰尘、杂质、颗粒物质时，会在绝缘子表面形成积灰现象，当灰尘达到一定的厚度，在湿度的影响下，会在灰尘尘膜中发生一定的物理反应或化学反应，灰尘将具备一定的导电性，泄漏电流会在灰尘表面发生轻微的爬电、放电或闪络，破坏绝缘子的表面釉质层。当绝缘子表面沿同一放电通道频繁地发生这种闪络现象时，会损坏绝缘子的绝缘性能，造成绝缘子损坏。

（3）造价高。由于其制作、生产、加工工艺复杂，导致产品价格明显高于其他保护装置的价格。

在封闭母线结露、闪络、空气过热、漏氢等常见故障、隐患中，憎水性绝缘子在有效提高封闭母线的固体绝缘方面有着优异的表现，但对其他常见的闪络、内部空气过热、漏氢等隐患的防护作用并不明显，使用功能比较单一。如果只为了保证绝缘构件的绝缘，瓷质的绝缘子在使用性能上也能完全满足封闭母线的使用要求。只需给离相封闭母线加装正压微风吹拂保护功能，模仿自然界微风吹拂的自洁作用，减少母线内部灰尘的含量，就可大大减少绝缘子的闪络事故发生，但在共箱封闭母线保护方面，憎水性绝缘子的可靠性和憎水性则能表现出良好的实用特性。因此，国内在共箱封闭母线的支撑绝缘子更换方面使用颇多。众所周知，目前绝缘的方式主要有固体绝缘、气体绝缘和液体绝缘三大种类，憎水性绝缘子在固体绝缘方面有着无可比拟的优越性，如果在封闭母线内辅助以气体绝缘加以协助保护，其使用效果会更加优异。

国内曾有电厂做过该项目的实验比对。20 世纪 90 年代末期，国电西北某电厂将#4 机组室外段的瓷质绝缘子全部更换为 DMC 憎水性绝缘子，而#3 机组依然采用瓷质绝缘子，加装一套微正压保护装置，以全面区分和验证憎水性绝缘子和微正压装置两者的使用效果。该实验比对期 4 年，4 年后，采用憎水性绝缘子的离相封闭母线内部发生大面积积灰现象，母线的绝缘性能也出现下降，而采用微正压装置和普通瓷绝缘子保护的封闭母线内部，灰尘明显少于另一组比对的封闭母线，母线的绝缘性能几乎没有受到任何影响。实验结果证明，只改造绝缘子并不能长久地提高母线的绝缘性能，在提高母线绝缘的同时，还应保持其内部空间的洁净，减少母线内空气中的粉尘含量，才能达到一劳永逸的效果。

七、电加热装置

电加热装置是国内早期的一种保护装置，该装置通过主动的方式对母线内部进行加热，提高母线内部尤其是绝缘子附近的空气温度，使结露的水滴重新蒸发到空气中，从而提高绝缘子的绝缘电阻值。电加热装置可以与微正压装置、热风保养装置、智能防结露装置等同时使用，防结露效果将进一步提升。如图 7-21 所示。

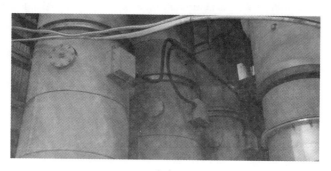

（a）

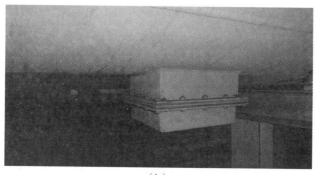

（b）

图 7-21　使用中的电加热装置

当离相封闭母线不带电时，为了防止绝缘件表面结露，将空间加热器投入，保持绝缘件周围有一个较高的温度；当母线停机或检修的情况下，在母线带电前 24 小时将加热器投入运行，以除去绝缘件表面的凝露。

配置标准：控制箱 1 台；电加热器若干（总数量为母线单相米数总长度的 1/3）。

优点：

（1）对封闭母线的密封性能要求不高，设备安装快捷，可快速提高封闭母线内部的饱和含湿量。

（2）保护环境不与外界发生接触，排除了外界因素对内部环境的干扰。

缺点：

制造、安装工作量大；耗能高；强烈的热量容易造成封闭母线外壳产生内应力，导致母线外壳变形，增加新的泄漏点；检修维护工作量大；单独工作时潮气无法排出母线；室外热量散失较快，容易在外壳的低温区产生凝结水带。

采用电加热保护的封闭母线早期比较普及，随着时间的推移，这种保护方式逐渐退出使用，而改用其他的保护方式。目前，国内只有少量机组在继续使用。

八、强制风冷装置

国内目前现役运行的机组中，发电机封闭母线一般采用的都是自冷式封闭母线，保护系统采用微正压装置或风循环装置。但在国内有少量机组装配了强制风冷保护装置。

采用强制风冷，母线导体载流量可增加 0.5~1 倍，母线导体和外壳、外径等大为减小，从而节省大量的有色金属和方便施工安装。但由于增加了风机、冷却器、滤离子装置，增加了运行费和维护工作量。具体工程应根据母线长度、回路工作电流大小等条件，进行综合技术论证。离相封闭母线圆筒结构，可充分当作风道的载体来使用。

当采用强制风机时，冷空气进入封闭母线的方式一般有两种：一种是"B 相进，A、C 相出"；另一种是"A、C 相进，B 相出"。如图 7-22 所示，都是闭式循环。还可考虑采用一种"单相双风"的冷却方式，冷却介质先进入每相母线导体（圆管形母线导体端部是开启的），到达终端后经导体与外壳之间的环形通道而返回，热空气经热交换器冷却后，重新进入母线导体，相间不设联箱。这一点，国内的强迫空气循环干燥装置就是以此为参照的。

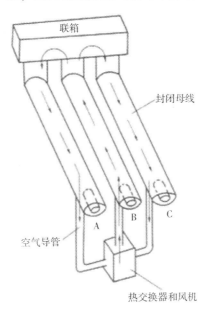

图 7-22　强制风冷气流示意图

配置标准：强冷风机；空水冷却器；滤离子装置；风道。

优点：循环风量大（风量可达 8000～1000 立方米/小时），制冷效果好，防结露、防尘效果优异。

缺点：

（1）制冷方式采用空水冷却器，对电气设备而言，存在一定的安全运行隐患。

（2）运行中一定要配合滤离子装置使用，避免空气剧烈摩擦过程中产生带电粒子，或灰尘粒子在母线磁场中核电。

（3）维护烦琐。需定期对空水冷却器和滤离子装置进行维护、巡检，以确保安全、可靠。

强制风冷装置是国外的一种母线保护技术，跟随机组一起进入到国内，由于存在一定的安全风险，目前国内只有少量机组在使用。虽然其有着一定的使用效果，但其存在的隐患也不容忽视。因此，此项技术在国内的普及率并不高，这里不做更多的介绍。国内的强迫空气循环干燥装置就是从这种技术引申而来的。

值得一提的是，国内也已有类似产品，且功能远比原设计强大。该产品已经成功应用于共箱封闭母线的防结露、闪络上，在离相封闭母线上也有了成功的业绩。该产品具有以下特点：

（1）强制风以每小时 2000 立方米风量向封闭母线"A、C"相（或 B 相）夹层内充入干燥、洁净的空气，而在 B 相（或"A、C"相）连接回风管，形成"A、C 相进，B 相出"或是"B 相进，A、C 相出"的循环风道。在发电机出线箱和主变升高座处装设三相连通管。使强制风循环装置、封闭母线筒体、三相连通管形成一个完整的风循环通道。有效切断了外界空气中的灰尘、杂质、雨水等物质由外界侵入母线的途径，形成强制风循环装置降温、除尘、除湿，把低温、干燥的风送入离相封闭母线筒体，风在筒体内吸潮、除尘，然后再由三相连通管流回强制风循环装置的完整工艺流程，大大减轻了空气的损耗量和处理量。

（2）干燥、洁净的空气是最好的绝缘介质。充入母线的洁净、干燥的"不饱和空气"在母线筒体内的强风循环，将母线内过量的水分吸收，成为"饱和空气"，以提高母线的固体绝缘。同时，将母线导体产生的热量以强制风循环的形式带走，降低了导体的温度，起到预防导体过热发生局部强烈氧化，及降低导体电阻的作用。

（3）结露主要与降温和空气中水分的过饱和程度有关，当然，有风的情况下水分很难饱和，也就不会结露。当采用强制风循环时，迫使母线内结露水的水分子动能增大，运动增强，脱离水面的分子数就增多，也就是蒸发加快。就能更好地防止封闭母线结露事故的发生。

（4）此配置备有降温、除湿装置。在正常状态下，除湿装置免启动，只需强制风循环装置的二次加压风机向母线内通入高压力、大流量的洁净、常温空气即可维持母线的正常运转。当母线内温湿度异常偏高时，再启动降温、除湿装置。

（5）此配置还备有空气加热装置。当母线检修后要开机时，或湿度进一步上升，可自动向离相母线充入洁净、干燥的热空气。这样可以有效驱除封闭母线内的潮气，从而避免在共箱母线内形成饱和空气和凝结水分。

强制风冷装置与强迫空气循环干燥装置存在明显的不同，仅从循环风量来看，强制风冷装置每小时的循环风量可达 2000 立方米/小时，风压可达 2000Pa，而强迫空气循环干燥装置的设计风量最高也只有 60 立方米，风压不详。由此可以看出，两者的生产工艺及工作原理还是存在明显的差别的，切勿将概念混淆。

九、智能防结露装置

智能防结露装置是近期研发、投入的一种保护装置，在环境湿度大、温度出现骤变、机组启停频繁以及停机检修期间保证母线内良好的空气环境和维持较高的电气绝缘水平起着关键作用。该机以压力值和露点值作为控制条件，可以自动地以微正压工作方式和循环干燥方式运行。如图 7-23 所示。

图 7-23　运行中的智能防结露装置

（1）在微正压工作方式时，受控制只有压力，此时的功能与普通的微正压装置类似。

（2）循环干燥方式时，受控量是露点，通过循环，快速去除母线内的水汽，在很短的时间内可以有效提高母线的绝缘水平。

该装置可自动检测母线内的空气的湿度，当湿度较大时，循环干燥系统自动启动，当湿度满足要求时，以微正压方式运行。

配置标准：螺杆式空压机、无热再生吸附式干燥器、两级过滤器、电磁阀、露点传感器、PLC 编程、压力传感器等。

优点：

（1）能耗低；集中了防潮和驱潮功能于一体，具备了温湿度监测功能。

（2）采用密闭循环方式，将母线内部空气露点温湿度控制在一定范围内，保证了气源的质量。

缺点：需要增加主变压器侧等位置三相母线之间的管路连接。

该装置配置较高，主机部件采用进口部件，增加了运行可靠性。但在干燥方式上依然采用了无热再生式吸附式干燥器，空气干燥效果会有一定影响。其工艺原理与吸附式微正压装置相同，但保护效果要明显优于吸附式微正压装置。对密封良好的封闭母线结露方面有较好的效果，但对密封微漏或严重泄漏的封闭母线保护防尘、驱热效果不佳。

国内常见的离相封闭母线保护装置，主要以上述九种为主，目前虽然还有其他一些保护装置，但基本上都是以这九种保护装置为原型，在此基础上互相排列、组合。由于其采用的工艺不尽相同，原理各异，所以母线保护的效果也不尽相同。通过对上述多种保护装置的全面分析，我们对封闭母线的保护工艺、设备以及设计原理有了一定的认识，其实，无论哪种保护装置，在封闭母线密封良好的前提下，都能达到或实现一定的保护效果，都能起到预防母线结露、闪络等多种常见故障的作用，而对于密封微漏和严重泄漏的封闭母线，其保护装置所显现出来的保护、使用效果却有明显的差异，究其原因，主要是保护装置的保护理念不同，导致各种保护装置在生产、制造工艺以及保护效果上出现较大的差异。国内所有的保护装置大多只针对封闭母线结露这一常见故障、隐患而提出，而闪络、空气过热、漏氢等常见事故及隐患则常常被忽略。选择一套保护装置，不能只针对一个常见故障和隐患，而要对所有常见问题统一解决，避免各种资源的重复投入与浪费。以上几种保护装置，虽然种类繁多，但大多针对封闭母线结露的故障和隐患而提出。而针对闪络、空气过热、漏氢等故障和隐患具有全方位保护的设备却寥寥无几。

第四节 封闭母线各种保护装置的分析比对

从上一章中我们知道了国内封闭母线保护装置的一些工艺及原理。虽然看起来种类繁多，但如果将其归类总结的话，思路和条理就会清晰得多。根据空气物理学中气体扩散的相关定义，气体的扩散方式主要有分子扩散和涡流扩散。分子扩散主要发生在静止或滞流流体中，凭借流体分子的热运动或浓度传递物质，我们也称之为静压力扩散；涡流扩散则发生在湍流的流体中，凭借流体质点的湍动和旋涡传递物质，我们称之为动压力扩散。例如，我们将一勺糖投于一杯水中，稍后整杯水就会变甜，这就是分子扩散的表现，如果用勺搅动，则水将甜得更快、更均匀，这就是涡流扩散的效果。我们根据空气在母线内扩散模式的不同，可将封闭母线所有的保护装置分为三大类，即静压力扩散保护模式、动压力扩散保护模式、固体绝缘类保护模式。

一、静压力扩散保护模式

静压力扩散保护模式的主要特征为，在静止或滞流流体中，分子的运动是漫无边际的，若一处某种分子的浓度比邻近的另一处高，则这种分子离开的便比进入的多，其结果自然是分子从浓度较高的区域扩散到浓度较低的区域，两处的浓度差便成为了扩散的推动力，这也是著名的菲克定律。其代表设备主要有吸附式微正压装置、冷凝式微正压装置、高分子膜式微正压装置等。国内早期的机组绝大多数采用的是这种静压力扩散的保护模式。采用静压力扩散模式保护的封闭母线，需要将封闭母线密封，并向密封的空间内充入干燥、洁净的高浓度压缩空气，使封闭母线内部保持 300~2500Pa 的静压力，以达到防止封闭母线结露的保护目的。当封闭母线内压力低于 300Pa 时，微正压装置向母线内部充气；当母线内压力达到 2500Pa 时，自动停止充气。当微正压装置向封闭母线内充气时，充入封闭母线内的是高浓度的干燥、洁净气体，气体进入母线后，首先聚集于母线的充气口处，停止充气后，压缩空气依靠其高浓度向周边扩散到母线内的各个角落，气体最终由母线上的泄漏点溢出，完成静压力扩散过程。

二、动压力扩散保护模式

动压力扩散保护模式的主要特征为，物质在湍流流体中传递，主要是依靠流体质点的无规则运动，湍流中发生旋涡，引起各部流体间的剧烈混合，在有浓度差存在的情况下，物质便向浓度较低的方向传递。这种凭借流体质点的湍动和旋涡来传递物质的现象，叫作涡流扩散，我们称之为动压力扩散。采用动压力扩散模式保护的封闭母线，对封闭母线的密封要求并不需要十分严格，甚至允许封闭母线存在一定范围的泄漏量，这样才能使封闭母线产生涡流扩散的效果。其代表设备主要有开放式微风循环正压装置、热风保养装置、强迫空气循环干燥装置、强制风循环装置、智能防结露装置等。动压力扩散保护模式，就是针对封闭母线密封的真实状况，有针对性地向封闭母线内部充入干燥、洁净的高浓度压缩空气或一定压力的空气，使封闭母线内部形成具有稳定压力的、流动的风，使气流在母线内形成若干微小的、快速流动的旋涡，依靠旋涡的无规则运动，和母线内大量的水分、灰尘及杂质混合并稀释，形成饱和气体。这些气体在后继压力的推动和排挤下，最终由封闭母线本体上的泄漏点排出或吸回重新净化，保证了母线内部空气的低温、干燥和内部环境的洁净。流动的风既具有蒸发和制冷的作用，又具有清洁内部绝缘子、导体、外壳内表面灰尘的作用。以达到防止封闭母线结露、闪络、漏氢以及置换湿热空气的保护目的。国内后期建设的机组大多采用这种动压力扩散的保护模式。动压力扩散和静压力扩散两者虽同为保护装置，都是为了达到一个相同的目的，但采用动压力保护的封闭母线，其保护效果和对母线内部环境的净化以及热空气的置换效果，要明显高于静压力保护的封闭母线。目前，国内对动压力扩散保护装置的运行和使用效果，已得到了众多一线技术人员的肯定和认可，在国内的使用率和改造率呈现出逐年上升之势。

国内会有观点认为，采用动压力扩散保护模式来保护封闭母线，其耗气量也会相应增加，与静压力保护模式相比会存在一定的气源损耗。但在实际运行中，两者总体气源消耗量基本保持在相同水平（除有些本身设计为大流量以外）。这是因为，以静压力保护模式运行的装置，是将气源一次性充入封闭母线内，然后再由封闭母线利用其自身的泄漏率释放出母线，气源具有快充慢放的特点。而以动压力保护模式运行的装置，是将气源始终以一定的均衡压力（如1000Pa）充入母线内，形成具有一定压力、流速的气流，这些气源或是回收利用，或是利用母线自身的泄漏点释放出母线。气源具有持久性、延续性及慢充慢放的特点。因此，在耗气量上，两者的消耗量基本相同。这一点，也可以从表7-3中看出。即便是动压力保护模式比静压力保护模式耗气量大一些，但从保护效果以及相对于事故造成的损失看，其保护投入成本要明显比事故损失小得多。

表 7-3　各种保护装置循环风量数据比对

名称	吸附式微正压装置	冷凝式微正压装置	高分子膜微正压装置	开放式微风循环正压装置	热风保养装置	强迫空气循环装置	强制风循环装置
最大设计流量（m³/h）	40	60	60	60~150	600	50	8000~10000
最大设计压力（MPa）	0.3~0.8	0.3~0.8	0.3~0.8	0.3~0.8	1000	10000	300~500
母线浮动压力（Pa）	300~2500（可调）	300~2500（可调）	300~2500（可调）	300~2500（可调）	500~1000（不可调）	500~1000（不可调）	300~500（不可调）

三、固体绝缘类保护模式

固体绝缘类保护模式，是以单纯地提高母线内固体绝缘子的绝缘值而采用的保护模式。其主要代表设备为 DMC 憎水性绝缘子和电加热装置。由于憎水性绝缘子属于塑料性质，老化较快，同时对较大灰尘的环境防范作用不太明显。电加热装置在国内已经很少使用，目前在国内数量较少，大多数已被动压力扩散保护装置或微正压装置所取代，仅在少数电厂存留一些，且效果不明显。因此，这里不做过多的介绍。

第五节　所有保护装置的具体分类

综上分析，目前国内通用的封闭母线保护装置主要有两大类：一类是以静压力扩散模式运行的保护装置，另一类是以动压力扩散模式运行的保护装置。不论哪一类保护装置，几乎都是针对密封良好的封闭母线而设计，设计的目的也大多只针对母线结露的隐患，并没有针对封闭母线的所有隐患而全面考虑。从本书第二章中我们知道，离相封闭母线运行中有四大常见故障和隐患，即母线内因湿度过大而结露；母线内因灰尘过大而闪络；封闭母线导体和外壳过热；漏氢。而运行中的离相封闭母线，又分为密封良好、密封合格、密封泄漏三种情况，因此，对封闭母线保护也不能统一概论。

一、静压力扩散模式运行的保护装置

国内早期对离相封闭母线的保护最认可的是微正压装置保护技术，大家对微正压装置耳熟能详。吸附式微正压装置、冷凝式微正压装置、高分子膜微正压装置是国内早期配套常见的几种母线保护装置，其中，吸附式、冷凝式多属于母线厂的配套产品，受国内多种因素的制约，导致这两款配套的装置配置很低，经常在使用过程中发生各种故障和问题。甚至在某些电厂，封闭母线结露的直接因素是因为微正压装置将过量的水和油误充入封闭母线内而引发的。高分子膜微正压装置多用于技术改造方面，在国内也拥有一定的占有量，从使用效果和反馈情况来看，也存在着充气量小的技术缺陷。但随着国内机组数量的增加以及机组容量的增大，微正压保护技术已逐渐不能满足机组的正常使用要求和技术规范，而且，微正压装置的使用范围比较狭窄，只能适用于密封良好的封闭母线，保护范围也仅限于对封闭母线结露这一常见故障。因此，在使用范围上会受到一定的限制。

二、动压力扩散模式运行的保护装置

随着对大型机组维护经验和使用技术的逐渐完善，以动压力扩散保护模式的保护理念逐渐被运行、维护人员接受并认可。开放式微风型循环正压装置、强迫空气循环装置、热风保养装置、强制风循环装置、智能防结露装置同属于动压力扩散设计，但在风的流动方式上又有明显的不同。一部分主张"内循环"，另一部分主张"外释放"。强迫空气循环装置、智能防结露装置、强制风冷装置都是以内循环方式为主，即由"B"相进气，"A、C"相回气，或由"A、C"相进气，再由"B"相回气，这在设计上最大程度地确保了母线内部空气的质量。避免了外界空气对内部空气的干扰。但这几种保护装置也是多适用于密封良好或密封微漏的封闭母线，封闭母线密封越严，循环效果越好。但内循环工作方式对封闭母线内漏氢具有一定的隐患，对于严重泄漏的封闭母线，则循环效果不佳，容易产生循环的盲点。对母线常见故障中的结露预防效果比较明显，而对闪络、置换热空气、除去母线内的灰尘、漏氢等隐患的预防效果不佳。开放式微风循环正压装置和热风保养装置则以"外释放"为主，即空气以一定的压力同时充入封闭母线的A、B、C三相中，利用源源不断的持续压力，形成涡流扩散，当封闭母线密封良好时，可当作微正压装置使用。当母线微漏或严重泄漏时，快速将母线内的湿气、灰尘、杂质等物质吹动或清扫，利用母线自身的泄漏量或固定排气孔迅速排出母线至外部空间，从而保证母线的内部洁净。这种保护方式对母线的结露、闪络、置换热空气、漏氢等常见故障和隐患都有极佳的预防作用，是保护比较全面的设备。而开放式微风循环正压装置，在面对母线密封良好、密封微漏、密封严重泄漏、厂内仪用气断气、母线内湿度过大等时，均有良好的应对方案。在设备选型时，具有很大的优越性。

三、两者的比对

前文中我们曾提到，离相封闭母线在运行状态上一般分为三种，即密封良好、密封合格、密封泄漏。当母线密封良好时，无论是采用静压力扩散保护模式还是动压力扩散保护模式，只要在保证空气质量的前提下，无论哪一种保护模式理论上都能满足母线运行的需要。如果空气质量无法保证，反而也会制约母线的正常运行；当封闭母线密封微漏时，以微正压装置为代表的静压力保护模式，其适应性有所减弱，会出现频繁启动的现象。而以风循环装置为代表的动压力模式运行的保护装置，在运行上则占有一定的优越性，可充分利用封闭母线相对的密封性能，对空气进行循环净化、干燥，使之达到防止结露、闪络的目的；当封闭母线严重泄漏时，以微正压装置为代表的静压力保护模式，则完全不能适应这种情况，会出现设备的频繁启动或长时间启动，久之，造成保护装置电器元件烧毁，气动元件负荷过重、失效，最终导致设备频繁报警或出现异常情况。而以风循环装置为代表的动压力模式运行的保护装置，在使用上，也有一定的区分。由于泄漏点较多，使用内循环的保护装置，在使用中会有一定的局限性，容易产生循环的盲点，或者误将母线外的空气吸入母线内，而以开放式微风循环正压装置为代表的"外释放"的保护装置，则占有明显的优势。在向母线外吹出气流的同时，也将母线内的湿气、灰尘、杂质、热量同时排出，有效地保护了母线内部环境的洁净。在泄漏点处形成向外吹出的气流，防止外界气流逆行进入母线。即便封闭母线在运行中因突发因素导致封闭母线发生严重泄漏，可以相应增加送风量，在一定程度上，也可以起到防范外界潮气、灰尘、杂质侵入到母线内部的作用，使母线内部保持相对的洁净，并一直坚持到机组停机检修阶段，再利用机组检修时间对母线进行快速修复。因此，总的来说，采用动压力"外释放"保护模式为主的保护装置，在应对任何一种封闭母线时，都有着一定的优势。

有些电力企业一味地追求封闭母线的密封效果，甚至要求封闭母线密封时间越长越好。其实，这种观点值得商榷，母线密封得严密固然是好，但一旦保护系统误将含有大量灰尘、水分、油雾的空气充入封闭母线内部，将会影响母线的绝缘性能，如何将这些灰尘、杂质、水分再释放出来，又是一个难题。这种案例，在国内也不止一次发生过。同时，母线密封得越严，内部空气凝滞的效果就会越明显，在海边城市，密封严密的封闭母线其内部也是最容易析出盐分的，因为内部空气滞留时间太长，使封闭母线形成了烘干箱效应。如果母线内部的空间环境不洁净，空气还会发生明显的放电现象，在热、磁、湿度、灰尘达到一定值时，母线内就会发生小范围的爬、放电现象，母线内发生闪络事故的概率也就越高。如果频繁地发生放电、闪络，又会导致母线内空气进一步恶化，再次增加绝缘子闪络和空气电离的概率。如此，会形成恶性循环，进而影响机组的正常运行。准确地说，密封良好的封闭母线固然符合《GB/T 8349-2000 金属封闭母线》的要求，但对其保护装置的工艺、原理及气源质量则提出了更高的要求。正确的方法，是保持母线内空气一定的洁净度，并进行一定方式的流通、置换，从而在根源上杜绝母线内结露、闪络、积灰、空气过热、漏氢等事故、隐患的发生。

1. 采用动压力保护模式的封闭母线运行效能要明显高于静压力保护模式的封闭母线的原因

由图 7-24 我们可以看出，在母线密封较为严密的地方，干燥空气流动过去后，由于密封较严，空气便大量聚集在此处不再流动，形成风堵。而在泄漏点处，空气流动的速度相对较快，综合有大量水汽、灰尘以及热量的空气由泄漏点源源不断向外流出，形成由内向外吹的气流。这种只能向外吹出的气流，可有效避免外界的气体逆行侵入封闭母线内部，防止外界的灰尘、杂质、水汽侵入母线，充分保证了母线内部洁净，可有效防止母线内部的因湿度过大造成结露、因灰尘过大引发闪络，可排出母线内热空气，防止氢气渗透进入母线的多重隐患。最为重要的是，空气的快速流动，本身就有蒸发和制冷的作用。流动的空气，可有效破坏空气中水分的凝结，防止结露发生，同时起到散热、除灰的作用。而静压力保护模式的封闭母线，空气在静止过程中，会有一定的沉淀、凝滞现象。如果母线上存在诸多泄漏点，两个泄漏点之间会形成定向的空气流动，形成微观条件下的呼吸作用，必然会有少量外部环境中的空气侵入到母线内，久而久之，也会造成内部环境的脏污。举例来讲，在沿海地区的一些电力企业，微正压装置虽然能够正常地投入运行，但相隔一段时间后，封闭母线内部依然会发现少量的结晶盐，就是这个原因造成的。

2. 外"外释放"动压力保护系统保护效果要优于内循环式动压力保护系统的原因

我们充入封闭母线内部的，多为经过保护装置干燥、净化过的"不饱和干燥空气"，充入封闭母线内部后，由于本身自带有一定的压力，在压力的作用下与母线内的湿热空气、灰尘、水分以及其他杂质充分混合，使之成为"混合饱和空气"，这种"混合饱和空气"应充分利用封闭母线最近的泄漏点迅速排出，这是快速建立绝缘和清洁母线内部环境的最佳途径。如果我们

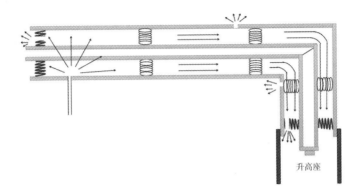

升高座

图 7-24　封闭母线内风流动剖面示意图

将"混合饱和空气"重新吸收利用，虽然减少了与外界环境的接触，减少了粉尘与水分的含量，但其保护效果，会有一定的差异。这是因为，任何一种封闭母线的保护装置，其核心工艺原理主要就是除水、除尘，任何高效能除水、除尘工艺都有一定的转换率，影响转换率的因素较多，如风速、温湿度、粉尘含量等。因此，重复吸收利用的效果需要一定的时间积累，时间越长，往往效果也会越好，但这种依靠时间积累达到的净化效果往往存在一定的使用局限。在封闭母线投入使用前，需要较长时间投入使用内循环动压力保护装置。如果在忽略投入使用的前提下，有可能会造成母线绝缘较低，延误机组正常启机。在泄漏的封闭母线上，这种现象比较突出。

我们之所以在封闭母线的保护系统上做出如此详细的划分，主要是因为各种保护装置在实际的运行、应用中，无论是功能还是实际保护效果，均存在明显的差异，如何让职能部门快速而准确地使封闭母线投入到实际应用中，是所有运行、维护人员的首要责任。因此，对封闭母线的保护系统必须要有充分的了解和认知，才能满足电力行业的发展和需要。

四、保护装置的使用规范

理想的保护方式应该符合下列工艺要求，保护装置应能够高效生产出干燥、洁净的空气充入封闭母线内部，空气要具备微水、微油、不饱和的特点，在进入到封闭母线内部后，不饱和空气充分吸收母线内过量水分或潮气，使自身成为饱和气体并流动出母线，起到防止母线内空气结露的作用。空气流动的越快，防结露的效果也会越明显。封闭母线应具有微弱的泄漏性，这样，才能使进入封闭母线内的空气形成一定的动压力，从而起到空气涡流扩散的效果。空气由封闭母线本体上的泄漏点流动排出，在空气排出的过程中，将母线内潮湿、炙热并含有大量灰尘粒子的空气置换出来，起到净化母线内部空间的作用。母线内部空间的洁净，在一定程度上降低了闪络事故的概率，同时又起到内部空气降温和防止漏氢的事故和隐患。因此，严格地说，采用动压力保护模式为主的保护系统是封闭母线最理想的工作方式。这种说法，与国内目前正在使用的《GB/T 8349-2000 金属封闭母线》或一些其他相关的规范和文件存在一定的抵触，甚至提出了挑战。但在实际使用中，密封微漏和动压力"外释放"保护模式组合运行的封闭母线是目前运行效率最高的一种母线运行模式。笔者对国内上百台机组的封闭母线和保护系统做过认真、细致的调查、研究和分析，发现采用静压力扩散保护模式运行的封闭母线，其发生结露、闪络的事故概率明显要高于采用动压力扩散保护模式运行的封闭母线。这一点，从国内大量的文献资料中就可得知，无需过多的解释。采用静压力扩散保护模式运行的封闭母线，必须注重于封闭母线的密封性能，机组每运行一个大修周期（四年），都要对母线进行一定的维护或修缮，以防止封闭母线发生再次泄漏，影响保护系统的运行。这在工程上造成了大量人力和物力资源的重复浪费。而采用动压力扩散保护模式运行的封闭母线，其安全运行周期则明显要长得多，母线的维护、修缮记录长达2~3个大修周期，国内很多将静压力保护模式改造为动压力保护模式的电力企业，都有着深刻的体会。与事实巧合的是，微漏的封闭母线在国内的运行机组中，也是大量存在的，属于我国的基本国情。因此，我们在选择封闭母线保护装置时，应尽量采用动压力保护模式的保护装置，根据机组的实际运行情况，再选定具体的保护功能。

五、小结

国内封闭母线设计和研发人员在设计、研发过程中，应充分注意以下几个方面：

对密封良好的离相封闭母线，采用静压力扩散保护模式运行是最理想的保护方式。

对密封微漏或严重泄漏的离相封闭母线，采用动压力外扩散保护模式是最为适用的保护方式，也是一种符合国情的保护方式。

封闭母线保护装置的保护功能不应仅针对封闭母线内部结露一种隐患而设计，还应充分考虑因灰尘过大引发的闪络、导体和外壳因电磁过热引发的空气过热、绝缘套管泄漏引发漏氢等多种隐患。

封闭母线保护装置保护范围不应仅限于封闭母线本体，还要充分考虑升高座的协同保护，防止升高座结露而引发绝缘下降或跳机。

🦋 第六节　两起封闭母线重大事故处理、改造过程及成功经验

■、西北某电厂 3.7 #1 号机封闭母线 A 相接地事故处理过程

（一）事故经过

2012 年 3 月，某电厂电子间#号机发变组保护 A、B 柜"三次谐波电压比率定子接地保护"跳闸出口。

检修人员甩开发电机中性点，在发电机中性点测量#号机发电机定子绝缘，数值为 0.78MΩ，绝缘不合格。甩开封闭母线与发电机定子线圈出口连接，甩开主变、高厂变、励磁变与封闭母线连接，分别测量绝缘为：发电机定子绝缘 144MΩ，合格；封闭母线 A 相绝缘 0.49 MΩ，不合格；封闭母线 B 相绝缘 290MΩ，合格；封闭母线 C 相绝缘 175MΩ，合格；主变低压侧绝缘 2500MΩ，合格；励磁变高压侧 2500MΩ，合格；高厂变高压侧绝缘 2500MΩ，合格。确定故障接地点为封闭母线 A 相。

3 月 7 日当晚，分公司领导组织相关部门负责人及专业人员在现场召开事故分析会及抢险方案，确定了本次事故直接原因为封闭母线 A 相接地，可能引发封闭母线接地的原因为母线受潮或绝缘瓷瓶损坏。会议当即决定检查封闭母线 A 相内部受潮情况，并对所有绝缘瓷瓶进行检查。

会议结束后，设备维护部、华新维护项目部相关专业人员连夜组织相关人员对 6.3 米主厂房内的封闭母线瓷瓶进行检查、测量绝缘，未发现异常。3 月 8 日清晨，检修人员对主厂房外的封闭母线搭好架子开始检查，发现 A 相封闭母线底部部分绝缘瓷瓶取下后底座有积冰，封闭母线内部有水珠。经现场技术人员分析，主变低压侧、高厂变高压侧底部存在结冰可能性最大，最易造成接地短路。检修人员通过主变低压侧底部上方的绝缘底座孔洞观察后发现有少量积冰，不足以引起接地短路。于是，基本确定短路位置在高厂变高压侧底部，检修人员在高厂变高压侧底部上方切开一面积为 10cm×10cm 大小的开口，观察发现里面有大面积冰水混合物，经技术人员判断应为接地故障点。在对 A 相高厂变高压侧底部的冰水进行处理后，现场决定对 B、C 相在同一位置进行切口检查，B 相发现少量积冰，C 相干燥。

3 月 8 日 21 时 43 分，对处理后的封闭母线 A 相进行对地绝缘测试，绝缘为 173MΩ，合格。于是决定开始恢复，同时对发电机小室内封闭母线 A

相穿墙绝缘盘可能存在的漏风处进行了严格密封。

3月9日启机后，目前机组运行正常。

（二）改造过程

1. 概述

封闭母线由于其特殊的建筑结构（一半在室内，一半在室外，易受到强烈的温差效应）受季节与极端气候的影响比较大，容易出现绝缘下降，接地等隐患或故障，严重影响电力设备的安全稳定运行。机组一旦停机后，母线由于运行状态的改变，会出现结露、绝缘下降、呼吸作用明显等诸多问题。严重时甚至造成无法启机、运行中跳机等重大事故。

已经出现的封闭母线结露事故，凸显出封闭母线，特别是其微正压装置的重要性，为了避免此类事故的再次发生，提出了此次技术改造可行性研究报告。

审批意见表

项目名称	封闭母线防结露技术改造		
编写人	袁 超	投资预算（万元）	
设备部 审核意见	专业		
	主任 （副主任）		
发电部 审核意见 （或设备使用部门）	专业		
	主任 （副主任）		
生产技术部 审核意见	专业		
	主任（副主任）		
公司主管领导 审核意见			

2. 改造的必要性

为避免封闭母线结露受潮的缺陷再次发生，在对封闭母线微正压装置进行检查时发现，该电厂#1、#2机组采用的吸附式微正压装置存在以下问题：

（1）分子筛易失效。吸附式微正压装置采用的是吸附式干燥器，吸附剂为分子筛，分子筛长期使用会潮解、粉化，应在粉化之前予以更换，以免粉末混入压缩空气进入封闭母线（分子筛正常使用期一般在6~10个月）。另外，由于分子筛长期处于压力下工作，分子筛之间会经常碰撞、摩擦，造成分子筛破碎，且破碎的分子筛颗粒或粉末易跟随压缩空气进入封闭母线，造成对母线的二次污染。微正压装置运行过程中，要严格防止分子筛被空压机的油泥污染，否则分子筛会呈现出严重的"酱黑"色，若不及时更换，被污染的空气会侵入母线，造成母线内部的导体和支撑绝缘子污染。

（2）充气电磁阀易损坏。该电厂吸附式微正压装置采用的充气电磁阀均为普通的电磁阀，如果长时间通电，易导致电磁阀线圈烧毁，一旦充气电磁阀失控，对封闭母线的气密性、绝缘性能等会造成极大的冲击。检修时，要加强对微正压装置电磁阀的检查维护。

（3）保护系统不完善。在炎热的夏季，封闭母线外壳室外部分经阳光的暴晒，温度会有显著升高，母线内导体的温度也会随之升高，或由于导体的负载电流不同，发出的热量也会发生不同的变化。经微正压装置充入母线的气体在高温下会急剧膨胀，压力会由几千帕膨胀升至最高几万帕。这种膨胀压力会对封闭母线的绝缘及密封性能造成极大的冲击。

（4）过滤精度低。吸附式微正压装置在整套空气净化系统中，只有一个气水分离器，它只能起到气、水分离的作用，而不能去除气体中的杂质和油雾，气体中的杂质和油雾通过气水分离器直接进入分子筛筒，造成分子筛污染，这是造成分子筛失效的主要原因。由此产生的隐患是，压缩空气系统在没有过滤的情况下直接将空气充入封闭母线，而空气中的杂质、水分和油雾也被充入封闭母线内。这样，封闭母线在无形中增加了发生闪络的可能性，引发安全事故。

（5）微正压装置空气处理量小。吸附式微正压装置空气处理量最大充气量只有 $0.42 m^3/min$，远远低于封闭母线对于洁净空气的需求量，由此可能会出现严重的连锁反应。

首先，微正压装置连续长时间不间断工作或频繁地工作，以满足封闭母线对洁净空气的需求量。长此以往，就会造成微正压装置各原部件过度疲劳甚至损坏。这也是造成微正压装置不在正常工作状态的主要原因。

其次，由于微正压装置空气处理量小，会导致微正压装置长时间处于工作状态，特别是充气电磁阀，如果长时间开启，电磁阀线圈会烧毁，造成充气失控，对封闭母线的安全运行造成隐患。

最后，微正压装置的空气处理量小，还会使外界空气中的杂质或浓雾、雨水等逆行进入封闭母线，增加了封闭母线的不安全因素。

至此我们也得出了造成该电厂#1机封闭母线内部结露的原因为：①封闭母线在密封结构受到破坏后，空气中的粉尘、颗粒或带电粒子侵入到封闭母线并滞留母线内，成为潜在的凝结核。也就是说，封闭母线内空气质量较差。②封闭母线内环境温度足够低，使空气中的过饱和蒸汽与凝结核能够结合，形成大量的凝结水滴。③微正压装置运行不正常导致封闭母线失去保护。

3 月在对#2 机停机临修时对封闭母线进行检查发现漏点，对其进行补漏处理。据此推断#2 机封闭母线内部有水的原因与#1 机相同。

为了从根本上排除封闭母线存在的隐患与不足，提出以下改造方案。

3. 改造方案

（1）更换微正压装置控制柜。原控制柜采用吸附式控制工艺，由于存在空气处理量小、流量小、滤精度低等诸多原因，建议更换为目前国内先进的开放式微风循环正压装置控制柜。原装置主要包括空压机系统和微正压系统两部分，此次改造只需将微正压系统控制柜拆除，在原底座基础上重新安装开放式微风循环正压装置控制柜即可。

开放式微风循环正压装置是国外进口工艺，其优点是设计简单，带有露点显示器，除水率高，使用寿命长，安装方便，可与多级过滤器组合使用，工作时不需要任何电源控制。

开放式微风循环正压装置是国外一些大型封闭母线生产厂家为封闭母线配套的一种保护装置，在刚刚引入到国内时，并不是作为封闭母线保护装置来使用，而是作为风循环装置来使用。其设计原理是经高分子膜干燥器处理的干燥、洁净空气，以一种自然微风的形式向母线内充气，同时利用母线的自然泄漏率，把母线导体产生的热量吹出母线，在母线的泄漏点处，形成向外呼出的气流，防止外界的空气吸入母线内，以达到防止结露的目的。该装置经国内技术研发人员改进，已经成为具有微正压装置、微风循环装置及正压输送功能三位一体的复合型装置，其大气压露点温度可达到-40℃，主要是针对封闭母线密封不严、普遍存在泄漏的情况设计改进的，目前已广泛安装在我国东北、西北、华北、华南等地区。

例如，在东北地区最冷的季节，每年会有 1~2 个月气温在-30℃（这 2 个月通常是结露情况最高发的时期）；在华北和西北地区，最冷的季节温度一般也是在-20℃。在这种低温环境下，开放式微风循环正压装置处理的空气指标大气压露点温度可达-40℃，远远高于上述地区实际的环境温度，从根本上杜绝了母线内部出现结露的可能。

（2）管路的改造。管路改造主要是指厂内仪用气与开放式微风循环正压装置控制柜的连接。该电厂原装置的主要气源采用的是由空压机提供，此次改造，可将厂内仪用气直接接入到新的开放式微风循环正压装置进气口。厂内仪用气取自 12.6 米气机侧。

空压机作为备用气源予以保留，微正压装置主要气源则采用厂内仪用压缩空气。厂内压缩空气和空压机互为备用，平时主要以厂内压缩空气为主要气源向封闭母线内充气，当厂内压缩空气出现波动或断气时，空压机作为备用气源自动向封闭母线内部充气。这样做的优点，既充分保证了封闭母线的用气量，又避免了空压机的频繁启动和长时间的启动，有效地保护了空压机的使用寿命。

（3）封闭母线查漏。安装完毕后对封闭母线实施查漏，重点是支撑绝缘子法兰处，对发现的漏点进行修补。

4. 投资估算及效益分析

投资估算：一台机组改造费用为 a 元，两台机组改造费用共 2a 元。

效益分析：通过项目的实施，可尽最大可能避免再次发生封闭母线结露、结冰导致机组跳机事件发生，降低维护、检修费用，减少非停次数，从而提高机组安全运行可靠性和经济效益。

5. 综合论证及结论

技术可行性：技术成熟可靠。

实施方案可行性：不影响其他设备运行，由厂家技术人员现场指导安装、调试工作。

环保效益分析：此改造方案对环境无危害。

结论：项目可行。

6. 附件

预计费用清单

序号	产品名称	产品型号	单价	数量	金额	备注
1	开放式微风循环正压装置	KWXZ-1		2		
2	储气罐	立式，300L		2		
3	管子及密封件	一套		2		
4	安装及调试费			2		
5	运输费（含保价费）			2		
	总计					

二、北方某电厂#2 发电机封闭母线接地故障情况

（一）事故的发生

1. 事故前运行方式

220kV 系统双母线运行，母联 6610 开关在合闸状态。220kV Ⅰ 母线上运行元件为#1 发变组、热南甲线、启备变、Ⅰ 母线 PT，220kV Ⅱ 母线上运行元件为#2 发变组、热南乙线、Ⅱ 母线 PT。启备变在热备用状态。#1 机组负荷

140MW，#1 高厂变带 6kV 厂用 I A、I B 段运行，#2 机组负荷 219MW，#2 高厂变带 6kV 厂用 II A、II B 段运行，厂用 6kV 系统正常运行方式，其他低压厂用系统正常运行方式。

2．事故现象

2011 年 2 月，#2 发电机基波定子接地保护动作，#2 发变组 220kV 侧 6602 开关跳闸，#2 发电机灭磁开关跳闸，6kV 厂用 II A、II B 段工作电源开关跳闸，6kV 厂用电快切装置动作，6kV 厂用 II A、II B 段转为备用电源供电，#2 发变组与系统解列。

3．处理经过

检查#2 发变组 A、B 屏保护均为基波定子接地保护动作，#2 发变组故障录波器录波数据记录故障时发电机机端电压瞬时值 Ua 为 65.62V，Ub 为 107.34V，Uc 为-31.85V，机端零序 Us 为 82V，中性点零序 U_L 为 49.21V。发电部运行人员采取了必要的安全措施后，在发电机盘车 5 转/分的条件下，测量#2 发变组 20kV 侧绝缘为 32kΩ（不包括机端 PT、避雷器及中性点 PT），初步判断#2 发变组 20kV 侧系统非金属性接地故障。

为查找故障点和跳机原因，经专业会议决定，厂领导批准，采用手动升压的方式对#2 发变组进行零启升压，第一次升压至 10.3kV（发电机额定电压为 20kV）时，发电机基波定子接地保护动作跳闸（保护延时为 1.5 秒），由于继电人员进行的#2 发电机出口电压互感器二次电压测量工作没有测试完成，又进行第二次零启升压，电压在 2kV、4kV、6kV、8kV 时，分别测量机端电压互感器 TV2 和 TV3 的两个二次绕组及开口三角绕组输出电压均正常，当电压升至 10kV 时，#2 发电机基波定子接地保护再次动作，开关跳闸，判定#2 发变组 20kV 侧系统存在接地。

查找#2 发变组 20kV 侧系统接地故障点，采取分段隔离、逐段查找的方法，分别对#2 发电机和封闭母线进行耐压试验，查找故障点。将#2 发电机机端及中性点母线软连接拆开，分别进行#2 发电机交、直流耐压试验，结果均合格。

将发电机出口 C 相封闭母线至主变、高厂变和励磁变四处接线端子断开，单独对 C 相母线进行交流耐压试验，当电压升至 10kV 时，放电击穿，交流耐压装置充电电流达 40A，断定 C 相母线绝缘存在接地故障。组织电气检修人员对#2 发变组 20kV 侧母线所有绝缘子逐一排查，发现在#2 主变 20kV 侧 C 相封闭母线根部盆式绝缘子内部有积水结冰，故障点处盆式绝缘子有短路放电烧痕。

4．原因分析

由于#2 主变 20kV 侧 C 相封闭母线外壳内壁冬季结露后，在环境温度上升至零度左右，开始溶化，产生少量积水，当积水达到一定量后，通过盆式绝缘子流向母线造成短路。

盆式绝缘子安装为下凹式结构，安装结构不合理，若为上凸式结构，则积水不会流向母线侧。

#2 机离相式封闭母线设计在汽机厂房 A 排墙处有一组盆式绝缘子密封隔离，使微正压充气装置对室外处的封闭母线不起作用，达不到防潮效果。

5. 防范措施

（1）将离相式封闭母线防潮、积水检查作为每年春、秋检的必须检查项目，编入检修规程中。

（2）加强运行监视，防止封闭母线周围环境蒸汽排放和泄漏，影响封闭母线正常运行。

（3）注意监视发电机零序电压变化趋势，发现有异常突变，应立即分析和查找原因，防止故障范围扩大。

（4）联系封闭母线厂家（北京电力设备总厂），在封闭母线底部安装排水阀。

（5）与封闭母线厂家协商，建议对盆式绝缘子重新设计安装，将#2 主变 20kV 侧封闭母线盆式绝缘子由下凹式改为上凸式结构，防止有少量积水流向母线侧，造成短路。

（6）与微正压充气装置厂家联系，研究改善对厂房外离相式封闭母线的微正压充气效果。

（二）改造方案

1. 概况

该电厂由于主变低压侧盆式绝缘子闪络造成连续两次非停，虽然目前采取了措施，但存在较大的安全隐患，为彻底消除#2 发电机出口母线存在的隐患，将#2 机组离相封闭母线主变侧的密封盆由下凹式更换成上凸式结构，并在最低处加装排水管，在至高厂变封闭母线最低点处加装排水管及放水阀，但这只能解决封闭母线内部已经凝结的结露水问题。如果只单纯地改造绝缘子，虽然能使封闭母线的总体绝缘水平提高，但如果没有一套正常运行的防潮系统，其他绝缘件受潮也会导致封闭母线总体绝缘水平下降。为彻底解决封闭母线内部结露的问题，决定更换两套新型封闭母线保护装置——开放式微风循环正压装置，特制定方案。

2. 适用范围

本方案仅适用于该电厂 2 台机组封闭母线保护装置——开放式微风循环正压装置的改造工程施工工作。制定本方案的目的是规定施工作业标准、规范作业人员行为、保证作业安全，为更换调整开放式微风循环正压装置工作提供依据。

3. 组织机构

该方案的实施配备组长、副组长、安全负责人、施工配给负责人及其成员、整体验收负责人及其成员。

4. 施工措施

(三) 施工前材料准备

表 7-4　材料准备

序号	名称	型号	数量
1	微风循环正压装置	1 立方米/分钟	1 台
	空压机	1 立方米/分钟	1 台
3	300L 储气罐	550×1200	1 个

表 7-5　工器具准备

序号	名称	数量
1	电锤	1 把
2	40 开口活扳手	2 把
3	手持式角向砂轮	1 台
4	砂轮片	10 片
5	移动式电源盘	2 个
6	临时照明灯具	3 套
7	大螺丝刀	1 把
8	裁纸刀	1 把
9	电锤钻头 ($\phi12$, $\phi14$)	各 1 个
10	铁锯条	1 盒
11	手枪电钻	1 个
12	膨胀螺丝	8 个

(四) 施工前组织措施和技术措施

1. 组织措施

施工前组织学习《封闭母线开放式微风循环正压装置改造施工方案》、施工步骤，认真开展危险点分析，分析施工过程中可能造成的人身及设备的不安全因素，提前采取有效防范措施。

2. 技术措施

对参加施工人员进行检修前的安全技术交底并签字，明确工作内容和技术要求及安全注意事项，施工人员应做到心中有数；建立质量责任制，将设备检修质量落实到人；加强过程控制，施工中各级质量检验人员加强现场巡视，决不放过每一个可能出现的质量问题。

3. 安全措施

（1）厂家施工人员进入生产现场安全交底并签字。

（2）凡进入生产现场的工作人员的着装必须符合安全工作规定，安全防护用品必须佩戴齐全，避免发生人身机械伤害。

（3）进入检修现场时，工作负责人向工作组成员交代安全措施和安全注意事项并进行危险点分析及采取相应的控制措施。

（4）安装时，人员配备充足并做好安全措施，运输过程中，应防止起重机械对人员造成伤害。

（5）敷设电缆时，高处作业应系好安全带，工具及材料不能上下投掷，要用绳系牢后吊送，以免打伤工作人员。

4. 计划总工期

计划工期：2012 年×月×日至 2012 年×月×日。

实际工期：××天。

5. 施工步骤

办理相关开工许可手续，提前一天将动火票、工作票发往发电部，办理工作许可手续。

开工前召开专题会，对各检修参加人员进行组内分工，进行安全、技术交底并签名。

将原微装置拆除，保留其底座基础；将原空压机拆除；将厂内气源延伸至微正压处；将开放式微风循环正压装置固定在原微正压底座上，连接电源。

将空压机固定在微风循环正压装置的左侧并固定，电源由微风循环正压装置控制柜内取出，由新控制柜对空压机实施控制（包括压力控制、时间控制、湿度控制）。将微风循环装置与空压机、封闭母线的充气、取样管路连接，构成正确的充气回路。

对设备进行整体调试，验收。恢复母线至运行状态，清理施工现场。

6. 安全文明施工

本项目的危险点主要为：安装和搬运设备时注意砸伤、碰伤；电缆敷设时系好安全带，防止高空坠落、触电等，系统回路接线防止设备损害等，要做好相应的防范措施。

（1）安全风险分析。

危险源 1——触电。防范措施：停电、验电、挂牌、明确带电部位，加强监护。

危险源 2——人身伤害。防范措施：正确使用工器具。

危险源 3——磕碰擦伤。防范措施：工作时应戴好手套，做好监护。设备在拆除、搬运过程中，做好配合，防止碰伤。

危险源 4——高空坠落。防范措施：高处作业应系好安全带，设专人监护。

危险源 5——设备损害。防范措施：确认系统回路接线正确，方可试验。

（2）文明施工。

所有施工人员应履行本岗位职业安全卫生和环境职责；安装应布置有序，走向合理，应符合安全文明施工要求；工作结束后，仔细检查工作场所，将工作场所内的杂物进行回收，做到工完、料净、场地清的原则；施工完毕，各种材料、工器具及时回收。

（五）工程验收

安装验收签证（附签证单）；整体安装完毕后进行质量验收签证（附签证单）；对新系统进行整体调试验收（附签证单）；试运合格后进行各种资料归档验收。

第七节　离相封闭母线保护装置的配置标准及使用规范

国内离相封闭母线保护装置的种类繁多，在配置上也是不尽相同。在《GB/T 8349-2000 金属封闭母线》中，也只是简单提及封闭母线保护装置应达到什么效果，对保护装置的具体配置和标准却没有任何工艺规范及性能要求。因此有必要制定一定的相关规范及技术标准。

笔者通过对国内大量保护装置的调查、研究后，发现离相封闭母线保护装置的配置及工艺有着以下的技术要求。

一、气源制造、输出系统

为封闭母线内部充入洁净的空气是预防封闭母线发生一切常见故障最有效的保护方法。因此，稳定、持久的洁净空气是所有保护装置不可或缺的重要组成部分。

气源输出系统主要是指空压机、厂内仪用压缩空气或厂内杂用气。空压机的主要作用是将电能转化成压缩空气的压力能，以供封闭母线内使用。厂内仪用气或者杂气均来自电厂自备空压机房，只是在过滤、净化系统上存在一定的工艺误差，厂内仪用气多用于机密仪器、仪表控制等关键部位。而杂气一般用于检修、清扫等不重要部位，故而油和水的含量较大。保护装置所采用的空压机主要以低压型为主（0.35～1.0MPa），流量一般在0.6～1.2m^3/h。国内投入使用的空压机一般有三种，即活塞式、滑片式和螺杆式，其性能比较如表7-6所示。选择哪一种空压机，企业可根据自身的实际工况和现场使用要求进行筛选。

表7-6　各种空压机特性比较

空压机类型	活塞式	螺杆式	滑片式
成本	低	高	高
脉动	大	小	小
振动	大	小	较小
噪声	大	小	大
空气中的污染物	尘埃、水分、油雾、炭末	尘埃、水分、油雾	尘埃、水分、油雾
排气方式	断续排气、需设气罐	连续排气、不需设气罐	连续排气、不需设气罐
综合评价	活塞式空压机安装场所相对受限，需要防震、防噪声，为防止压力脉动，需设气罐。活塞式易产生炭末，对气源质量要求高的场合，还需对压缩空气做特别处理。而螺杆式和滑片式在性价比方面存在一定劣势		

1. 气源的使用

目前国内对封闭母线保护方面采用以厂内仪用气为主、自备空压机为辅的方法。在厂内仪用气气源充足、压力稳定的情况下，尽量以厂内压缩空气为主。空压机作为备用气源留作备用。当厂内气出现波动或断气情况时，启动空压机作为备用气源临时启用。之所以这样考虑，是因为有些电力企业，在检修期间厂用气也会有断气的情况发生，在断气期间，母线因失去保护，会面临一系列隐患发生。如一旦遇到暴雨、浓雾、浮尘、扬沙等极端气候条件时，可临时启用空压机作为保护气源对母线实施有效保护。虽然小型空压机产生的压缩空气质量堪忧，但对于临时用气来讲具有一定的保护意义。对于少量采用厂内杂气的企业，应考虑在杂气的出气口多加几级油水分离器，以保证气源的品质。如果厂内气紧张，可采用双空压机运行模式，使两台空压机通过封闭母线保护装置的系统设定交替运行，或是"一用一备"，使空压机保持较高的运行效率。需要注意的是，微正压装置配套的小型空压机尽量不要作为独立的气源为封闭母线供气。这是因为，现场空压机距离母线位置较近，压缩空气中的尘埃、水分、油雾、炭末、高温等对下游气动原件形成直接性影响。尤其是高温所造成的伤害最大，会直接降低过滤器、干燥器的净化效果以及过滤精度，影响下游过滤系统的使用寿命。我们常见到一种现象就是，当采用小型空压机作为主要气源向母线内充气时，下游所有过滤器或其他过滤元件内特别干燥，并无任何水滴出现，而在充气管道中相对低温的部位，却出现大量的冷凝水，其主要原因就是过滤器或过滤元件处的环境温度过高，压缩空气温度也过高，直到遇到低温环境时才冷却下来。据笔者的不完全统计，完全使用小型空压机作为封闭母线保护装置独立气源的保护装置，其后期发生各种各样事故及隐患的概率要明显高于使用厂内仪用气的保护装置，国内发生的多起保护装置向封闭母线误充入水分而导致封闭母线结露、绝缘下降甚至跳机的事件，绝大多数就是以空压机作为独立气源向封闭母线内充气的，概率高达60%以上。而采用厂内仪用压缩空气或杂气的保护装置，由于压缩空气在管道内的输送过程中，过多的热量已经被金属管道所释放，温度基本都在气动元件的工作范围之内，保证了压缩空气的过滤精度及净化效果。因此，采用厂内压缩空气作为气源的保护装置，其可靠性明显优于小型空压机作为独立气源的保护装置。同时，由于现场空压机安装位置普遍距封闭母线较近，压缩空气中的水滴、油雾等杂质在压力的推动下来不及有效过滤、分离、沉淀，直接被注入到母线内，会引发母线的安全隐患。如果采用罗茨风机的保护装置，其设计风量一定要大，压力应尽可能高，否则会压力不足，使风力扬程缩短，往往风速流动到一定距离后就散失殆尽，导致较远端空气流量、风速有明显的减弱。使用厂内气源要求在0.35~0.8MPa为宜，压力过大或过小都不利于过滤及干燥系统、过滤系统的正常工作。对于微漏或严重泄漏的封闭母线，则要相应地增加空压机或压缩空气的流量。

目前，国内有大量企业采用的是无油空压机。无油空压机是在有油空压机的基础上改进发展的。主要采取两种方式，一种是用水来代替油，另一种就是在转子上镀上自润滑的涂层，因为转子两端高速运转的轴承需要油润滑，故需要使转子轴承的润滑空间与转子的压缩空间互相密封。国内的封闭母线保护装置，大部分采用的是无油机。高速密封使无油空压机的加工精度相当高，而付出的成本很大，当存在巨大的问题时，再好的技术密封都有损坏的时候。无油空压机一旦出现主机头的故障，由于太过于精确，主机头只能返回生产厂家维修，大大地增加了不可修复性。即使可以修复，也需付出巨额资金和很长的维修时间，因此，封闭母线保护装置在配置无油空压机时应充分考虑到这一因素。空压机中的有油与无油一般都是指空压机排气口排出气体含油量的多少，一般有油机含油量较大，无油机的含油量为0.01ppm，并非无油空压机空气中没有一点油污，所以用含油量来区分空压机有油与无油。国内大量使用的无油机，在排污口排出的水和油含量，往往不比有油机少。无油机长时间启动会导致压缩空气中含有相当数量的杂质。

固体微粒。在车间厂房环境中每立方米大气中约含有 2 亿个微粒，其中大约 80% 小于 2μm，空压机吸气过滤器无力消除。此外，空压机系统内部也会不断产生磨屑、锈渣和油的碳化物，它们将加速用气设备的磨损，导致密封失效。

水分。大气中相对湿度一般高达 65% 以上，经压缩冷凝后，即成为湿饱和空气，并夹带大量的液态水滴，它们是封闭母线保护设备、管道和阀门锈蚀及结露的根本原因，如果过滤不及时，这些液态水被充入到封闭母线内，会严重影响封闭母线的运行安全。这种事例，在我国北方地区尤为常见。值得注意的是，即使是分离干净的纯饱和空气，随着温度的降低，仍会有冷凝水析出，大约每降低 10℃，其饱和含水量将下降 50%，即有一半的水蒸气转化为液态水滴。所以在压缩空气系统中采用多级分离过滤装置或将压缩空气预处理成具有一定相对湿度的干燥气体是很必要的。

油分。高速、高温运转的空压机采用润滑油可起到润滑、密封及冷却作用，但污染了压缩空气。无油机虽然降低了压缩空气中的含油量，但也随之产生了易损件寿命降低，机器内部和管路系统锈蚀以及空压机在磨合期、磨损期及减荷期含油量上升等副作用。这对于追求高可靠性的封闭母线无疑是一种威胁。因此，有些企业在选用无油空压机时，这些综合因素也应考虑在内。

2. 使用中的注意事项

（1）空压机若冷却良好，排出的空气温度为 70~180℃；若冷却效果不好，可达 200℃ 以上。为防止高温下因油雾碳化变成铅黑色微细碳粒子（非常细微的油粒子在高温下氧化，而形成的焦油状物质，俗称油泥），必须使用厂家指定的不易氧化和不易变质的压缩机油，并要定期更换。

（2）安装空压机的周围必须清洁、粉尘少、湿度小、通风好，以保证吸入空气的质量。要留有维护保养空间。若空压机的环境温度高，则空压机活塞环及缸筒易磨耗，寿命降低。而润滑油更易氧化生成炭末，且输出流量也会减少。

（3）空压机启动前，应检查润滑油位是否正常。

（4）要定期检查吸入过滤器的阻塞情况。

（5）厂内仪用气或杂气由于压力、温度等指标相对稳定，对此规范要求相对较少，但在运行中应注意液态水或油的具体控制。

（6）对于厂内杂气并非完全不可用，可在出气口位置多加几级气水分离器，以保证空气质量。

二、压缩空气的冷却、存储系统

1. 后冷却器

厂内压缩空气都是通过管道输送到封闭母线现场，在输送过程中，管道对热空气的流动具有散热作用，从而使管道内空气中的水蒸气冷凝成水。同时，空气中的油雾也会因为热量的散失而凝聚成小油滴，这相当于把压缩空气间接降温。因此，厂内压缩空气可较少地考虑温度引起的差异。空压机输出的压缩空气温度可达180℃，在此温度下，空气中的水分完全呈气态。对封闭母线的空压机而言，这些热量对母线的运行存在一定的隐患。应为空压机配置后冷却器，将空压机出口的高空气冷却至40℃以下，将大量的水蒸气和变质油雾冷凝成液态水滴和油滴，以便清除掉。一般空压机上都配有风冷式后冷却器。风冷式不需要冷却水设备，不用担心断水或水冻结，其占地面积小、重量轻、结构紧凑、运转成本低、易维修，但只适用于进口空气温度低于100℃，且处理空气量较少的场合。如果现场空压机长时间运转，换热效率会明显降低。尤其是在夏季，环境温度本身就高，导致空压机产生的气体温度更高。

2. 储气罐

空气经后冷却器降温后，再进入储气罐储存。无论哪一种空压机或是厂内压缩空气，都应配备储气罐一起使用，储气罐主要有以下作用：

（1）储气罐使空压机本身的稳定性更强。空压机送气的开启与停止，是依靠压力开关来维系的，没有储气罐的系统，用户的用气量频繁大幅度波动，将会使空压机的送气系统频繁开启与停止，空压机也会随之频繁启动与停止，一方面增加了阀门的磨损，另一方面也使油路气路不稳定，这就造成了机器的不稳定性。

（2）储气罐能够使空压机更加节能。空压机频繁启动，电机的启动电流非常大，一般启动电流都是正常工作电流的5倍左右，因此电能消耗也比较大。在开启与停止的过程中，空压机处于空载状态，如果这种过程比较长，浪费的能量也很多。配备储气罐的空气系统，空压机在稳定的压力下能停下来，既保证工作的连续性，也使空压机不会由于不必要的空转而浪费能量。

（3）储气罐能提高空气质量。空压机出来的压缩空气，首先送到储气罐，这里面的空气会停留一定时间，能沉淀空气中的杂质水分等异物，压缩空气的温度也得到降低，即使没有冷冻干燥机，也能送出比较优质的空气。

空压机提供气源，好像是水泵提供水源，储气罐就是蓄水池。储气罐能根据设定将气压衡定在某一压力范围之内，缓冲气压的波动，减少空压机的启动次数。

（4）储气罐能够提供稳定的气源。有了储气罐，空压机输出空气有个缓冲地方，气源就能较好保持在一个设定值，用气系统能得到恒定的压力，这对于现代化工厂的使用非常必要。

虽然理论上讲，有些空压机不需要配备任何储气罐就可以单独工作，但在实际应用中，配备储气罐对空压机的使用非常关键。

对于厂内气源也应配备储气罐，其主要原因为，厂内仪用气（或杂气）一般都是通过小口径管道输送到现场，在狭小的管道内，水分、油雾等杂质因空间、体积较小而被迫结合、凝聚在一起，形成颗粒、比重都比较大的固态颗粒，因此，厂内气源都含有较大颗粒的水滴和油雾。当进入到储气罐后，由于空间的瞬间增大，压缩空气中颗粒、比重较大的物质受重力影响会向下沉降于储气罐的最底端，而质量较轻的空气则漂浮于储气罐的上端，起到了空气初步分离和净化的效果。储气罐下部的水滴、油滴等混合物再以手动或自动的方式排出罐体，而上端的空气在下游过滤器和干燥器中进一步净化、干燥，以供封闭母线保护使用。如不加装储气罐易造成气源脉动大、气源供气量不足，致使微正压装置的供气量减小。由于电厂气源质量参差不齐，很多电厂打开供气阀门后气体中大多掺杂着油质、水锈等杂质。没有储气罐的初步分离，短时间内这种不合格的气体就会大量进入下游过滤器和干燥器内，缩短下游过滤系统的使用寿命。使得保护装置无法输出干燥、洁净的气体，影响封闭母线的运行安全。

对于储气罐的选型，应以立式储气罐为最佳，立式储气罐因具有高度上的优势，空气分离的效果会相对较好，圆形的底部更容易收集水锈和杂质，便于杂质的集中排放。工作于一线的运行、维护人员经常会注意到这样一种情况，往往储气罐排出的水比保护装置排出的水还要多，这也大大减轻了下游过滤、干燥系统的负担，保证了气源的质量和母线的运行安全。笔者对国内相当一部分保护装置调研后发现，立式储气罐容积 300L，保护压力 1.0MPa 的立式储气罐，完全适用于所有保护装置理论上的设计压力与流量，符合通用的条件。

3. 使用注意事项

（1）冷却器要有防止风扇突然停转的措施，要经常清扫风扇、冷却器的散热片。

（2）要定期检查压缩空气的出口温度，发现冷却性能降低，及时找出原因并予以排除。

（3）储气罐属于压力容器，应遵守压力容器的有关规定，必须有产品耐压合格证明。

（4）储气罐上必须安装有安全阀、压力表，且安全阀与储气罐之间不得再装其他阀门。最低处应设置排水阀，定期手动或自动排水。

三、气源处理系统

无论是空压机还是厂内气输出的压缩空气中，都含有大量的水分、油分和粉尘等，必须要将其清除，以避免它们对保护装置或封闭母线的正常工作造成隐患。压缩空气中的水分、油分和粉尘等会有如下危害：

变质油分的黏度增大，从液态逐渐固态化而形成焦油状物质。它会使橡胶及塑料材料变质和老化；积存在后冷却器、干燥器内的焦油状物质，会降低其工作效率；阻塞小孔，影响原件功能；造成气动元件内的相对运动件的动作不灵活；焦油状物质的水溶液呈酸性，会使封闭母线内铝制材料受到腐蚀，污染内部环境和绝缘子。

水分会造成充气、取样管道及母线铝材的氧化生锈，使部分气动元件内的弹簧失效或断裂；在寒冷地区以及在原件内的高速流动区，由于温度太低，水分会结冰，造成元件动作不良、管道冻结或冻裂；管道及原件内滞留的冷凝水，会导致原件流量不足、压力损失增大，甚至造成充气阀、排水阀等相关原件的动作失灵。

锈屑及粉尘会使相关气动原件及阀门类磨损，造成气动元件动作不良，甚至卡死；灰尘会加速过滤器滤芯的堵塞，增大流动阻力；粉尘会加速封闭母线密封件的损伤，导致母线泄漏。

液态油水及粉尘从排气口排出，会污染现场环境以及运行现场周边设备的运行工况。

空气品质不良是封闭母线出现故障的主要因素之一，它会使母线的运行可靠性大大降低，由此造成的损失会大大超过气源处理装置的成本和维护费用，封闭母线运行中需要的高品质的压缩空气，绝对不许含有化学药品、有机溶剂的合成油、盐分和腐蚀性气体。因此，封闭母线的保护装置应正确选用以下气源处理系统及其原件是非常重要的。

1. 初级过滤器

初级过滤器设置在所有空气处理元件的最前端，也叫一级过滤器，它的主要作用是清除压缩空气中的油污、水和粉尘等，以提高下游过滤器或干燥器的工作效率，延长精密过滤器的使用时间。主要技术参数见表7-7。

表 7-7　一级过滤器主要技术参数

额定流量	1500L/min
额定流量下的压降	0.01MPa

使用压力范围	0.15~1.0 MPa
过滤精度	5~3 μm（去除95%）
环境和介质温度	5~60℃
过滤元件寿命	使用两年或两端压力降大于0.1MPa时更换滤芯

在选用初级过滤器时，应根据通过初级过滤器的最大流量不超过其额定流量的原则，来选择初级过滤器的规格，并检查其他技术参数也要满足使用要求。若通过流量过大，则通过滤芯的流速过大，会将凝聚在滤芯上的液体吹散，流向二次侧，反而造成下游过滤元件的污染。同时，在使用中应注意以下几点：

（1）要保证初级过滤器气源的稳定，尽量减少脉动的情况发生。

（2）用压差表测定过滤器两端的压力降，当压力降大于0.1MPa时，应考虑更换滤芯或过滤元件。

（3）初级过滤器要垂直安装，安装中要考虑自动排水、手动排水两种功能。在自动运行情况下，采用自动排水功能。当出现异常情况时，可采用人工定期排水方式，将过滤器内的污物及时排出，以防污物流向下游。

2. 二级过滤器

可分离掉初级过滤器或其他过滤器难以分离掉的0.3~5μm气状溶胶油粒子及大于0.3μm的锈末、碳粒。安装在冷凝式干燥器或其他干燥器之后较为合适。主要技术参数见表7-8。

表7-8　二级过滤器主要技术参数

额定流量	1500L/min
额定流量下的压降	0.027MPa
使用压力范围	0.05~1.0 MPa
过滤精度	0.3μm（去除95%）
环境和介质温度	5~60℃
过滤元件寿命	使用两年或两端压力降大于0.1MPa时更换滤芯

二级过滤器与初级过滤器的选用原则完全相同，但需要注意的是，二级过滤器一定要安装在初级过滤器的后面，顺序不能颠倒，才能有效提高过滤器的过滤效果及使用寿命。在用于压力没有脉动的情况下，要尽量靠近使用端安装，滤芯内外压差不得超过0.1MPa。

3. 三级过滤器

三级过滤器可去除压缩空气中的气态油粒子，能把有油雾的压缩空气变成无油压缩空气，具备可清除 $0.01\mu m$ 以上的气状溶胶油粒子以及 $0.01\mu m$ 以上的碳粒和尘埃。可作为精密计量测量用的高清净空气为封闭母线以及对无油要求很高的机器所用。主要技术参数见表 7-9。

表 7-9 三级过滤器主要技术参数

额定流量	1000L/min
额定流量下的压降	0.014MPa
使用压力范围	0.05~1.0 MPa
过滤精度	0.01μm（去除95%）
环境和介质温度	5~60℃
输出油雾浓度	油饱和前 $0.01mg/m^3$ 油饱和后 $0.1mg/m^3$
过滤元件寿命	使用两年或两端压力降大于 0.1MPa 时更换滤芯

三级过滤器的选用原则与前两级过滤器的选用原则相同。但需要注意的是，输入的空气必须要有一定的洁净度，这样才能保证过滤的效果。过滤器的输入口和输出口必须正确，否则影响过滤精度。在三级过滤器之前，必须要有初级和二级过滤器做前置，这样才能得到符合技术要求的洁净空气。切不可将三级过滤器当作二级过滤器直接使用，这会大大缩短三级过滤器的使用寿命。

四、干燥器

压缩空气经后冷却器、储气罐、多级过滤器得到初步净化后，仍含有一定量的水蒸气，充气管路在充气过程中，过滤元件存在高速流动区域（如一、二、三级过滤器的孔口处）或气流发生绝热膨胀处，温度会下降，空气中的水蒸气就会冷凝成水滴，这对封闭母线的运行和保护会有不利影响。因此，在保护装置中，必须进一步清除压缩空气中的水蒸气。干燥器就是用来进一步清除水蒸气的，但不能依靠它清除油分。国际上目前通用的干燥器主要有吸附式、冷冻式和高分子隔膜式三种。

1. 吸附式干燥器

图 7-25 是无热再生吸附式干燥器的工作原理，其中的吸附剂对水分具有高压吸附、低压脱附的特性。为利用这个特性，干燥器有两个充填了吸附剂

的吸附筒 T_1 和 T_2，除去油雾的压缩空气，通过二位五通阀，从吸附筒 T_1 的下部流入，通过吸附剂层流到上部，空气中的水分在加压条件下被吸附剂层吸收，干燥后的空气，通过单向阀，大部分从输出口输出，供保护装置及封闭母线系统使用。同时，占 10%~15% 的干燥空气，经固定节流孔 O_2，从吸附筒 T_2 的顶部进入。因吸附筒 T_2 通过二位五通阀和二位二通阀与大气相通，故这部分干燥的压缩空气迅速减压，流过 T_2 中原来吸收水分已达到饱和状态的吸附层，吸附剂中的水分在低压下脱附，脱附出来的水分随空气排至大气，实现了不需外加热源而使吸附剂再生的目的。由定时器周期性的对二位五通电磁阀和二位二通电磁阀进行切换（通常 5~10s 切换一次），使 T_1 和 T_2 定期地交换工作，使吸附剂轮流吸附和再生，便可得到连续输出的干燥压缩空气。

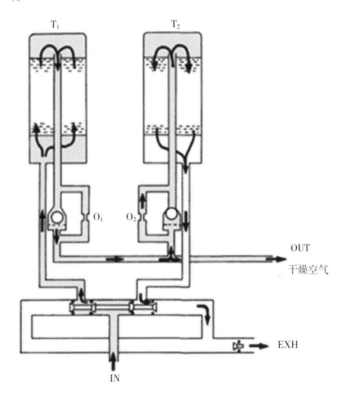

图 7-25　无热再生吸附式干燥器工作原理

众所周知，吸附式干燥器根据吸附剂的再生方式、再生温度的不同，大致可分为无热再生式、加热再生式、微热再生式干燥器三种。国内大量使用的封闭母线保护装置的核心部件——吸附式干燥器全部采用的是无热再生的干燥方式（强迫空气循环干燥装置使用了加热式）。内部填充 5A 分子筛，

分子式为 $3/4CaO \cdot 1/4Na_2O \cdot Al_2O_3 \cdot 2SiO_2 \cdot 9/2H_2O$。5A 分子筛是一种合成颗粒，其主要成分是三氧化二铝（Al_2O_3）、氧化钙（CaO）等有效成分，CaO 在充分吸收水分后，就会有潮解现象，即便采用高质量的压缩空气对其进行还原反应，也不可能将氧化钙（CaO）完全还原，只能是带走一部分微量的潮气。氧化钙（CaO）的还原反应是一个吸热的过程，还原需要吸收大量的热量。因此，对吸附剂的再生，不能只局限于用压缩空气将水分带走。同时，无热再生吸附式干燥器普遍设计体积较小，设计流量最大不足 $1m^3/min$，加之吸附剂层层叠加、阻塞，会产生很大的压力降，损失大量的压缩空气气源。以无热再生吸附式干燥器为主的保护装置，在充气量上，要远远小于实际的需求量，这是导致这类保护装置频繁出现故障的原因所在。因此，笔者建议在选用这种无热再生的保护装置时，应谨慎考虑。

无热再生吸附式干燥器是通过气体压力及运行工况的变化，使吸附剂——分子筛的吸附过程在高压下进行，分子筛释放水分即再生过程在常压下进行。互相切换的工作周期只有 $5\sim10s$，干燥机一般装置体积小、制造简单、再生气源消耗量大，所需的吸附、再生气源又全部来自成品气，故再生气耗量大，一般耗气量为 $15\%\sim20\%$。加热再生式干燥器工作周期在 $8h$ 以上，吸附容量大、工作周期长，能制取低露点的干燥空气，但装置体积较大，且再生时需消耗较多的电能或蒸汽，加热再生式干燥器的大部分或全部解吸能取自于被加热的环境空气，加热温度一般为 $120\sim150℃$，但吹冷阶段则仍全部使用成品气，其再生气耗比一般为 $4\%\sim8\%$。微热再生式干燥器，是在无热再生的基础上，对再生气进行适当加热，提高再生温度，以减少再生气耗量，该装置再生耗量小，经济性好。微热再生式干燥器，以加热器放在干燥器内、外又分为内微加热再生式和外微加热再生式干燥器。内微加热再生式干燥器将加热器放置在干燥机器内部，可充分利用加热器的能量干燥吸附剂。其再生气耗一般为 2% 左右。从三者的比对性能来看，以吸附式为主的保护装置应尽量采用内微热再生干燥器或加热再生式干燥器，既可以延长分子筛的使用寿命，又可确保空气的质量。而国内目前正在使用的吸附式微正压装置，设计上全部采用的是无热再生的工作方式，其产生气源的质量和使用周期都会有很大的折扣。甚至在有些电厂，分子筛更换仅一个月，就出现露点指示剂变色、潮解等异常现象。有些机组甚至在充气管路中出现滴出水珠的现象。这种设计上的缺陷，必然会影响封闭母线内空气的质量。有些生产供应商，将吸附剂分子筛的使用年限通常说成 4 年以上。其实，如果单纯采用无热再生技术，分子筛最多只能使用半年就需要更换，使用 4 年的说法，存在明显的夸大和误导成分。

在选择使用无热再生吸附式干燥器时，应注意以下几点：

（1）进出口不得装反，在进气口前置应安装初级过滤器，在出气口位置安装二级过滤器和三级过滤器。否则，压缩空气中的油雾和灰尘以及过量的水等将使吸附剂的毛细孔阻塞，使吸附能力下降，使用寿命变短。

（2）采用这种干燥器时，一定要设置旁路系统，以便保护装置的全天候运行。

（3）吸附剂长期使用会粉化，应在粉化之前予以更换，以免粉末混入压缩空气中。

（4）减压阀不得装在干燥器的前置位置，因为在低压状态下，吸附剂的除湿能力无法发挥出来。

2. 冷冻式干燥器

冷冻式干燥器是利用冷媒与压缩空气进行热交换，把压缩空气冷却至2~10℃的范围，以除去压缩空气中的水分。

图 7-26 是冷冻式干燥器的工作原理，潮湿的热压缩空气，经初级过滤器初步分离过滤后，再流入冷却器冷却到压力露点 2~10℃，在此过程中，水蒸气冷凝成水滴，经自动排水器排出。除湿后的冷空气，通过热交换器，吸收进口侧空气的热量，使空气温度上升。提高输出空气的温度，可避免输出口管外壁结霜，并降低了压缩空气的相对湿度。把处于不饱和状态的干燥空气从输出口吹出，供保护装置使用。只要输出空气温度不低于压力露点温度，就不会出现水滴。压缩机将制冷剂压缩以升高压力，经冷凝器冷却，使制冷剂由气态变成液态，液态制冷剂在毛细管中被减压，变成低温易蒸发的液态，在热交换器中，与压缩空气进行热交换，并被汽化。汽化后的制冷剂再回到压缩机中进行循环压缩。容量调整阀是通过旁通管路，把高温制冷剂（气态）与进入热交换器的低温制冷剂进行导通，调整至合适温度，以适应处理空气量的变化或改变压力露点。蒸发温度表显示制冷剂低压侧温度。

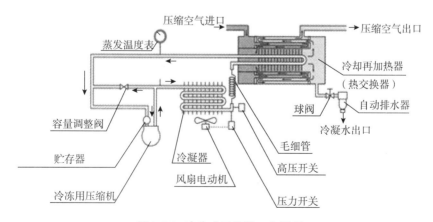

图 7-26　冷冻式干燥器工作原理

冷冻式干燥器适用于空气处理量大、压力露点温度为 2~10℃ 的场合。它具有结构紧凑、占用空间较小、噪声低、使用维护方便和维护费用低等优点，但在选用冷冻式干燥器时，应注意保护装置放置的现场环境不要出现下列情况：

（1）不要放置在日晒、雨淋、风吹或相对湿度大于 85% 的场所；不要放置在灰尘过多、有腐蚀性或可燃性气体的环境中；不要放置在有震动、冷凝水有冻结危险的地方；不要离壁面太近，以免通风不良；不得已需在有腐蚀性气体的环境中使用，应选用铜管经防锈处理的干燥器或不锈钢热交换器型的干燥器，应在 40℃ 以下环境中使用。

（2）压缩空气的进出口不要接错。为便于维修，要确保维修空间，并应设置旁通管路。要防止空压机震动或厂内压缩空气的脉动传给干燥器，配管重量不要直接加在干燥器上。为防止出口配管表面结霜，配管外应包上绝热材料。

（3）排水管不要向上立着，不要打折或压扁。若使用自动排水器，应经常检查排水功能是否正常。要经常清扫冷凝器上的灰尘等；要经常检查冷媒的压力，可判断冷媒是否泄漏及冷冻机的能力是否有变化；要检查排出冷凝水的温度是否正常。

（4）压缩空气质量差，如混入大量灰尘和油分，这些脏物或黏附在热交换器上，降低其工作效率，同时排水也易失效。因此，其前置位置必须要配置初级过滤器，并要确认一天排水不少于一次。

（5）干燥器的通风口每月要用吸尘器清扫一次。

3. 高分子隔膜式干燥器

图 7-27 是高分子隔膜式干燥器的工作原理，特殊的高分子中空隔膜只让水蒸气透过，空气中的氮气和氧气不能透过。当湿的压缩空气进入中空隔膜内测时，在隔膜内外侧的水蒸气分压力差的作用下，仅水蒸气透过隔膜，进入中空隔膜的外侧，出口便得到干燥的压缩空气，利用部分出口的干燥压缩空气，通过极细的小孔降压，流向中空隔膜外侧，将水蒸气带出干燥器外。因中空隔膜外侧总处于低的水蒸气分压力状态，故能不断进行除湿，水蒸气是以潮气的形式排出中空隔膜，而不是以液态水的形式排出，不需设置专门的排水器。高分子隔膜式干燥器广泛应用于机床、机密测定机器、包装机械、食品机械、防止控制盘内结露等一些高精尖设备使用中。

高分子隔膜式干燥器具有体积小、重量轻、无需排水器，带路点显示器，不用氟利昂，不用电源，除水率高，输出空气的大气压露点可达 -60℃，无震动，无排热，使用寿命长，安装方便，初级过滤器、二级过滤器可以组合使用等诸多优点。其输入流量为输出流量与分流流量之和，分流流量占输入流量的比例越大，则输出空气的大气压露点越低。国内推出的高分子膜式

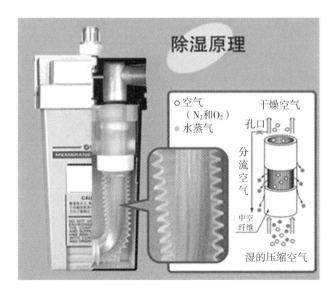

图 7-27　高分子隔膜式干燥器工作原理

微正压装置，就是根据这些优点而被采用，其最大优点在于其核心部件高分子膜式干燥器不需要电源控制，避免了干燥器因长时间通电而烧毁的事故隐患。它可以 24 小时不间断对母线充气，对封闭母线密封不严的状况极为实用。其除湿特性主要是依靠高分子材料制作的高分子膜特殊结构，这种结构只允许干燥的压缩空气通过，而将压缩空气中的水分子分离出来，工作指标最高可达-40℃左右（大气压露点温度）。在使用高分子隔膜式干燥器时应充分考虑以下几点：

（1）按照干燥器上的箭头方向安装。

（2）该干燥器要消耗一定量压缩空气，将水蒸气从外罩和露点显示器处吹出。若处于湿态的分流流量不能排至周边环境时，可以安装排出分流流量的接头，用管子将这些湿空气引至外部空间排出。

（3）本干燥器的一次侧，必须安装一级过滤器和二级过滤器，以清除进口空气中的油分。

（4）进口空气温度应低于环境温度，以避免内部积存水滴，使除湿能力下降。

（5）低露点（-40℃）空气的配管应使用不锈钢或聚四氟乙烯材质，不要使用尼龙管、聚氨酯管，因尼龙管易受周围空气的影响，使二次侧配管末端可能达不到低露点。

（6）露点显示器蓝色为正常，露点温度高时为粉红色，若混入油分多则为茶色，粉红色成茶色时更换显示器及高分子隔膜。

五、控制系统

控制系统主要包括对封闭母线内部空气质量和环境的监测，以及可控充气部分及其他部分。对空气质量和环境的监测一般采用压力传感器和数控显示仪表，可控充气采用充气电磁阀。其他部分一般包括空压机的定时启动，以及统一排污的管理等。

1. 压力传感器和数控显示仪表

压力传感器的主要作用是监测封闭母线内部空气的压力及温湿度值，并将气控信号直接转变成电信号，通过数控仪表将电信号转变为可读数据，使运行维护人员直接掌握母线泄漏量及内部空气质量。母线内部空气的压力、温湿度决定着封闭母线绝缘值的高低，湿度越大，母线内绝缘下降的概率就越高，反之就低；压力值越高，母线密封得越好，反之，压力值低，说明封闭母线密封存在泄漏情况。同时，压力传感器和数控显示仪表要具备信号输出功能，当封闭母线内压力和湿度达到相应值时，压力传感器和数控显示仪表要及时输出可控信号，驱动充气电磁阀开启或者关闭，起到对封闭母线保护的作用。主要技术参数见表 7-10。

表 7-10 压力传感器和数控显示仪表主要技术参数

输入电源	220V
显示压力	300~2500Pa（可调）
压力控制范围	0~10000Pa
控制精度	FS±1%±1 字
湿度控制范围	0%~100%
湿度精度	±2%
环境温度	5~80℃

2. 充气电磁阀

在封闭母线保护系统中，充气电磁阀的主要作用是控制或调解压缩空气的开启和关闭以及压力、流量和方向，使封闭母线内获得必要的洁净空气。国内采用的充气电磁阀一般有两种，一种是常用普通常闭型电磁阀，另一种是五位两通脉冲电磁阀。普通常闭型电磁阀在国内早期的保护装置中较为常见，由于受到封闭母线密封性能的影响，导致该阀的单线圈长时间带电或频繁带电，损坏率极高。据统计，在早期的封闭母线保护装置中，电磁阀的损坏率约占 98%以上，是所有备件中更换频率最高的元器件。因此，笔者建议不再使用这种普通常闭型电磁阀。五位两通脉冲电磁阀在国内后期使用的保护装置中，以其独特的设计，合理的工艺，成为保护装置中充气电磁阀的首选。该阀无论是开启或是关闭，均只受脉冲信号控制，带电时间仅为17ms，断电后阀杆依然可保持断电前的位置和工作状态，直到另一线圈带电17ms后，阀杆才进入到另一种工作状态。这种电磁阀可针对封闭母线三种密封状态中的任何一种，具有极强的适应性和针对性。主要技术参数见表7-11。

表7-11　五位两通脉冲电磁阀主要技术参数

使用流体	空气·惰性气体
环境及介质温度	-5~50℃
保护措施	防尘
额定电压	AC220V±10%
使用压力范围	0.15~1.0MPa
响应时间	17ms
运行寿命	100万次

选用五位两通脉冲电磁阀时，应放置在二级过滤器或三级过滤器的后置位置，充分考虑压缩空气的温度、洁净度以及空气质量，空气中不得含有化学药品、有机溶剂的合成油、盐分、腐蚀性气体、冷凝水、碳粉等杂质，以免造成阀座、铁芯及密封橡胶胶圈等元器件的动作不良或损坏。

3. 其他部分

国内设计的封闭母线保护装置，大都是组装而成，没有统一的控制及协调功能。举例来讲，空压机作为气源的生产、制造设备，其启停只是依靠自身配置的压力开关，排水只能依靠储气罐下的手动排水；立式储气罐也是独立的储存系统，排水也是依靠手动排水；其他过滤器和干燥器虽然具备一定的自动排水功能，但排气方式，也是杂乱无章，极不利于封闭母线保护。这种分别管理的方式给运行维护人员带来极大的不便。

严格地说，当封闭母线存在泄漏时，空压机会有长时间启动和频繁启动的现象，会影响空压机的使用寿命和气源质量。为避免这种情况的发生，控制系统应具备控制空压机定时启动和排水、排污功能。

六、管路系统

保护装置的管路系统是指充气管路和取样管路。充气管路是指由保护装置跨越一定空间向封闭母线延伸，并与封闭母线的A、B、C三相依次连接的送气管道，其主要作用是将干燥洁净的气体送入到封闭母线内。而取样管路是指由封闭母线 A、B、C 三相反向向保护装置延伸，并与保护装置的回气口连接的回气管道，其主要作用是对封闭母线内空气的温湿度及压力实施有效监控，确保母线内部环境保持在一定的规范之内。充气、取样管路通常设计成同一空间内的两根平行管路，但也有的电力企业根据现场环境的不同或保护装置空间摆放位置的不同将充气、取样管路设计成独立的分体结构。不管充气、取样管路如何设计，只要在不影响现场环境布局以及气流流动通畅、不产生风阻的情况，都是可以接受的。充气、取样管路安装如图 7-28 所示。

图 7-28　充气、取样管路安装现场

封闭母线保护装置的充气、取样管路如何安装，《GB/T 8349-2000　金属封闭母线》中没有具体的说明。每个封闭母线厂家都有自己的安装标准，且厂标与厂标之间有很大的出入。为了便于保护装置的正确操作与管理，应对保护装置的充气、取样管路做出如下规定：

1. 对三相封闭母线的充气、取样管路进行统一的连接

在众多的发电企业中，很多封闭母线的取样管路只有 B 相在单独取样，这种取样的方式是很不合理的。这是因为三相封闭母线每一相的密封时间是不同的，当微正压装置停止充气后，三相封闭母线中保压时间最短的一相会被外界的气体侵入，导致该相封闭母线呼吸现象严重，极易引发母线的单相结露事件。所以，应对三相封闭母线的充气、取样管路进行统一的安装与连接，即三相同时安装充气、取样管路。三相同时安装充气、取样管路后，当微正压装置停止充气时，三相封闭母线和充气管路会组成一个连通器，通过充气管路将三相母线内的压力缓慢均衡，起到均压的作用。压力均衡后的气体样本由取样管路回馈到封闭母线的保护装置，再由保护装置做出相应的保

护状态调整。

2. 充气、取样管路的选择

在众多的发电企业中，保护装置的充气、取样管路杂乱无章，无法形成一个统一的标准。例如，有些厂家用铜管连接，有些厂家用1/2镀锌管连接，还有的厂家用铝塑管、聚氟乙烯管等连接。为了便于管理，应将保护装置的充气与取样管路制定一个统一的标准。笔者认为，充气、取样管路采用1/2（四分）镀锌管或不锈钢管、铜管等金属管材连接最为适宜。

首先，1/2（四分）镀锌管、不锈钢管、铜管等金属管材具有一定的强度，在连接过程中本身具有一定的支撑力，在连接跨度较大的接口时有一定的优势，特别是铜管具有很好的抗腐蚀性能；金属管材、管件具有国标标准，容易配置；便于机械加工；管路连接起来比较美观等诸多优点。而铝塑管和聚氟乙烯管虽然也具有很好的抗腐蚀性能，但由于其材质比较软，在连接过程中容易发生变形及老化，容易发生泄漏。

其次，1/2（四分）镀锌管、不锈钢管、铜管的管内径与冷凝式干燥器和高分子膜式干燥器的内径相匹配，如随意增大或减小充气与取样管路的内径，会导致干燥器过滤效果下降，干燥效果不理想。

3. 充气、取样管路与封闭母线外壳的连接

根据《GB/T 8349-2000 金属封闭母线》的要求，在保护装置的充气、取样管路与封闭母线外壳的交接处，应采用橡胶或塑料管连接，橡胶或塑料软管两端采用喉箍双道勒紧，以保证此处的气密性。软管尽量采用白色透明管，还能起到监测空气质量的作用。采用此方案后，保护装置与封闭母线外壳之间达到了可拆连接，保证了母线检修阶段快速拆接的工艺要求。另外，由于封闭母线外壳存在与导体大小相等、方向相反的感应电流，充气、取样管道采用全金属连接存在一定的安全隐患。采用软管连接，可杜绝此隐患，从根本上满足绝缘与隔振的要求。

4. 每相充气、取样管路应具有独立的控制系统

目前，许多发电企业的微正压装置在充气、取样管路上没有控制系统，应在每相封闭母线的充气、取样管路中加装一手动阀门，这是因为我国的封闭母线大都采用的是微正压式封闭母线，母线在运行一段时间后，极易发生泄漏。因此，封闭母线每隔一段时间都要检测一下密封性能。在检测过程中，需要对每一相封闭母线做单独的密封试验。给充气、取样管路中加装手动阀门后，只需将需要检测的该相母线的阀门打开，而将另外两相母线的阀门关闭，即可迅速地对该相母线做出相应的检测要求。既减轻了劳动强度又缩短了工作周期。如图7-29所示。

5. 充气、取样管路安装部位的选择

充气、取样管路的安装部位应选择在室内距离A列墙0.5～1m的地方。

图 7-29 充气、取样管路软管连接及独立控制

这是因为，在 A 列墙处，由于室内、室外存在一定的温差，母线极易在此部位形成结露，给母线的安全运行带来危害（这类事故层出不穷）。将保护装置的充气、取样管路安装在这个部位，加强了母线内 A 列墙处的强制通风，使湿空气不能滞留在这段空间内。且经保护处理的空气是干燥的不饱和空气，这些空气在进入母线后，首先会吸附 A 列墙附近的空气中的水分，使之成为饱和空气，提高该处的绝缘值。同时，强制流动的空气会将此处的凝结水快速蒸发，直接起到防止 A 列墙处结露的作用。

6. 均压管的安装

当保护装置向封闭母线内部充气时，由于封闭母线三相距保护装置的距离远近不同，会导致距离保护装置较近的一相，总是最先充满气，而距离较远的母线，因压力不均匀，充气却比较缓慢。例如，保护装置以 1500Pa 压力向母线充气，距离保护装置最近的一相压力充至设定上限 1500Pa 时，中间一相压力为 900~1000Pa，最远的一相只有 400~600Pa；下一充气过程开始时，较近相 500Pa，中间相约 350Pa，而较远端一相只有 200Pa 左右。充入封闭母线的总气量不足，容易造成保护装置频繁启动，不利于系统稳定运行。

因此，可以在封闭母线充气管路下部安装一根 DN100 的钢管，两端封闭作为均压器，再由均压器上引出管道接入封闭母线 A、B、C 相，充气不平衡问题即可解决。这种方法通常运用在百万千瓦机组或密封不严的封闭母线上。

7. 安装管路系统时的注意事项

（1）充气、取样管路安装时应按现场实际情况布置，尽量与其他管线（如水管、油管、暖气管等）电线等统一协调、布置。

（2）充气、取样管道应沿墙或柱子架空铺设，其高度不应妨碍运行，又便于检修。如果不具备上述条件，可将充气、取样管路铺设于地面，但要做好相应的防护和提示标志，以免妨碍运行。

（3）管道对空气的流动具有一定的散热作用，如果环境温度过低，会使管道内的水蒸气二次凝结成水。为便于将水分排出，顺气流方向，管道应向下倾斜，倾斜度为 1/100~3/100，并在管道的最低位置安装排水阀门。为防止长管道产生挠度，应在适当部位安装管道支撑，见表 7-12。管道支撑不得与管道焊接在一起。

表 7-12　管道支撑间距

管道内径（mm）	≤12	10~25	≥25
支撑间距（m）	1	1.5	2

（4）充气、取样管道装配前，管道接头和原件内的通道必须充分冲洗干净，不得有毛刺、铁屑、氧化皮、密封材料碎片等污染物混入管道系统中。安装完毕，应做气封检查。

（5）使用金属管材时，应充分考虑到热胀冷缩，防止管道发生变形。

七、自动排污系统

保护装置的整套运行系统，从空气的生产、储存、过滤、净化甚至充气，每一个步骤和环节上都有大量的冷凝水和油雾产生，自动排污系统就是将所用系统中产生的冷凝水或污物统一收集，集中排放。

国内目前使用的封闭母线保护装置，大部分都是组合产品，并没有统一系统总成。空压机、储气罐、保护装置控制柜（内包括一、二、三级过滤器、干燥器等）都是独立工作，独立排水、排污机构，且大部分都是手动排污，没有自动统一的自动排水、排污功能，给现场的管理带来一定的不便。如果排水、排污不及时，必然会影响到空气的过滤、净化效果。国内曾发生过多起因保护装置误将水和油充入到封闭母线内而导致母线绝缘下降或跳机的事故。因此，设置组合的自动排污系统就尤为重要。其具体操作办法有以下几项：

1. 空压机排污

在空压机储气罐的最下端均留有手动排污口，在该排污口上加装三通，三通的一端加装一手动阀门，另一端加装手动阀门与电磁阀组合体。如图 7-30 所示。这样设置有以下优点：

（1）可采用电磁阀定时自动排污。当电磁阀出现故障时，可将电磁阀前的前置手动阀门关闭，将电磁阀拆下维修或更换后，重新安装电磁阀，再恢复定时自动排污功能，可防止人工排水被遗忘而造成压缩空气被冷凝水重新污染。这样，可在不断气、不影响设备运行的情况下快速对排水系统进行必要的维修与更换。

（2）可手动排污。当自动排污系统出现异常时，可对设备进行人工手动排污，最大限度地确保气源的质量。

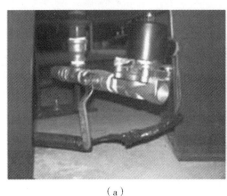 

（a）   （b）

图 7-30   储气罐手动、自动排污现场安装

2. 储气罐排污

在储气罐的最下端也留有一排污口，采用与空压机排污同样的工艺，在排污口上加装三通，三通的一端加装一手动阀门，另一端加装手动阀门与电磁阀组合体。工艺同上。

3. 保护装置控制柜内排污

保护装置的一、二、三级过滤器以及干燥器全部都安装在控制柜内。每一级过滤器和干燥器都能排出大量的污物，这些污物如不及时清除，会污染现场运行环境，同时，也会对过滤器及干燥器本体造成污染，影响空气的过滤效果。对排出的污秽物要统一收集、排放，而不能随意排放。

将空压机排污系统、储气罐排污系统以及过滤器、干燥器的所有排污系统用管道加以连接，使之成为一个完整的、统一的整机排污系统总成，并加以集中控制。在保护装置控制柜内的电控箱内，加装以时间控制的定时排污系统一套。系统设置为：每 3 小时排污系统启动一次，启动排污时间为 3～10 秒。这样，可最大限度地预防人工排水被遗忘而造成二次污染。将排污系统总成的下游排污管道与现场最近的下水管道或排污管道相连，使整个保护系统的所有排泄物达到集中排放的目的。

八、保护系统

封闭母线密封过于严密或充气压力过快、过大，都会出现母线内的压力膨胀现象。母线内气体压力过大，会造成母线局部的变形，直接或间接影响母线的绝缘性能，甚至对封闭母线的硬件设施造成损坏。在有些电力企业，运行、维护人员对封闭母线过压的预防工作过于淡漠，没有将这项工作归纳到工作巡视范畴内，根本就没有意识到母线内超压会有如此大的危害。甚至在有些企业，将保护装置随意改造，将 0.7MPa 厂内仪用气经硅胶罐简单过滤后直接充入到封闭母线内，而且不加以任何过压保护，这都存在着严重的事故隐患。国内曾有企业，将厂内仪用压缩空气直接连接到封闭母线内，导致封闭母线发生变形的案例。

1. 封闭母线过压的原因

（1）经保护装置充入到封闭母线内部的空气，吸收母线内大量的热量，受热胀冷缩的作用，导致空气剧烈膨胀，膨胀压力最高可达 7800Pa。这是笔者掌握的实际数据，不排除有更高的压力产生。这种膨胀效果通常只在密封良好的封闭母线内发生，而在微漏或严重泄漏的封闭母线内，这种膨胀压力却很少发生。其主要是在密封性不好的封闭母线本体上有大量的泄漏点，将这种膨胀压力释放出了所致。这种膨胀压力带来的危害是破坏母线上密封相对薄弱的部位，例如，密封胶涂抹的较薄弱的部位、橡胶密封垫老化的部位等，从而破坏母线的密封结构。封闭母线发生泄漏，经呼吸作用将母线外含有大量水汽的空气吸入母线内，从而导致绝缘下降。国内密封良好的封闭母线之所以数量较少，与这种膨胀压力的破坏有很大关系。

（2）保护装置的充气压力过高、过快，导致封闭母线整体耐压强度降低。众所周知，封闭母线外壳是由铝制板材卷制而成，当过高的压力以较快的速度充入到封闭母线内，封闭母线内的压强迅速增大、压力升高，母线内高压气体迅速膨胀并以高速释放内在能量，造成空气分子对封闭母线外壳形成高速撞击。由于封闭母线只是简单的铝板卷筒，并不像压力容器一样具有泄压功能。铝板在吸收空气分子的内能后，铝板会产生强大的内应力，使铝板发生强烈变形。这种超压现象在密封良好、密封合格的封闭母线内都会有发生，而对于严重泄漏的封闭母线发生概率相对较低。

案例

2011 年，辽宁某电厂#1 机组停机检修，工期 25 天，在停机设备巡检时，封闭母线系统一切正常。经过 22 天设备检修，所有检修工作按期完成，于是开始启机前的准备工作：封闭母线热风保养投入，母线绝缘测量，一切正常。第三天再进行设备巡检，检查设备时发现封闭母线整体倾斜将近10度，封闭母线穿墙固定支架向墙外延伸5mm。经有关人员现场勘查，现场地面未发生沉降，但钢筋基础之间已被撕裂，伸缩节被拉伸将近8mm，破坏力之大可以想象，而且是均匀放射性，于是将重点放在封闭母线内压力超标上。检查封闭母线保护装置运行正常，各压力控制器准确。在对运转员进行工序排查时发现，启机前投放热风保养装置时，忘记打开手动排气阀，而这一小小失误，导致热风保养时内部气体无法排除，直接导致系统持续过压，造成几十万元的经济损失。

由这次事故我们可以看出，封闭母线内部过压，对母线具有严重的危害性。因此，对封闭母线的过压保护设计，就显得尤为重要。

2. 保护方式种类

封闭母线保护系统的主要作用就是将封闭母线内部超高的压力释放掉，使封闭母线内部保持相对稳定的压力，防止压力过大对外壳造成冲击。对母线的泄压保护不应仅仅只局限于单一的一种泄压方式，应配置几种不同的方式应对，以确保其安全性和可靠性。笔者认为，应配置以下几种泄压方式较为合理：

（1）电子泄压保护。当母线内压力超过3500Pa时，以断电的方式，将保护装置的充气系统强制关闭，确保没有过量的气体被误充入到封闭母线内。

（2）气压泄压保护。当母线内压力超过3500Pa时，启动气压泄压电磁阀，将母线内过高的压力释放出母线，起到气动保护的目的。

（3）液压泄压保护。当母线内压力超过500Pa时，启动液压控制的保护装置，以液压释放压力的形式将母线内过高的压力释放出母线，起到液压保护的目的。

液压泄压保护是将一种无毒、无味、高密度、不挥发的透明液体甘油装在圆柱体容器内，通过精密换算，以一定的液位高度密封住母线内的气体的一套装置。国外进口到国内的机组，常见这种保护技术。

在安装配置以上三种保护装置时，要将电子泄压保护安装在充气管路中，将气压泄压保护安装在取样管路中，液压泄压保护有安装条件的尽量与封闭母线本体直接相连，不具备安装条件的，应与气压泄压保护装置一同串联在取样管路中。这样，可对封闭母线实施多方位、多角度的立体保护。

国内对封闭母线实施具体保护的保护装置不多，多数保护装置所谓的保护只是简单地控制一下空压机的频繁启动和超载，而对封闭母线保护起到实质作用的却很少。目前，国内的开放式微风循环正压装置和部分冷凝式微正压装置真正做到了这三种保护，走在了母线保护技术的前沿。

九、液态水检测系统

液态水检测系统是专门检测封闭母线内已经发生凝结的结露水或是其他原因侵入封闭母线的液态水。由于封闭母线是一个全封闭的金属外壳，母线内发生重大结露、凝结现象时，母线内会出现大量的液态水聚集在母线的最底端，这些液态水仅凭借目测是很难及时发现并消除的。因此，封闭母线应安装一套液态水监测系统。

1. 液态水检测系统的优点

可及时发现封闭母线内部突然出现的大量不明液态水，排泄并报警，提醒运行、维护人员准确分析、判断液态水的来源及出处，确保机组的运行安全。该系统不仅可以监测母线内因结露凝结出的凝结水，还可以监测发电机因其他原因泄漏至封闭母线内的液态水，从而起到至关重要的保护作用。

2. 液态水检测系统的安装位置

基于前文中液态水检测系统的功能，因此，在安装位置上要有明确的选择。一般应在每一相封闭母线的主变和高厂变面向来向位置安装。如图7-31所示。

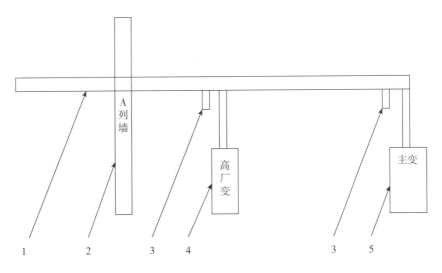

1——离相封闭母线　2——A列墙　3——液态水检测系统　4——高厂变　5——主变

图 7-31　液态水检测系统安装示意图

国内曾有企业要求在离相封闭母线室外最低位置焊接排水管，目的是将母线内部产生的凝结水释放出封闭母线，达到减少母线内水分含量，防止结露、快速提高绝缘的目的，这种做法收效甚微。这与升高座上加装排污管反而导致升高座结露现象同理。在最低位置焊接排水管，虽然能将封闭母线内部的凝结水释放出一部分，但能够释放出凝结水，说明封闭母线内已经积存了大量的凝结水，这些水大部分存在于母线的水平段，而并非仅仅只存在于垂直段，能够排泄出的只是一小部分，而大部分依然驻留在母线内，母线在遇到阳光暴晒、负载电流变大等条件变化时，驻留在母线内的水分会形成二次蒸发，在水域周边附近形成一层致密的水膜，水膜会破坏固态物体的表面绝缘，引发绝缘下降或跳机事故。同时，在母线上焊接排水管，等同于在母线上多开了一些孔洞，如若这些孔洞处理不善或保护不当，还会无形中增加封闭母线泄漏的隐患，使母线内外的空气能够自由置换，得不偿失。

案例

2017 年 12 月 19 日，国内某发电企业 4 号机组发电机出口封闭母线 C 相接地，发电机定子接地保护动作，出线开关跳闸。

1. 事件详细经过

2017 年 12 月 19 日，4 号机组负荷 240MW，煤量 100T/H，42 号、43 号、44 号、45 号磨组运行，41 号磨组备用。41 号、42 号气泵运行，43 号电泵备用。机组各参数稳定，运行正常。4 号机发变组保护 A、B 柜保护正常投入。封闭母线微正压装置投入。

18 时 24 分，4 号机机组跳闸报警，发电机解列。4 号发电机出线开关跳闸，机组 MFT。CRT 上"发变组（A 柜）第一套定子接地保护跳闸""发变组（B 柜）第二套保护定子接地保护跳闸"光子牌发出，就地检查发变组保护屏，A、B 柜均发"定子零序电压保护动作"。

立即检查主机交流油泵、电泵联启正常，汽轮机转速下降。汇报省调，出线开关转冷备用，拉开出线刀闸。

2. 事件后检查及处理情况

（1）保护装置二次设备检查处理。12 月 19 日 18 时 24 分 17 秒 4 号机发电机定子接地信号发出，检查发现 RCS-985A 发变组保护 A、B 柜基波零序电压定子接地保护动作出口跳闸，动作时间 500 毫秒。

1）发变组保护检查情况。发变组保护 A 屏保护动作信息检查，12 月 19 日 18 时 24 分 17 秒 715 毫秒，定子接地保护动作，出口跳闸，见图 7-32。

发变组保护 B 屏保护动作信息检查，12 月 19 日 18 时 24 分 17 秒 715 毫秒，定子接地保护动作，出口跳闸，见图 7-33。

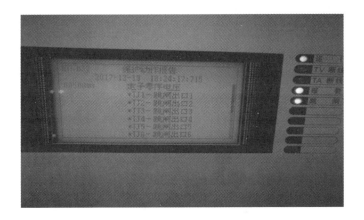

图 7-32　发变组保护 A 柜保护动作信息

图 7-33　发变组保护 B 柜保护动作信息

2）故障录波图检查情况。检查录波图发现，18 时 24 分 18 秒 300 毫秒收到第一套定子接地保护跳闸信号，18 时 24 分 18 秒 320 毫秒收到第二套定子接地保护跳闸信号。

检查 A 柜保护动作时，零序电压：机端零序电压 8.29V，中性点零序电压为 8.13V。

检查 B 柜保护动作时，零序电压：机端零序电压 8.29V，中性点零序电压为 8.13V。

3）打印保护装置跳闸报告信息。发电机定子零序电压值为 8.29V（保护定值为 8V），属于正确动作。同时从故障记录可以看出，发电机机端电压 A、B、C 三相分别为 58.42V、67.30V、54.09V。

4）查看 CRT 画面行发电机零序电压的 DCS 历史趋势。发电机零序电压从下午 14 时开始波动并缓慢上升，到 18 时 24 分时上升到 8V 以上，与发变组保护动作情况一致，见图 7-34。

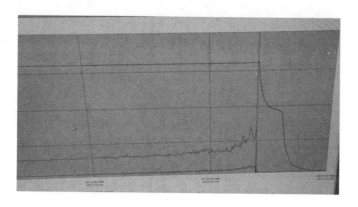

图 7-34　DCS 画面中机端零序电压历史趋势

（2）发电机一次设备检查处理。

1）对 4 号发电机及封闭母线绝缘进行测量，绝缘为 0.1MΩ。

2）将 4 号发电机出线与封闭母线的软连接拆开，测量发电机绝缘电阻为 380MΩ，测量封闭母线及高厂变主变绝缘电阻为 0.1MΩ。同时发现发电机 C 相出线与封闭母线软连接的盘式绝缘子处有结露积水的现象，见图 7-35。

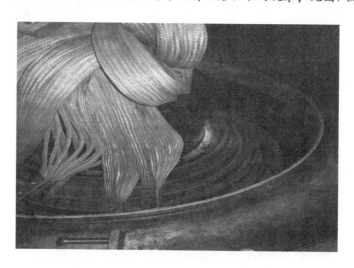

图 7-35　发电机出线箱 C 相盘式绝缘子

3）将主变及高厂变与封闭母线的软连接处拆开，测量 A、B 相封闭母线绝缘电阻均大于 1000MΩ，C 相封闭母线绝缘电阻值为 0.1MΩ。主变、高厂变绝缘电阻合格。

4）打开 C 相封闭母线进行检查，发现内部有不明水情况。第 3、第 5 封闭母线支撑瓷瓶底部有积水，溢出瓷瓶凹陷部位，第 2、第 4 封闭母线支撑瓷瓶底部只有少量积水，见图 7-36。

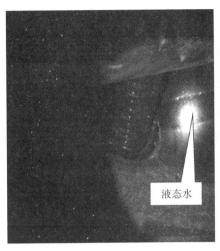

图 7-36　封闭母线 C 相内检修情况

厂房外部封闭母线 C 相高厂变上方盘式绝缘子放水口放出大约 500ML 积水，见图 7-37。

图 7-37　高厂变上方盘式绝缘子排水口

5）拆开高厂变上方封闭母线盘式绝缘子，发现盘式绝缘子上表面有明显的放电痕迹，且底部有积水，其正上方的封闭母线顶壁有结露，见图 7-38。

图 7-38　高厂变盘式绝缘子上表面放电痕迹

6）对封闭母线 C 相内积水处理完成后，测量绝缘为 2500MΩ 以上。

7）对封闭母线 A、B 相内部进行检查，B 相情况良好、无积水，A 相在穿墙膨胀节外 2 米处支撑绝缘子底部有轻微积水（约 200ML），封闭母线内壁有凝结水痕迹，见图 7-39。

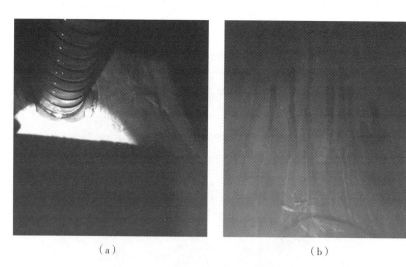

（a）　　　　　　　　　　　　　　（b）

·　图 7-39　封闭母线 A 相内部检查情况

8）对封闭母线微正压装置充入母线的气体进行湿度检测，湿度<30%，属于合格范围。

9）对封闭母线密封性进行检测，母线内气体压力由 2KPa 降至 300Pa，时间约 4 分钟，小于规定的 15 分钟，说明封闭母线密封不良。

3. 原因及措施

（1）原因分析。其一，4 号发电机机端零序电压升高至 8.29V，超过整定值 8V，使得发变组 A、B 套保护装置定子接地保护出口动作，发电机跳闸，是本次事件的直接原因。其二，4 号发电机外部封闭母线 C 相高厂变上方盘式绝缘子上结露积水，逐渐漫过盘式绝缘子沟槽，导致 C 相导体通过积水发生放电现象，是本次事件的根本原因。

（2）结露原因分析。4 号机 4 月 1 日开始进行大修及超低排放改造，6 月 24 日结束改造，期间封闭母线微正压装置处于停运状态时间长达近三个月。机组停机时间较长，且正值环境较为潮湿的季节，由于封闭母线密封情况不良，封闭母线内外部空气形成对流，导致内部聚集了一定量的水汽。这种水汽多以液态形式存在，且水量比较集中，没有影响到母线内部绝缘，所以在启机绝缘测量过程中，封闭母线绝缘水平良好。

在机组启机之后，封闭母线内导体发热，加速了封闭母线内外空气的置换速度，大量水汽滞留在母线内，形成凝结水。且 C 相封闭母线处在迎风口，外界环境温度更低，母线内导体、支撑绝缘子、外壳的内表面及盘式绝缘子上更容易出现凝结水滴的现象。凝结水大量积聚在封闭母线中的最低位置，即高厂变上方盘式绝缘子上表面，当凝结水积聚到一定程度，漫过盘式绝缘子上表面沟槽，导致导体与封闭母线外壳通过绝缘子表面发生闪络放电，在盘式绝缘子表面产生了闪络放电痕迹。

笔者在现场全程参与了该起事故的抢修工作，对事故的原因分析另有解释。跳机事件发生后，笔者在发电机与封闭母线连接部位的出线箱内外发现了大量的不明油水混合物，该混合物由发电机氢冷系统冷凝水水管处开始出现，呈滴落状滴到发电机出线箱外部，再由外部流淌到出线箱内部，后滴到 C 相的出线箱与封闭母线连接部位的盘式绝缘子上，并最终由这个部位渗透到封闭母线内。由于水量较大，渗透到母线内的水沿母线的水平段逐渐向室外流淌，最终汇集于该相的高厂变最低端的盘式绝缘子处，造成高厂变部位闪络、跳机。而对于事故报告中的结露事故分析，笔者呈谨慎态度有以下两个原因：

第一，单纯的结露事件，发生在封闭母线室外段比较多。该起事件明显不符合封闭母线室外结露的特征。封闭母线结露的特征是，室外段封闭母线内有大量的凝结水，而室内段封闭母线有微量的水或者没有水。该起事件中所观察到的现象正好与之相反，在室内段封闭母线内发现大量的液态水，而在室外段却只有微量的水。

第二，所观察到的水多处于封闭母线水平段的最底端且多为液态，与结露产生凝结水具有明显的不同特征。结露发生时，应在封闭母线内部圆筒四周均匀地出现凝结痕迹。而现场观察到的情况是，液态水仅仅在封闭母线水平段的最底端汇集，而四周却没有任何凝结痕迹，与结露的特征明显不符。

对于这种因不明水源注入封闭母线而造成结露跳机的案例，国内也出现过其他类似的案例。因此，在封闭母线上安装液态水检测系统也是一种必要的安全维护及预防手段。

4. 小结

国内有相当一部分封闭母线保护装置，在设计上多倾向于以母线内的空气湿度为监测标准，并设计一定的工作工艺，从严格意义上来讲，这样设计存在一定的局限性。从以上这起案例中我们可以看出，当大量的液态水无论以何种方式出现在母线内时，由于水量比较集中，状态为液态，且发电机组多为冷机状态，这些水所造成的空气湿度并不大。甚至，运行人员在测量母线绝缘时，其绝缘值依然很高。当机组启机后，机组由冷状态改变为热状态，这些液态水会随着运行状态的改变由液态而变为气态，空气湿度呈现出逐渐增加的态势，最终，造成事故隐患。这也是有些机组为何在机组启机一段时间后才发生跳机，而不是在机组一开机就直接跳机的原因所在。

第八章　封闭母线保护装置的安装、调试管理、维护和故障处理

第一节　保护装置系统的使用要求

1. 对使用环境的要求

封闭母线保护装置的系统是由电控系统和气动过滤元件系统组成，对使用环境的要求如下：

（1）不要用于有腐蚀性气体、化学药品（如有机溶剂）、海水、水及水蒸气的环境中，或附着上述物质的场所。

（2）不要用于有爆炸性气体的场所（防爆气动元件除外）。

（3）不要用于有震动和冲击的场所，或者电子元件、气动元件耐震动、耐冲击的能力要符合元器件的设计规范。

（4）不要用于周围有热源、受到辐射热影响的场所，或者采取措施遮挡辐射热。

（5）有阳光直射的场所，要加遮光设施。

（6）有水滴、油或焊花等的场所，要采取适当的防护措施。

（7）在湿度大、粉尘多的场所使用，要采取必要的防护措施。

2. 对设计的要求

封闭母线保护装置的设计原则应根据现场的实际要求对所选电气元件、气动元件提出性能要求，充分考虑到安全性和可能出现的故障，按现场的真实情况决定所选元器件的规格。必要时，还要做相应的分析和试验。做到与产品供应商协商后进行选型。

3. 对使用者的要求

一旦压缩空气使用失误是存在危险的，故保护装置的组装、运行和维护等应由受过专门培训和有一定实际经验的人员来操作。因此，各电力企业都有必要培养自己的操作、维护人员。

第二节 保护装置的安装工作

国内封闭母线保护装置通常分为三大部件，即空压机、储气罐和控制柜。常见的是落地安装，安装就必须先固定好基座，当土建基础没有完工前，其基座就要坐高一点，预算出地基结构与保护装置的高度。以角钢或槽钢焊接成型落地基座，并加防腐漆处理。如果地面已经完工，将保护装置三大部件直接固定于地面之上也可。基座在制作过程中必须规范，要求尺寸规矩，并用水平尺找平。下面以最为常见的三大部件的安装为例，简要介绍一下保护装置的安装工艺。安装工艺如图 8-1 所示。

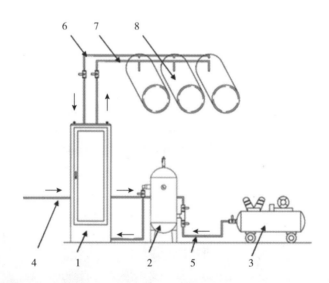

1——封闭母线保护装置 2——储气罐 3——空压机 4——厂内仪用气管路 5——小型空压机气源管路 6——充气管路 7——取样管路 8——封闭母线

图 8-1 封闭母线保护装置安装示意图

1. 空压机和厂内仪用气的安装工作

（1）空压机的安装。

1）应该安装在距离封闭母线比较近的地方，要保障安装环境比较宽阔，有着良好的采光，自然通风良好，空气清洁，灰尘比较少，没有易燃易爆物品的场所，只有这样才可以更好地保障空压机能够安全平稳运行。

2）要保障冬季的使用环境温度保持在 5℃ 以上，夏季应该不超过 40℃，以免影响压缩机的性能，必要时应该在安装空间内装配通风或降温装置。

3）安装保护装置时，空压机、储气罐、控制柜尽可能选择单排布置，这样可以保障操作和维修比较方便。

4）在安装空压机时可按机组大小或环境需要配置有安全保障的隔离开关。

5）空压机地脚采用膨胀螺栓加固稳定于基座之上，尽量不要采用焊接的方式。

（2）厂内气的安装。保护装置安装固定好后，务必要将厂内仪用气（或杂气）一并连接到立式储气罐的进气口上，这样才能真正做到厂内气和空压机功能互补。其具体安装步骤为：

1）在封闭母线保护装置就近区域寻找能用的厂内仪用压缩空气（或杂气）的母管（尽量采用厂内仪用压缩空气），在母管上焊接 G1/2 短丝。焊缝要符合焊接工艺的相关规范。

2）在短丝上螺纹连接 G1/2 不锈钢球阀。球阀的另一端采用金属管材连接，或采用 G1/2 镀锌管，或采用气动系统专用管接头与铜管或不锈钢管连接。

3）将金属管材引申至立式储气罐的进气口处。

4）在储气罐的进气口处加装三通，三通的一端通过螺纹连接固定于储气罐上，另外两端各加装手动球阀一个，在连接厂内仪用压缩空气（或杂气）的一侧还要加装单向阀。

5）将空压机的输出气源管路连接至没有加装单向阀的一侧，而将厂内仪用气（或杂气）的输出气源管安装于带有单向阀一侧。

这样设计的目的是使厂内仪用气（或杂气）与空压机两者互为备用，正常情况下以厂内仪用气（或杂气）作为主气源向封闭母线内充气，当主气源出现断气、剧烈波动等情况且母线又遭受极端气候或异常情况侵扰时，立即投入空压作为备用气源向封闭母线内充气，使封闭母线得到及时的保护。

厂内仪用气（或杂气）侧加装单向阀的目的是：一旦厂内气源出现断气，空压机启动向封闭母线充气时，确保空压机产生的气源完全能被离相封闭母线所采用。在厂内气侧加装单向阀，可避免空压机的气源误充入厂内气源母管或整个厂内气系统，导致空压机不停机工作，严重影响空压机的使用寿命。

2. 储气罐的安装工作

（1）储气罐选择在空压机之后，安装通风良好的场所，应避免储气罐的辐射热被空压机和控制柜吸收。储气罐按照低进高出的供气原则（对称安装比较常见），进气和出气端需加装手动球阀门，底部排污口安装手动和电子自动排污总成。

（2）储气罐安放在靠近空压机、地势平稳、抖动低的地方。

（3）最好离封闭母线不远。防止用气时所产生的气压波动。

（4）在安装电子自动排污阀之前，应首先清除储气罐内的铜屑、铁锈等杂质。建议在全压下将系统排空 3~5 分钟，再安装电子自动排污阀。电子排污阀控制、调整由保护装置控制柜内的定时排污系统控制。

（5）排水方向和阀体上箭头方向保持一致。

（6）储气罐地脚采用螺栓加固稳定于基座之上，尽量不要采用焊接的方式。

3. 控制柜的安装工作

保护装置控制柜一般包括所有电气原件总成和气动原件总成，是整个保护装置的最重要组成部分，安装要有着严格的工艺及规范，但也有些保护装置将空压机、储气罐、控制柜组装在一个大型箱体内，安装工艺相对简单很多。

控制柜安装在储气罐之后，这会使储气罐的作用体现得较充分，起到缓冲、冷却和排污的作用，可减轻控制柜内所安装气动系统的负荷，使保护装置供气平稳、均匀。

（1）安装控制柜应装设在干燥、通风及常温场所，不得装设在有严重损伤作用的瓦斯、烟气、蒸汽、液体及其他有害介质中，也不得装设在易受外来固体物撞击、强烈震动、液体浸溅及热源烘烤的场所。控制柜周围应有足够两人同时工作的空间，其周围不得堆放任何有碍操作、维修的物品。

（2）控制柜安装要端正、牢固地安装在基座上并采用螺栓固定，尽量不要采用焊接固定。严禁控制柜内的相关元器件有倾斜、倒置现象（除有特殊要求的除外）。排水、排污系统所有的排水口应垂直向下，以方便排水、排污及检查保养。

（3）压缩空气的进气口管道应设在控制柜柜体下面，严禁设在箱体的上顶面、侧面、后面或箱门处（充气取样管路除外）。

（4）配电系统应设置总开关，控制柜外隔离开关，控制柜内总开关三级配电，确保系统用电安全。

（5）控制柜内电控箱每一控制系统都具有独立的控制体系。例如，照明系统、空压机运行系统、自动排污系统等应有自己的空开、接触器、时间继电器、PLC 编程等执行元件，严禁共用或混用一个执行元件直接控制两套及以上的控制系统。

4. 管路的安装工作

保护装置的管路有硬管和软管，硬管主要应用于厂内仪用气（或杂气）延伸管路、空压机到储气罐的连接管路、储气罐到控制柜的连接管路、控制柜到封闭母线的充气管路、封闭母线返回控制柜的取样管路这些部分，通常采用的都是金属材料管，如不锈钢管、铜管、镀锌管等。一般在金属材料管的两端加工管螺纹或采用成型的管接头进行连接。软管主要应用于排水、排污系统中，通过特制的管接头进行系统连接。

（1）金属材料管切断后，外切口应使用平锉去毛刺，内切口用圆锉去毛刺，用专用螺纹加工设备加工锥管螺纹，再用压缩空气吹除或用清洗液将加工中的油污清除、洗净。

（2）螺纹部分要缠绕生料带，螺纹前端应空出 1~2 个螺距不缠绕生料带，顺时针方向绕 1~2 层，并用手指将生料带压入螺纹上。

（3）考虑到元器件的更换、检查方便，将要卸下的部位用管接头等连接铰好，以免将不需拆卸下的部分也拆下，既加大了工作量，又保管困难。

（4）空气压力比油压力低，密封容易。气动元件多使用铸铝构造，螺纹拧入力矩不要过大，以免螺纹部分产生裂纹。特别是缠绕生料带后润滑性能好，拧入更加容易。所以，连接管路应按规定紧固力矩操作。

（5）采用管接头及软管的密封方式连接管路。因系列不同、生产厂家的不同，连接管件在使用上会存在一定的微弱差异，使用前应仔细确认。不同厂家的同类接头，尽量不要混用。软管的尺寸公制和英制应有效区分。

（6）软管不像金属管材，安装时不要损伤，以免影响寿命。

（7）在管接头的金属根部的软管不能剧烈弯曲，要保证金属根部的软管有 3 倍软管外径以上的直管段，且软管的弯曲半径应符合厂家的规范要求。

（8）软管不得拧扭，尤其是要承受压力的软管（充气、取样管路上的软连接），加压时，扭曲状软管有恢复原状的作用力，其反作用力会使管接头螺纹松动或出现其他异常，特别是短软管，影响效果更为明显。

（9）要避免软管与其他运动物体接触，更要避免软管与高温部位接触。

（10）软管长度要适当，利用压紧法或使用管接头卡座或多管卡座来整理配管。管子两端管接头螺母的紧固力矩要适当，过度紧固有可能会造成密封面变形而漏气。

（11）软管内部要用压缩空气吹干净。

需要注意的是，国内也有些保护装置，控制柜本体内所有气动元件总成之间的连接全部或大部分采用了软管连接。在以后的设计、安装及生产工艺中，应尽量避免使用这种工艺，因为所有的软管，其材质都含有大量的塑料和橡胶成分，其内部高速流动的气流，会加速橡胶和塑料的老化，使其使用寿命缩短，使用效果也有不同程度的影响。国内一些采用软管连接的工艺，对外宣称能够使用 4 年以上，明显存在夸大宣传的成分。

5. 安装注意事项

（1）安装从气源侧开始，按系统工作原理依次安装。即先从空压机的固定就位开始，依次安装储气罐，控制柜，充气、取样管路，厂内仪用气（或杂气）。气动系统完成后，依次安装排污系统和电路系统。各系统的安装可不分主次，但安装工艺一定要完善，严格按照施工步骤执行。

（2）各部件安装就位后，打开整套保护装置的全部手动阀门或旁路阀门，用压缩空气对全部系统进行强制清洁，防止安装过程中有异物进入保护装置内，造成系统运行时出现异常。

（3）确认保护装置三大部件上所有的小元器件安装、连接正常，确认各元器件的进出口没有倒装现象。

（4）所有排水、排污系统，其落差保持较低的位置差，不得出现排污口高于进入口现象，以防出现污物、冷凝水倒流现象。

（5）减压阀安装要考虑到调压手轮操作方便，所有压力表要处于视线最佳状态，以方便观察并直接对运行状态做出分析判断。

第三节　各系统调试工作

一、气源输出系统的调试

气源输出系统的调试指空压机或厂内仪用气（或杂气）的调试，调试内容主要有以下六点：

（1）检查空压机气源输送管道安装，空压机通风环境是否达到要求。

（2）检查用户开关、电源进线、接地线是否达到该空压机要求。

（3）送电、测量电压是否正常，一般试运行3个充气过程。根据客户要求调节压力上、下限值。培养电厂的运行、维护人员，操作注意事项。

（4）检查各球阀是否打开。查看电机运转方向是否正确，如反转、调整任意两根电源线。开机、检查电流及压力是否正常。润滑油、油位是否在正常位置。

（5）厂内仪用气（或杂气）气源压力必须符合使用规范，过高或过低都应做出相应调整。

（6）厂内仪用气（或杂气）连接管路各阀门位置开启正确，各接头符合使用单位及生产厂家连接规范。

二、压缩空气的存储系统的调试

在使用储气罐时，要注意其安全性，为了保障使用安全，下面介绍严格的储气罐调试法。

（1）检查安全阀是否正常，如存在异常情况，应立即维修或者更换。

（2）检查压力表的好坏与位置。使用中如果发现指针不能回零位，表盘刻度不清或破碎等，应立即更换。

（3）将储气罐最底端的排污阀门缓慢打开到适当开度，排出罐内水分及杂质。

（4）逐级检查气源输出管道的气密性，若出现漏气现象应及时修补，确保无误后再将进气阀门打开。

（5）如果是旧储气罐，要对储气罐外观进行检查，查看焊缝是否牢固，密封圈是否老化，对于表面的污垢，要及时擦拭。

（6）查看各阀门及其他地方是否存在漏气现象，若有漏气要及时采取措施以保证储气罐的使用要求。

（7）压力充满后，查看气压是否有超出其设定范围（电力企业微正压装置所用气源普遍最高工作压力为不超过 0.75MPa）。

（8）工作时在运转中若发生不正常的声响、气味、震动或发生故障，应立即停气，检修好后才准使用。

（9）储气罐在试运行时，如发现问题，不得进行任何修理工作。应立即停气并释放压力，待压力放尽后，再进行修复性调整。

三、气源处理系统的调试

气源处理系统的调试主要是初级过滤器、二级过滤器、三级过滤器的调试，这三级过滤器的调试相对较为简单。

（1）严格按照过滤器的过滤方向实施联管，查看进、出口联管是否反接，进、出口联管安装是否保持水平。

（2）初次对过滤器调试时，采用"听""看"等简单方法判断过滤器是否存在漏气、漏水等现象。如果有这些现象，则过滤器为不合格产品，应立即更换。

（3）排水口应垂直向下，避免出现排水管弯角过大或上扬现象。检查排水管是否固定住，以防冷凝水排出速度过快导致排水管出现剧烈摆动。如果存在，立即改正。

（4）缓慢打开气源处理系统的前置阀门，使压缩空气缓慢流通过各级过滤器，采用"听""看"等简单方法判断各级过滤器是否存在漏气、响动、阻塞等异常情况。

（5）调试完毕后，关闭各级阀门，使系统保持在待机状态。

四、干燥器的调试

1. 吸附式干燥器的调试

（1）检查电源、电压是否正常。

（2）检查空气管路是否正常，管路是否通畅，空气进口压力不允许超过1MPa，进气温度不得超过所使用吸附式干燥器的规定值（一般在40℃以下）。

（3）检查五位两通阀气源切换是否准确无误。

（4）检查排气阀是否有气体排出，排气阀与五位两通阀充气、排气动作是否一致（有些吸附式干燥器还应开启A筒、B筒之间的调节阀或限流阀）。

（5）检查前置过滤器、后置过滤器安装是否得当。

（6）检查露点指示剂颜色是否符合厂家初次使用规范。

（7）通电试机。

（8）试机合格后，停机时应先关闭气源，再切断电源。

2. 冷凝式干燥器

（1）检查电源、电压是否正常。

（2）检查制冷系统：观察冷媒高、低压力表，两表在一定压力下达到平衡，一般在0.5~1.0MPa。

（3）检查空气管路是否正常，空气进口压力不得超过1MPa，进气温度不得超过规定值（一般在40℃以下）。

（4）接通电源，通电试机。

（5）按下"启动"按钮，运转指示灯亮起，压缩机启动运行。

（6）检查压缩机运转是否正常，如有异常响声，应立即查明原因。检查冷媒高、低压表指针是否正常。

（7）如一切正常，开启压缩空气进出口阀门通气，并相应关闭旁通阀。

（8）观察5~10分钟，此时，冷媒低压在0.3~0.6MPa，冷媒高压在1.2~1.9MPa。

（9）试机正常后，应先关闭气源，并中断"启动"按钮，关闭冷干机，并切断电源。

（10）打开排污阀将残余冷凝水排出冷干机。

3. 高分子膜式干燥器

（1）检查连接管路是否正确。确认干燥器的进气口、出气口是否安装正确。

（2）确认高分子膜式干燥器的杯体及各分离器的杯体组件有没有分离。

（3）检查排气口，查看有无异物阻塞。一旦阻塞，将降低过滤性能。

（4）缓慢开启阀门通气。

（5）通气 15 分钟后，查看露点指示剂颜色，颜色显现蓝色，表示露点正常，颜色为粉红色，表示空气中含有一定水分。

（6）检查最底端的排气口，通气过程中排气口有一定流量的湿空气排出（高分子膜式干燥器排出的是含有大量水分的湿空气而非液态水滴）。

（7）采用"听""看"的方式判断有无泄漏点。

（8）合格后关闭前后进出气阀门。

4. 控制系统的调试

控制系统一般集中在保护装置的电控箱内，是整个保护装置的中枢所在。初次调试时，应将电控箱内的所有杂物清理干净，确认无误后，方可通电试机。

（1）用 500V 兆欧表检查导线的绝缘电阻，应不小于 7MΩ。

（2）检查电控箱所有电气元件是否正确带电。对照原理图、接线图、端子图检查各电气元件安装位置是否正确，外观是否美观、整洁。

（3）检查柜内外接线是否正确，连接线截面积选择是否合理，且连接是否可靠。检查线号、端子号有无错误。

（4）检查所有电气元件的触头接触是否良好。各操作机构、复位机构是否灵活、可靠。保护电气的整定值是否符合要求。指示和信号装置能否按要求正确发出信号。

（5）接通电源。

（6）检查电气动作是否符合电气原理图的要求，有连锁装置电路时，试验连锁是否满足原理图的要求。

（7）检查各开关按钮、行程开关等电气元件，应处于原始位置。

（8）检测数控监测压力表设置参数是否正确。

（9）数控监测压力表调试。根据离相封闭母线的实际压力及密封效果设置区间参数。根据《GB/T 8349-2000 金属封闭母线》的规定，母线内压力一般设置在 300~2500Pa。对于初次运行的保护装置，应将参数严格控制在这个区间。待保护装置工作两个充气、保压过程之后，则基本可以判断出封闭母线的密封效果及所维持压力的真实效果，可根据实际效果重新设定实际运行参数。

（10）检测数控温湿度表设置参数是否正确。将温湿度严格控制在 50%以下。

（11）检测各时间继电器设置参数是否正确。

（12）检测气动管路中的充气电磁阀接线是否正确，开启、关闭行程是否正常，是否存在卡死、关闭不严、失电、发热等异常现象。

（13）调试完毕后，断电并重新关闭控制柜，防止异物侵入，并使装置保持在待机状态。

5. 管路系统的调试

（1）检查仪用气母管上焊接短丝的焊缝是否符合规范。不得出现气孔、夹渣、漏焊等情况。

（2）检查空压机输出管道，厂内气管道，充气、取样管道上所有管接头螺纹连接程度是否连接可靠，各阀门工作状态是否正确。

（3）检查管路系统是否存在管道弯曲、缠绕、内部阻塞等现象。

（4）缓慢打开进气控制阀门，逐级将各系统中的旁路阀门打开，使压缩空气逐级进入各系统中的旁路系统中。

（5）采用"听""看"等方式判断管路中是否存在漏气、断气等异常情况。

（6）关闭各级旁路阀门，打开主管道中的各级阀门，使压缩空气逐级进入各系统中的主管道系统中。

（7）调试完毕，关闭各级阀门，使装置保持在待机状态。

6. 自动排污系统的调试

（1）检查各分支排水、排污管路，要求安装工艺必须符合各系统的安装、使用规范。

（2）检查排污系统总成，要求总成符合工艺要求及规范。

（3）打开排污系统的手动阀门。对排污系统进行手动排污测试。

（4）打开保护装置的各级旁路阀门，利用系统旁路对排污系统管道进行强制通气5~10分钟，确保排污管路通畅。无杂质、颗粒物阻塞排污管道。

（5）手动排污调试通过后，依次关闭各旁路阀门。打开系统的各级工作阀门，对自动排污系统进行调试。

（6）打开电控箱，检查自动排污系统控制电路，确保接线正确无误，并符合电路安装工艺及规范后，接通电源。

（7）将自动排污系统的时间继电器设置正确参数。

（8）初次运行时，时间继电器设置5分钟排水一次，每次排水时间不少于10秒。待运行4~5个周期后，即可判断压缩空气内水分及油雾的基本含量，再重新设计正确的排水时间。通常情况下，1~4小时自动排水、排污一次，每次的基准参数为10秒。各单位也可根据压缩空气的实际情况，自行设定排水、排污的时间。

（9）调试完毕后，关闭各级阀门，使装置保持在待机状态。

7. 保护系统的调试液压泄压保护

（1）电子泄压保护的调试：①通电。②打开电控箱，在数控监测压力表输入正确的泄压参数。初次运行时，可将泄压参数设置较低，一般为1000Pa左右。③将保护装置设置为自动运行状态，当压力上升到1000Pa时（也可根据母线的密封情况和厂内气的实际压力自行设定），自动系统应停止充气，并自动切断相关充气原件的控制电源。④重复运行3~5个运行周期，确认电子泄压系统正常后，将泄压参数修改为3000Pa。⑤调试完毕，设备进入待机状态。

（2）气压泄压保护的调试：①通电。②打开电控箱，在数控监测压力表输入正确的气压泄压参数。初次运行时，可将气压泄压参数设置较低（也可根据母线的密封情况和厂内气的实际压力自行设定），一般大于1000Pa。③将气压泄压保护装置设置为自动运行状态，当压力上升到大于1000Pa时，气压泄压系统应开启泄压。④重复运行3~5个运行周期，确认气压泄压系统正常后，将泄压参数修改为大于等于3000Pa即可。⑤调试完毕，设备进入待机状态。

（3）液压泄压保护：①检查液压泄压保护系统的液位高度，其高度不得低于厂家规定的刻度值。②检查泄压管路安装是否符合安装工艺及规范。③通电，观察数控监测压力表的实际参数。④打开保护装置各级旁路阀门，向封闭母线内部强制充气。⑤在数控压力表和旁路充气的联合作用下，观察液控安全阀能否正常排气。如能正常排气，则系统通过调试。如不能正常排气，需再对系统进行微调，直至通过调试。⑥调试完毕，设备进入待机状态。

以上系统调试全部通过后，保护装置将进行整机调试。

第四节　整机的调试

整机的调试包括电控系统的调试和气动系统的调试两大部分，两者相互协调。

一、电控部分的调试

1. 电控系统的试运转调试

（1）空操作试机。断开主电路及控制柜内的所有气动阀门，接通控制柜电源开关，使控制柜内的控制电路空操作，检查控制电路的工作情况。如各操作按钮，检查其对接触器、继电器的控制作用以及自锁、连锁功能是否符合要求。特别要验证急停开关的动作是否正确。时间继电器应检查并调整其设定时间，使其符合系统使用要求。此外，还要观察电气元件是否运行正常，若有异常情况，必须立即切断电源并查明原因。

（2）空载试机。在空操作试机的基础上，接通主电路，即可进行空载试机，空载试机时，首先检查空压机的转向是否正确，转速是否符合要求。检查各指示信号和照明灯、指示灯是否完好，空压机、厂内气运行是否平稳等。

（3）带负荷试机。通过以上测试后，打开空压机或厂内气上的总阀门开关，逐级打开各系统的进气、出气开关，同时开启封闭母线充气、取样管路上的控制阀门，使整套保护装置进入充气、回气状态，保护装置即可带负荷试机，以便在正常负荷下连续运行。验证电气设备所有部分运行正确，特别要验证电源中断和恢复时是否会危害人身和设备的安全，观察各机械结构、电气元件的动作是否符合工艺要求，并对相关数据做进一步调整。

（4）注意事项。调试人员在进行整机调试时，必须熟悉整套装置的工艺原理、操作规范及电气系统的工作要求。通电时，应先接通主电源，切断时与操作顺序相反。通电后，要注意观察，随时做好停机准备，防止意外事件发生。如果有异常现象，如空压机反转、异常噪声、线圈过热、保护装置动作、冒烟等应立即停止试机并迅速查明原因，不得随意增大或修改设定参数强行送电。

2. 电控系统的自动运转调试

打开整套保护装置所有的进气、出气阀门，所有的旁路阀门保持关闭状态，使整套系统保持带电、带气状态。将电控箱上的转换开关转换到"微正压"或"自动"指示处，由压力传感器检测封闭母线内的压力，数字监控压力表显示封闭母线内压力的压力数，当封闭母线内的压力低于300Pa时，压力传感器发出电信号，控制充气电磁阀开启，向封闭母线内部充气，此时，面板上的"工作"指示灯亮起。当封闭母线内部压力达到2500Pa时，压力传感器再发出电信号，关闭充气电磁阀，此时，面板上的"工作"指示灯关闭，"保压"指示灯亮起。并自动重复上述步骤，这样，封闭母线内部始终保持300~2500Pa的区间压力。起到微正压气体保护的作用。

二、气动部分的调试

1. 气动系统的试运转调试

（1）保护装置初次运转前，所有系统部分阀门应处于关闭状态，如果采用厂内仪用气（或杂气）作为主气源，气源所有管路中的各级阀门先保持在关闭状态，根据调试工艺和步骤的需要，逐级依次开启各级阀门。包括空压机小储气罐上的排水阀，储气罐进气、出气阀，储气罐排污阀，控制柜进气、出气阀，控制柜内的多级限流阀，旁路阀等，减压阀输出压力为零。充气、取样管路上的控制阀也都应全部关闭。在调试过程中，根据工艺和步骤的需要，逐级依次打开或关闭各级阀门或开关。

（2）排放各处的冷凝水，例如，空压机小储气罐上的排水阀、储气罐上的排污阀、控制柜内各级过滤元件的排水阀等。自动排污系统中的各级阀门保持开启，以便将排出的冷凝水彻底清除出整套保护装置。

（3）确认充气电磁阀保持在关闭状态。确保运行正常，阀杆运动灵活无卡涩，表面清洁无油污，接头密封良好。

（4）确认整套保护系统内没有工具、异物存在。可动件动作范围内不会碰到或触及其他元件及配管。

（5）充气、取样管路要求连接空间走向布局合理，美观适用。

（6）保护装置带电后，按先后顺序依次缓慢打开管路中的各级阀门，配合数字监控压力表的读数，将充气（由 300Pa 上升至 2500Pa）时间控制在10 分钟左右。

（7）充气过程完成后，设备立即进入保压状态（母线内压力由 2500Pa 下降至 300Pa），记录下降时间。下降时间的长短，完全取决于封闭母线密封的状态，根据母线密封状态，再对各级系统进行相应设置、调整，调试出最佳工作状态。

2. 气动系统的自动运转调试

压缩空气由厂内仪用压缩空气（或杂用压缩空气）提供，压缩空气首先进入储气罐，在储气罐内进行初步的分离和净化，由储气罐的出气口与保护装置的控制柜内的进气阀门连接并进入控制柜内，由进气压力表显示进气压力，然后进入减压阀，减压阀将空气压力控制在 0.7MPa 以下，然后空气进入一级过滤器，在一级过滤器中，空气中大颗粒的粉尘、杂质、水滴等杂质被过滤出来，然后空气再进入二级过滤器，空气中更微小的颗粒再被过滤出来（二级过滤器的主要作用是过滤空气中的油雾），然后空气经充气电磁阀进入三级过滤器，在三级过滤器中，更精细的灰尘、杂质及油雾被过滤出来，然后空气再经由限流阀进入四级过滤器（干燥器），在四级过滤器（干燥器）中，空气中 95%~99% 的水分通过干燥器被吸收，这时的空气就是干燥、洁净的"不饱和空气"，然后再经出气阀门以及充气管路充入到封闭母线中，由压力传感器实时检测封闭母线内部的压力，当封闭母线内的压力低于 300Pa 时，保护装置自动向封闭母线充气，当封闭母线内压力达到 2500Pa 时，保护装置自动停止，并自动重复上述运行步骤，并使封闭母线内始终保持这一区间压力。

🎯 第五节　离相封闭母线保护装置的维护保养

封闭母线保护装置如果不注意维护、保养工作，就会过早损坏或频繁发生故障，导致保护装置的使用寿命大大降低，在对保护装置进行维护、保养时，应针对发现的事故苗头及时采取措施，这样可减少和防止故障的发生，延长原件和系统的使用寿命。因此，电力企业应有针对性地制定保护装置的维护保养管理规范，加强管理教育，严格管理。

维护、保养工作的原则是：保证供给气动系统清洁干燥的压缩空气；保证封闭母线相对的气密性；保证气动系统的气密性；保证过滤系统、干燥系统的稳定性；保证排污系统及保护系统的可靠性；保证电气元件、气动元件及相关系统得到规定的工作条件（如使用电压、电流、气压等），以确保整套保护装置按预定的工艺要求进行工作。

当保护装置出现异常时，应切断电源，停止供气，并将保护装置内残余压力完全释放干净，才能进行检查、修理工作。

维护工作可分为经常性的维护工作和定期性的维护工作。经常性维护工作是指每天必须进行的维护工作；定期性维护工作可以是每周、每月或每季度进行的维护工作。维护工作应建立专门的维护档案和记录，以利于今后的故障诊断和技术处理。

一、经常性的维护工作

日常维护工作的主要任务是冷凝水的排放、过滤器的检查等。如果采用空压机作为主气源供气的，空压机的系统管理也要纳入进来。

冷凝水的排放涉及整个保护装置系统，从空压机、后冷却器、储气罐到控制柜内的过滤器、干燥器等都有排水系统，在作业结束时，应当将各处的冷凝水排放干净，以防夜间温度过低导致冷凝水结冰。由于夜间温度下降，封闭母线会进一步析出更多的冷凝水，因此，保护装置在运转时也应将冷凝水彻底排放干净。以防母线内水分加大，进一步促进母线内部结露。注意查看所有排水系统的排水器是否正常工作，水杯内的存水不应过量。

在保护装置运转时，每天应检查一次干燥器的露点指示器颜色是否正常，确保压缩空气中没有混入灰尘、水分和油雾。

使用电源的气动元件，为防止触电，注意维护时不要将手及物体放入元件内，不得已时要先切断电源，确认保护装置已停止工作，并排放掉残压后才能进行维护。注意不要用手触碰高温部位。其具体维护内容主要有：

1. 气源输出系统的日常维护

（1）空压机系统的日常维护包括：后冷却器降温效果是否正常；空压机是否有异常声音和异常发热，润滑油位是否正常；电源接线是否松动；阀门工作状态是否正确；压力开关控制启停是否正常。

（2）厂内仪用气（或杂气）的日常维护包括：气源控制阀门开关位置是否正确；气源母管至储气罐的连接管道是否有共振现象；各连接螺纹是否有松动迹象。

2. 压缩空气的冷却、存储系统的日常维护

压缩空气的冷却、存储系统的日常维护包括：安全阀是否安全可靠；压力表显示是否正常；储气罐进气口、出气口阀门是否开启正确；最低端排污口阀门开启是否正确；排水电磁阀是否能正常排水。

3. 气源处理系统的日常维护

气源处理系统的日常维护包括：过滤器排水是否正常；水杯内的水位高度是否正常；所排放的冷凝水是否混浊。

4. 干燥器的日常维护

（1）吸附式干燥器的日常维护包括：气源切换的五位两通阀切换是否正常、排气电磁阀是否正常、两筒体上的压力表显示是否正常、露点显示剂颜色是否正常。

（2）冷凝式干燥器的日常维护包括：工作电源是否正确、高低压压力表显示是否正确、露点温度是否在规定区域温度、自动排水器排水是否正确、散热孔是否清洁、压缩机是否正常工作。

（3）高分子膜式干燥器的日常维护包括：露点指示剂颜色是否正确（蓝色正常）；排气口是否有液态水滴排出（正常为气态湿空气）。

5. 控制系统的日常维护

控制系统的日常维护包括：控制面板上的指示灯切换是否正常；转换开关、急停开关挡位是否正常；各时间继电器运行参数是否正确；数控监测压力表、温湿度表显示参数是否正常；相关电气元件带电状态是否正常；充气电磁阀切换是否正常。

6. 管路系统的日常维护

管路系统的日常维护包括：充气、取样管路表面是否有油滴或水滴；管路是否随着气压的波动产生共振；各阀门开启状态是否正确；软连接管是否松动。

7. 自动排污系统的日常维护

自动排污系统的日常维护包括：各自动排水器、手动排水器是否正常开

启和关闭；手动排污阀门开启状态是否在工作位置；排污软管是否存在老化、破损；排污管总成部分是否存在漏水、漏油。

8. 保护系统的日常维护

保护系统的日常维护包括：电子保护的设定值是否正常、气压泄压保护的设定值是否正常、泄压电磁阀开启是否正常、液控安全阀液位高度是否正常。

二、定期性的维护工作

封闭母线保护装置每周定期维护工作的主要内容是漏气检查和多级过滤器及干燥器的管理，并注意空压机是否要补油、传动带是否松动、干燥器的露点是否有所变动、各执行元件有无松动。目的是早期发现隐患的苗头。

漏气检查应在整套保护装置工作期间进行，由电厂的运行人员实施。运行中设备整体带电、带气，管道内有一定的运行压力，根据漏气的声音便可判断出具体的泄漏位置，泄漏部位和原因见表8-1。严重泄漏处必须立即处理，如软管破裂、连接处严重松动等。其他泄漏如现场无法修复的，应立即做好记录，待停机检修或临修时尽快恢复。

表 8-1　泄漏部位和原因

泄漏部位	泄漏原因
管路连接部位	连接部位松动
管接头连接部位	接头松动
软管	软管破裂或被拉脱
过滤器的排水阀	灰尘嵌入
过滤器水杯	水杯龟裂
减压阀阀体	紧固螺钉松动
减压阀的溢流孔	灰尘嵌入溢流阀座，阀杆动作不良，膜片破裂

每月或每季度的维护工作，应比每日或每周的维护工作更仔细，但仍仅限于外部能够检查的范围。其主要内容包括：仔细检查各处泄漏情况，紧固松动的螺纹或螺钉（包括接线端子）和管接头，检查保护装置处理的空气质量（由充气、取样管路的软连接处即可查看），检查各调节部分的灵活性，检查数控压力表、温湿度表、时间继电器、接触器、各部位的指针压力表是否显示正确，检查充气电磁阀、排气电磁阀切换动作的可靠性，充气、取样管路有无松动以及一切从外部能够检查的内容。每季度的维护工作表见表8-2。

表 8-2 每季度的维护工作

元件	维护内容
自动排水器	能否自动排水，手动操作装置能否正常运作
过滤器	过滤器两侧压差是否超过允许压降
减压阀	旋转手柄，压力是否可以调节。当系统内的压力为零时，观察压力表的指针是否归零
数显压力表	观察压力显示是否正确，零点修正值是否准确
指针压力表	观察各处压力表的指示值是否在指定范围内
安全阀	使工作压力高于设定压力，观察安全阀能否溢流
空压机压力开关	在最高和最低的设定压力下，观察压力开关能否正常接通或断开
充气、排气电磁阀	查电磁线圈的温升，观察电磁阀的切换动作是否正常
空压机	进口过滤器网眼是否阻塞
干燥器	充气、排气电磁阀的动作是否一致，阀杆是否灵活；冷媒压力是否变化，冷凝水排出口温度变化情况；高分子膜干燥器前后压降

为了准确判断出泄漏点的具体位置，检查漏气时应采用各检查点涂肥皂液的办法，主要是因为肥皂液显示漏气的效果比听声音更灵敏。检查完毕后，务必将肥皂液清除干净，以防对管路的外观形成腐蚀。

判断整套保护装置输出空气的品质时，应注意以下三个方面：一是了解输出空气中是否含有冷凝水；二是所含残油含量是否适度；三是判断是否有漏气处。其方法是观测保护装置充气、取样管路与封闭母线连接处的软连接透明管，当软管内部洁净、干燥时，表明过滤工艺、空气质量合乎工艺要求；当透明管中有水滴或油滴颗粒凝结时，说明保护装置所处理空气存在水分或油雾超标现象。如果软管内部洁净、干燥，说明保护装置工艺配置及使用规范合理，所选型号恰当；若有冷凝水或油滴颗粒凝结时，应考虑各级过滤器位置是否合适，各类除水、除油元件设计和选用是否合理，冷凝水排水、排污的管理是否符合要求。泄漏的原因是充气电磁阀密封不良，复位弹簧生锈或者折断、气压不足所致。正常使用条件下，一年内电磁阀不会出现问题。当泄漏量较大时，可能是阀杆、阀座或密封垫磨损所致。少量的漏气还预示着元件的早期磨损。像安全阀、紧急开关等，平时很少使用，定期检查时，必须确认它们动作的可靠性。

让电磁阀反复切换，从切换声音可判断出阀体的工作是否正常。对排水、排气电磁阀，若有蜂鸣声，应考虑动铁芯和静铁芯没有完全吸合，吸合面有灰尘，分磁环脱落或损坏等。

第六节 故障的诊断与对策

一、故障的种类

由于故障发生的时期不同，故障的原因和现象也不同。因此，可将故障分为初期故障、突发故障和老化故障。

1. 初期故障

在调试阶段和开始运转的两三个月内发生的故障称为初期故障。其产生的原因有：

（1）元件加工、装配不良。如元件内孔的精度不符合要求，零件毛刺未清除干净，不清洁就安装，零件装反、装错，装配时对中不良，紧固螺纹拧紧力矩不恰当，零件材质不符合要求，外购零件质量差等。

（2）设计失误。设计元件时，对零件的材料选用不当，加工工艺要求不合理等。对元件的特点、性能和功能了解不够，造成回路设计时元件选用不当，设计的空气处理系统不能满足气动元件和系统的要求。整套系统设计出现失误。

（3）安装不符合要求。安装时，元件及管道内吹洗不干净，使灰尘、密封材料碎片等杂质混入，造成系统故障。安装管道过程中存在偏差，发生管道松动、共振等隐患时没有采取有效措施。

（4）维护管理不善，如未及时排放冷凝水，未及时清理排污总成中的油污等。

（5）控制系统充气、保压灯频繁切换，考虑封闭母线是否发生泄漏。

2. 突发故障

封闭母线保护装置在稳定运行时期突然发生的故障称为突发故障，例如，要空压机频繁启动导致机头过热；油杯和水杯都是采用聚碳酸酯材质制成，如果压缩空气中混入大量有机溶剂，会造成材质腐蚀，就有可能突然破裂；空气或管路中，残留的杂质混入元件内部，造成部分元件卡死；弹簧突然折断、软管突然爆裂、电磁阀线圈烧毁；突然停电造成回路误动作等。

有些突发故障是有先兆的，如排出的空气中出现杂质和水分，表明过滤器已经失效，应及时查明原因，予以排除，不要酿成突发故障。但有些突发故障是无法预测的，只能采取日常监管和巡视加以防范，或准备一些易损备件，以便及时更换失效的元器件。

3. 老化故障

个别或少数元件达到使用寿命后发生的故障称为老化故障。参照保护装置系统中各元件的生产日期、使用的频繁程度以及已经出现的某些征兆，如声音反常，泄漏逐渐加重等大致预测老化故障的发生期限是可行的。

二、故障的诊断方法

下面主要介绍经验法和推理分析法两种常见的故障诊断方法。

1. 经验法

主要依靠实际经验，并借助简单的仪器，诊断故障发生的部位，找出故障原因的方法，称为经验法。经验法可按照"望""闻""问""切"四个步骤进行。

（1）望。例如，看整套系统的运动速度有无异常变化；各测压点的压力表显示的压力是否达到要求，有无大的波动；各部件冷凝水能否正常排出；各级过滤器过滤空气是否洁净；充气电磁阀指示灯显示是否正常；紧固螺栓及管接头有无松动；充气、取样管路有无扭曲和变动；充气时系统有无明显共振现象；各零部件有无明显异常变化；电控部分线路是否松动、脱落等；保护装置各仪表、指示灯切换是否正常。

（2）闻。包括耳闻和鼻闻，例如，各执行元件充气时有无异常声音；保护装置系统停止工作但尚未泄压时，各处有无漏气，泄漏声音的大小及其每天的变化情况；电磁阀线圈和各级密封圈有无因过热而发出特殊气味等。

（3）问。即查阅保护装置各系统相关技术档案或文献资料，了解各系统的工作原理及工艺、工作程序、运行要求及主要技术参数；查阅产品样本，了解每个元器件的作用、结构、功能和性能；查阅维护检修记录，了解日常维护保养工作情况；访问一线技术人员及操作人员，了解设备运行情况，了解故障发生前的征兆及故障发生时的现象及状况；了解曾经出现过的故障及其排出方法。

（4）切。如触摸各级运行器件外部的手感和温度，电磁线圈处的温升等。触摸两秒钟感觉烫手，则应查明原因。各级过滤器、干燥器工作时有无脉动感；管道等处有无震动感，各接头处及元件处手感有无漏气等。

经验法简单易行，但由于每个人的感觉、实际经验和判断能力存在差异，故诊断故障会存在一定的局限性。

2. 推理分析法

利用逻辑推理、步步逼近，寻找出故障的真实原因的方法称为推理分析法。

（1）推理步骤。从故障的症状找出故障发生的真实原因，可按以下三步进行：

1）从故障的症状，推理出故障的本质原因。

2）从故障的本质原因，推理出可能导致故障的常见原因。

3）从各种可能的常见原因中，推理出故障的真实原因。

（2）推理方法。推理的原则是由简到繁、由易到难、由表及里地逐一进行分析，排除掉不可能和非主要的故障原因；故障发生前曾调整或更换过的元件先检查；优先查元件故障率高的常见原因。

1）仪表分析法。利用仪器、仪表，如压力表、压差表、电压表等电子仪器检查保护装置系统或元件的技术参数是否合乎要求。

2）部分停止法。暂时停止气动系统或电路系统的部分工作条件，观察对故障征兆的影响。

3）试探反证法。试探性地改变气动系统或电路系统中部分工作条件，观察对故障征兆的影响。

4）比较法。用标准或合格的元件代替保护装置系统中相同的元件，通过工作状况的对比，来判断被更换的元器件是否失效。

为了从各种可能的常见故障原因中推理出故障的真实原因，可根据上述推理原则和推理方法，制定出所有引发故障的原因，并逐一排查，以便于快速、准确地找到故障的真实原因。

例如，空压机的频繁启动这一常见故障，其本质原因是空压机的小储气罐内压力消耗过快以致压力开关频繁吸合、断开，导致空压机频繁启动，储气罐漏气、各级过滤器排水渗漏、电磁阀密封圈破损、管路松动、封闭母线密封不严都有可能造成空压机频繁启动，而某一方面的故障又有可能是不同的原因引起的，逐级进行故障原因推理，才能找出故障的真实原因。下面以空压机频繁启动为例介绍一些推理分析过程方法。首先，查看空压机的整体外观，查看各连接管路是否正确、各连接阀门阀杆位置是否正确；查看空压机小储气罐出气口至储气罐进气口之间连管是否有松动；储气罐各连接螺纹是否紧固；安全阀及排污阀阀杆位置是否准确。如果存在漏气现象，应尽快修复，如依然无法排出故障，则继续向下游继续排查。查看所有过滤器、干燥器的一次侧、二次侧进出口是否存在松动；各级自动排水器水杯及油杯是否存在开裂、漏气；控制系统是否切换准确，电路是否正确；自动排污系统是否漏气；管路系统是否存在螺纹松动等。当逐级检查完成后，如依然不能排除故障，则可以断定封闭母线存在一定泄漏量，空压机单位时间内的产气频率瞬间值过大，引发空压机频繁启动。如果封闭母线泄漏在允许范围之内，则可以判断出空压机瞬间压力过高、输出流量太小，空压机充气量与封闭母线的泄漏量严重不匹配所致。

第七节　常见故障及其对策

为便于分析保护装置故障的真实原因，下面列表说明常见故障的原因及其对策。

一、气源输出系统常见故障及排除对策

气源输出系统常见故障有：气动回路没有气压、供气不足、异常高压、油泥太多等。具体排除对策见表8-3至表8-6。

表8-3　气动回路没有气压

故障原因	对策
气动回路中的开关阀门、启动阀、速度控制阀门等没打开	打开阀门，并使阀门阀杆保持在正确位置
换向阀没换向	查明原因后排除
管路扭曲、压扁	纠正或更换管路
管路堵塞	排除阻塞物增加过滤装置
介质或环境温度太低造成管路冻结	排除冷凝水，增加除水设施

表8-4　供气不足

故障原因	对策
耗气量太大，空压机或厂内气输出流量不足	选择输出流量合适的空压机，或增设一定容积的储气罐
空压机活塞环等磨损	更换零件；在适当部位装设单向阀，维持执行元件内压力，以保证安全
漏气严重	更换损坏的部件；紧固管接头和螺栓
减压阀输出压力低	调节减压阀至使用压力
速度控制阀开度太小	将速度控制阀打开到合适开度
各支路流量匹配不合理	改善各支路流量匹配性能

表 8-5 异常高压

故障原因	对策
因外部振动冲击管道产生了冲击压力	在适当部位安装减压阀（或加装固定支点）
减压阀损坏	更换减压阀

表 8-6 油泥太多

故障原因	对策
空压机油选用不当	选用高温下不易氧化的润滑油
空压机的给油量不当	给油量过多，空气中混合油量过多，附着于管道内各级元器件上且滞留时间过长，助长碳化；给油量过少，造成活塞烧伤、冷却效果差等。应注意给油量适当
空压机连续运转时间过长	温度高，润滑油易碳化，应选用大流量空压机，实现不连续运转
空压机运动件动作不良	充气阀动作不良；温度上升润滑油易碳化；气路中装油雾分离器
厂内仪用气（或杂气）含油量大	气路中装油雾分离器，清除油泥

二、压缩空气冷却存储系统常见故障及排除对策

压缩空气冷却存储系统常见故障有：空压机后冷却器故障、储气罐故障等。具体的排除对策见表 8-7 和表 8-8。

表 8-7 空压机后冷却器故障及排除对策

故障现象	故障原因	对策
压缩空气中混入冷凝水	冷凝水排出不当	1. 定期进行排水 2. 检查自动排水器，失效则应修理或更换
	二次侧温度下降	二次侧应设置干燥器
带自动排水机构，但冷凝水排不出，也没有间歇排水声音	自动排水机构有故障	拆开清洗或更换
从连接口漏气	连接口松动	拧紧连接口
	紧固螺纹松动	换垫圈后再紧固

故障现象	故障原因	对策
风扇不转	电路断线	修理断线处
	开关触点磨耗	更换开关
	紧固螺纹松动，扇叶碰防护罩	取下防护罩，重新调整扇叶，正确安装
	过载运转或缺相运转，电动机烧损	更换电机
出口压缩空气温度高	出口温度计不良	更换温度计
	冷却风扇不转	参见风扇不转故障现象
	冷却风扇反转	电机三相线中两相互换
	散热片阻塞	清扫散热片
	环境温度高	换风扇，吸入通道供给外界低温空气
	通风不畅	检查安装场地
	进口压缩空气温度高	检查空压机

表 8-8　储气罐故障及排除对策

故障现象	故障原因	对策
气罐内压力不上升	压力表有问题	换压力表
	空压机或厂内气有故障	检修空压机或厂内气
异常升压	空压机或厂内气压力调节机构有故障	检修空压机或厂内气
	安全阀故障	检修安全阀

三、气源处理系统常见故障及排除对策

气源处理系统常见故障有：一级过滤器故障、二级过滤器故障、三级过滤器故障、减压阀故障等。具体排除对策见表 8-9 至表 8-12。

表 8-9　一级过滤器故障及排除对策

故障现象	故障原因	对策
压力降增大，流量减少	滤芯阻塞	换滤芯
紧靠一级过滤之后，出现异常多的冷凝水	冷凝水达到了滤芯位置	1. 排放冷凝水 2. 自动排水机构不正常，停气分解，进行清洗

表 8-10 二级过滤器故障及排除对策

故障现象	故障原因	对策
压力降过大	通过流量太大	选更大规格过滤器
	滤芯堵塞	清洗或更换
	滤芯过滤精度太高	选合适过滤精度的滤芯
水杯破损	压缩空气中混有有机溶剂	选用金属杯
	空压机输出过量焦油	更换空压机润滑油，使用金属杯
输出端流出冷凝水	未及时排放冷凝水	安装自动排水器
	自动排水器有故障	修理或更换自动排水器
	超过流量使用范围	在允许的流量范围内使用
输出端出现异物	滤芯破损	更换滤芯
	滤芯密封不严	更换滤芯密封垫
	错用有机溶剂清洗滤芯	改用清洁热水或煤油清洗
打开手动排水阀不排水	固态异物堵塞排水口	清除异物
装了自动排水器，冷凝水也不排出	过滤器安装不正，浮子不能正常动作	检查并纠正安装姿势
	灰尘阻塞节流孔	停气分解，进行清洗
	存在锈末等异物，使自动排水器不能正常动作	
	冷凝水中的油分等黏性物质阻碍浮子的动作	
带自动排水器的过滤器，排水口排水不停	排水器密封部位有损伤	停气分解，进行清洗并更换损伤件
	存在锈末等异物，使自动排水器不能正常动作	
	冷凝水中的油分等黏性物质阻碍浮子的动作	
水杯内无冷凝水，但出口配管内却有大量冷凝水流出	过滤器处的环境温度过高，压缩空气温度也过高，到出口处才冷却下来	过滤器安装位置不当，应安装在环境温度及压缩空气温度较低处
排水阀漏气	排水阀松动	拧紧排水阀后仍漏气，则应停气分解，清除异物或更换损伤件
	异物嵌入排水阀的阀座或该阀座有损伤	
	水杯的排水阀安装部位破损	

故障现象	故障原因	对策
从水杯安装部漏气	紧固环松动	增拧紧固环仍漏气，应停气分解，更换损伤件
	O 型圈有损伤	
	水杯破损	

表 8-11　三级过滤器故障及排除对策

故障现象	故障原因	对策
压力降增大，且流量减小	聚结式滤芯堵塞	更换滤芯
紧靠三级过滤器之后，出现异常多的冷凝水	冷凝水已到达滤芯位置	及时排放冷凝水
装了自动排水器，冷凝水也不排出	过滤器安装位置不正，浮子不能正常动作	纠正过滤器安装姿势
	冷凝水中的油分等黏性物质阻碍浮子的动作	停气、分解、清洗
装了自动排水器，排水口排水不停	排水口的密封件损伤	更换
	冷凝水中的油分等黏性物质阻碍浮子的动作	停气、分解、清洗
二次侧有油雾输出	滤芯破损或滤芯密封不严	修理或更换滤芯
	通过的流量过大	按最大流通量重新选型
漏气	排水阀紧固不严	重新紧固
	油杯 O 型圈损坏	更换 O 型圈

表 8-12　减压阀故障及排除对策

故障现象	故障原因	对策
压力不能调整	进出口装反了	正确安装
	调压弹簧损坏	分解、更换损伤件
	复位弹簧损坏	
	膜片破损	
	阀芯上的橡胶垫损伤	
	阀芯上嵌有异物	分解、清扫异物
	阀芯的滑动部位有异物卡住	

续表

故障现象	故障原因	对策
旋转手轮，调压弹簧已释放，但二次侧压力不能完全降下	阀芯处有异物或有损伤	分解、清扫、更换密封件
	阀芯的滑动部固着在阀芯导座上	
	复位弹簧损伤	
二次侧压力缓慢上升	阀芯上的橡胶垫有小伤痕或嵌入小的异物	清扫、更换
二次侧压力缓慢下降	膜片有裂纹（由于二次侧设定压力频繁变化及流量变化大所致）	更换膜片
二次侧压力上不去	调压手轮破损	更换调压手轮
输出压力波动过大	减压阀通径小或进口配管通径小（一次侧有节流，工期不畅）和出口配管通径小，当输出流量变动大时，必然输出压力波动大	根据最大输出流量，重新选定减压阀，通径必须匹配，并检查进出口配管系统口径
	进气阀芯导向不良	更换进气阀芯
阀体漏气	上阀盖紧固螺钉松动	均匀紧固
	膜片破损（含膜片与硬芯松动）	更换膜片

四、干燥系统常见故障及排除对策

干燥系统常见故障有：吸附式干燥器故障、冷凝式干燥器故障、高分子膜式干燥器故障等。具体排除对策见表 8-13 至表 8-15。

表 8-13　吸附式干燥器故障及排除对策

故障现象	故障原因	对策
露点不能降低	吸附剂劣化	更换
	混入油	安装油雾分离器等
	电磁阀故障，空气不能流动	修理或更换
	再生空气不流动	清扫堵塞孔口
	压力降低	检查配管气路
	计时器故障	修理或更换

故障现象	故障原因	对策
压力降太大	过滤器阻塞	清扫或更换
压力变化大	两通电磁阀故障	修理或更换
	计时器设定不良	
单筒工作	旁路阀门关闭或开启位置不当	开启至合适位置

表 8-14　冷凝式干燥器故障及排除对策

故障现象	故障原因	对策
出口压缩空气温度高（即冷却不足）	进口压缩空气温度高	检查压缩机或厂内气
	环境温度高	用导管引入外部冷空气
		冷凝器部位吹气降温
	二次侧流量过大	改选更大的干燥器
	冷凝器阻塞	清扫
	通风不畅	检查安装场所
	冷媒泄漏	检查泄漏原因，修理，充填冷媒
二次侧有水流出	自动排水器不良	修理或更换
	冷却不足	参见上述现象的对策
	二次侧温度下降（如外界吹风、内部绝热膨胀等）	二次侧若使用喷嘴，温度会急剧下降，一定有水流出，应重新评估配管、喷嘴等
	旁路阀门没关闭	关闭该阀
	在二次侧，与没有设置空气干燥器的配管共同流动	检查配管系统
二次侧没有空气流出	冷却器内水分冻结所致	在冷凝器上安装外罩
	冷却器上经常接触外部冷风	
	冷媒泄漏，发生泄漏处碰上含水分的空气，则冷却温度下降	检查冷媒回路
二次侧配管上结露	热交换器故障，使空气不能变暖	检查修理或更换
	容量控制阀调节不当	重新调节

续表

故障现象	故障原因	对策
运转停止	二次侧流量过大	改选更大的干燥器
	进口压缩空气温度高	检查空压机、后冷却器
	环境温度高	在通风口冷凝器部通风降温
	冷凝器阻塞	清扫
	通风不畅	检查安装场所
	冷媒气体过量	减至适量
	电压波动过大	检查电压

表 8-15 高分子膜式干燥器故障及排除对策

故障现象	故障原因	对策
露点指示剂粉红色	气路中水分含量过大	检查一次侧水过滤装置
露点指示剂茶色	气路中油分含量过大	检查一次侧油水分离装置
排气侧排出大量水滴	水滴过滤器失效	更换水过滤装置
排气侧排出大量油滴	油水过滤器失效	更换油水分离装置
断气时排气侧仍有气体排出	充气电磁阀关闭不严	检修或更换
干燥器漏气	密封圈破损	更换密封圈

五、控制系统常见故障及排除对策

控制系统常见故障有：控制系统故障、双电控电磁阀故障等。具体排除对策见表 8-16 和表 8-17。

表 8-16 控制系统故障及排除对策

故障现象	故障原因	对策
空压机不启动	电气系统接线错误	核对接线图，加以校正
	保险丝烧断	检查系统线路
	电压过低	适当提高电压
	相间短路	对短路部位修复
	负载过大	维修更换泄压阀、单向阀
系统不启动	运输或振动原因导线接头松动	重新紧固配线（振动大的场所尤为注意）

故障现象	故障原因	对策
突然停机	热继电器动作	热继电器整定值不合适，适当调整整定值
	线路故障或相关电气元器件故障	查找原因并更换相关元器件
按下启动按钮，设备运转，但放开启动按钮设备停止	中间继电器或接触器触点不能自锁闭合	查明原因排除或更换部件
	接线头接触不良或导线断裂	查明原因排除或更换部件
充气指示灯不亮	指示灯坏	更换
	充气电磁阀不开启，电源不正常	查明原因维修或更换部件
	压力传感器低触点不闭合	更换传感器
	控制回路出现问题	检修
保压指示灯不亮	指示灯坏	更换
	充气电磁阀不关闭，电源不正常	查明原因维修或更换部件
	压力传感器高触点不闭合	更换传感器
	控制回路出现问题	检修
异常指示灯亮	报警定时继电器不正常	更换
	充气时间过长，封闭母线或管道严重泄漏	查找母线或管道泄漏点并排除
	母线内压力过高，母线密封过于严密，充入气体受热膨胀	为母线开启泄压点
接触器触点不能自由吸合	触点弹簧软	调整弹簧弹力
	底板不平	消除凸起部分
	衔铁或机械部分卡死	维修使其灵活
	触点被融焊	更换触点
接触器主触头发热	负载超过额定容量	查明原因排除
	触头行程过大	更换触头
	触头烧损严重	更换触头
	触头压力不足	更换弹簧
	触头表面有油、灰尘、污垢	拆下触头，清洁触点表面

续表

故障现象	故障原因	对策
数字压力表和传感器故障	机组运行中规定值动作不规律	更换压力表和传感器
	压力和压差范围无法调整	更换压力表和传感器
	微动开关触点不能自动闭合断开，压力不受控制	查明原因排除或更换
保护装置不充气	充气电磁阀故障	维修、更换
	充气管路阻塞	检修充气管路
保护装置不保压	封闭母线泄漏严重	查找母线泄漏点、补漏
	取样管路泄漏	查找管路泄漏点、补漏

表 8-17 双电控电磁阀故障及排除对策

故障现象	故障原因	对策
电磁阀阀杆不动作（无声）或动作时间过长	电源没接通	接通电源
	接线断了或误接线	重新正确接线
	电气线路的继电器有故障	更换继电器
	电压低，电磁吸力不足	应在允许使用电压范围内
	1. 污染物（切削末、密封袋碎片、锈末、砂粒等）卡住阀杆 2. 阀杆被焦油状污染物粘连 3. 阀杆芯锈蚀 4. 先导孔断气 5. 密封件损伤、泡胀（冷凝水、空压机润滑油、有机溶剂等侵入） 6. 环境温度过低，阀杆冻结 7. 锁定式手动操作按钮忘记解锁	清洗、更换损伤零件，并检查气源处理状况是否合乎要求
阀杆不能复位	1. 先导气未供气 2. 污染物卡住阀杆 3. 阀杆被焦油状物质粘连	清洗、更换损伤零件，并检查气源处理状况是否合乎要求
	1. 复位电压低 2. 漏电压过大	复位电压不得低于漏电压，必要时应更换电磁阀

续表

故障现象	故障原因	对策
线圈有过热现象或发生烧毁	流体温度过高、环境温度过高	改用高温线圈
	工作频率过高	选用高频线圈
	交流线圈的阀杆被卡住	清洗，改善气源品质
	接错电源或误接线	正确接线
	瞬间电压过高，击穿线圈的绝缘层，造成短路	将电磁线圈电路与电源电路隔离，设过电压保护回路
	电压过低，吸力减小，交流电磁线圈通过的电流过大	使用电压不得比额定电压低10%~15%
	继电器触点接触不良	更换继电器
	双电控电磁阀的两个线圈同时带电	应设互锁电路
	直流线圈阀杆剩磁大	更换阀杆材料或电磁阀
交流电磁线圈有蜂鸣声	线圈吸合面不平、有污染物、生锈，不能完全被吸合	修平、清除污染物、除锈、更换
	分磁环损坏	更换分磁环
	使用电压过低，吸力不足（换新阀也一样）	应在允许使用电压范围内
	固定电磁阀的螺丝松动	紧固螺丝
	电磁阀双线圈同时带电	设互锁电路
漏气	污染物卡住阀杆导致的换向不到位；阀杆锈蚀导致的换向不到位	清洗或更换，并检查气源品质
	电压太低，阀杆吸合不到位	应在允许使用电压范围内
	弹簧及密封件损伤	更换
	紧固部位紧固不良	清洗并检查气源品质

六、管路系统常见故障及排除对策

管路系统的常见故障原因及排除对策见表8-18。

表 8-18　管路系统故障及排除对策

故障原因	对策
管道振动幅度大	管道过长，加装固定支点
管道内含有大量的水和油	更换上游过滤器滤芯
供给压力小于最低使用压力	提高供给压力，设置增压罐减少压力变动
管路细长或管接头选用不当，压力损失过大	重新设计管路，加粗管径，选用流通能力大的管接头及气动阀门

七、自动排污系统常见故障及排除对策

自动排污系统常见故障及排除对策见表 8-19。

表 8-19　自动排污系统故障及排除对策

故障现象	故障原因	对策
排水电磁阀不排水	电磁阀控制线路故障	修复或更换
	线圈不带电	查明并维修
	线圈锈蚀	擦洗线圈
	阀芯磨损或密封圈失效	换阀芯或密封圈
	阀芯严重油污、积碳	拆下清洗
	复位弹簧失效	更换弹簧
	阀杆被异物卡住	拆下清洗异物
	排水阀松动	增拧
	密封部嵌入异物或密封部有损	打开清洗或更换
手动排污阀门不排水	被异物卡住	清除异物
	被水锈锈蚀	清除水锈
	排污阀门常年不开启，阀芯锈死	更换阀门
过滤器、干燥器自动排水装置不排水	排水管道弯道过多产生阻力	减少弯道设置
	自动排水器被油泥粘连	清洗自动排水器
过滤器、干燥器自动排水装置流水不停	浮子被异物卡住	清洗自动排水器

八、保护系统常见故障及排除对策

保护系统常见故障及排除对策见表8-20。

表8-20　保护系统故障及排除对策

故障现象	故障原因	对策
泄压电磁阀排气泄压	泄压电磁阀损坏	更换电磁阀
	电源不正常	检修电路
	电磁阀关闭不严等	清洗、更换电磁阀
	充气时间过长	减少充气时间，降低最高设定压力
	母线内压力超高	
	充气压力过高	降低最高设定压力
	母线密封太严，空气出现膨胀现象	减小充气流量及流速
液控安全阀排气泄压	充气压力高	降低最高设定压力
	母线密封太严，空气出现膨胀现象	降低最高设定压力，减小空气流量及流速
电子断电保护气动	压力表、压力传感器故障	检修并恢复
	线路故障	检修并恢复
	设定保护参数不正确	重新设定参数

第八节　快速维修工作

　　封闭母线保护装置整套系统能正常工作多长时间，这是用户非常关心的问题。

　　各种电气元件、气动元件通常都给出了耐久性指标。我们根据耐久性指标，可以大致估算出各种元器件在正常使用条件下的使用时间，例如，时间继电器、接触器一类电气元件，标称值一般都在10万次以上，电磁阀耐久性为100万次，按照这种理论依据作为参考，不论是电气元件还是气动元件，其设计使用年限保守估计都可以使用十年之久，因为有太多的客观因素未被考虑，只能说这是最长寿命估算法。如果单纯只关注耐久性指标，这是没有实际意义的，因为电气元件、气动元件不可能是完全不带负载的。在实际运行中，各种元器件都会面临负载运行，例如，电气元件中的线圈过热、绝缘层老化、触点热熔，气动元件中橡胶垫的老化、金属件的锈蚀、气源处理品质的优劣、日常维护保养工作能否坚持等，都直接影响各种元器件的使用寿命。

封闭母线保护装置各系统中元器件的使用寿命都有很大差别，像气源处理系统、干燥系统、控制系统、自动排污系统等使用较为频繁的元器件，其使用寿命相对较短，而其他动作频率较少的系统，相对寿命就长些。各种过滤器和干燥器的使用寿命，主要取决于滤芯的使用寿命以及上游空压机或厂内气油水的含量，这与气源处理后空气的品质有很大关系。像急停开关、保护系统等这些不经常动作的元器件，要保证其动作可靠性，就必须定期进行维护。因此，保护装置的维修周期，应根据整套保护装置各系统的使用频率，各元器件的重要性和日常维护、定期维护的状况综合考虑，一般是每年大修、维护一次。

维护之前，应根据产品的使用说明书及各元器件的维护说明书预先了解所要更换元器件的作用、工作原理和内部零部件的运动状况，必要时要参考维修手册，根据故障的类型，在拆卸之前，对常见的故障和问题应有准确的分析和判断。

维护时，对日常工作中经常出现问题的元器件要彻底解决。对重要部位和系统的元件、经常出问题的元件和接近其使用寿命的元件，应按照原样换成一个新元件，如果需要增加或者减少相关元器件，一定要经过仔细考察、分析无误后，再做出相应更换，或者直接与原生产厂家联系沟通，确保工艺正确无误。新元件通气口的保护塞，在使用时再取下来。许多元器件内仅仅是少量零件的损伤，如密封圈、弹簧等，为了节省经费，可只更换相应的损坏件。各系统维修检查见表8-21。

表8-21　各系统的维修检查

检查系统	检查零件及检查内容
气源输出系统	空压机启动、停机是否正常；厂内气输出压力是否正常、稳定
空气冷却存储系统	后冷却器运行降温效果；储气罐压力表、安全阀、进出口阀门是否正常、排水阀能否开启
气源处理系统	一、二、三级过滤器水杯是否有损伤；滤芯两端压降是否在允许值内；自动排水器排水是否正常
干燥系统	漏点指示剂指示值是否正确；进出气流量是否在允许范围内；排水、排气是否正常

检查系统	检查零件及检查内容
控制系统	数显压力表、温湿度表显示是否正确；压力传感器零点修正值是否正确；各级时间继电器设置参数应准确无误；各接触器吸合断开是否正常；各级电磁阀开启、关闭是否准确到位
管路系统	有无松动变形；管路内有无水、油痕迹
自动排污系统	各级排水阀门开启是否正确；排水总成管路是否存在泄漏；各级排水软管是否有破损
保护系统	排气电磁阀排气时间设置是否正确，电磁阀能否正常开启、关闭；紧急开关是否能及时断开保护；液控安全阀液位高度是否欠缺

各系统在拆卸前，应清扫元件和装置上的污染物和灰尘，保持各系统环境清洁。确认要更换的零部件已进入了防止落下处置和防止自行移动处置之后，还必须切断电源和气源，确认压缩空气已全部排出后方能拆卸。仅关闭系统中的手动阀门或截止阀，系统中不一定就无压缩空气余压存在，有时压缩空气余压会被堵截在某个部位，所以必须认真分析、检查各部位，并设法将余压排尽，例如：观察压力表是否归零，调节电磁阀、节流阀、开关阀的手动调节杆排气等。

拆卸时，应按组件为单位进行拆卸，要慢慢松动每个螺丝，以防元件或管道内有残压。一面拆卸，一面逐个检查零部件是否正常。负荷较重的元器件要认真检查（如充气电磁阀、过滤器、干燥器等）。要注意各处密封圈和密封垫的磨损、损伤和变形情况；要注意先导孔、二次侧出气口和滤芯的堵塞情况；要检查塑料和有机玻璃制品是否存在裂纹和损伤。拆卸时，应将零件按组装顺序排列，并注意元件的安装方向，以便今后的装配。配管口及软管口必须用干净布保护，防止灰尘及杂物侵入。

更换的零件必须保证质量。锈蚀、损伤、老化的元件不得再用。必须根据使用环境和工作条件来选定密封件，以保证各级元器件的气密性和稳定性。

拆下来准备再用的零部件，应放在清洗液中清洗。不得用汽油等有机溶剂清洗橡胶件和塑料件，可以使用优质煤油进行清洗。

零件清洗完毕后，不能用棉丝、化纤品擦干，可用干燥的清洁空气吹干。涂上润滑脂，以组件为单位进行装配。注意不要漏装密封件、不要将零件装反。螺钉、螺母拧紧力矩应均匀，力矩大小应合理。

安装密封件时应注意有方向的密封圈不得装反。密封圈不得装扭。为便于安装，可在密封圈上涂抹润滑脂。要保持密封件清洁，防止棉丝、纤维、切削末、灰尘等附着在密封件上。安装时，应防止沟槽的棱角处、横孔处碰伤密封件。与密封件接触的配合面不能有毛边，棱角应倒圆。塑料类密封件几乎不能伸长，橡胶材料密封件也不要过度拉伸，以免产生永久变形。在安装带密封圈的部件时，注意不要碰伤密封圈。螺纹部分通过密封圈，可在螺纹上卷上生料带或使用插入用工具。

配管时，应注意不要将灰尘、密封材料碎片等污染物带入管内。

维修安装好，在确认装配质量合乎要求后，再接通电源和气源，并进行必要的功能检查和气密性检查，不合格者不能使用。检修后的元件，一定要试验其动作情况，必须仔细检查安装情况。送气时要求缓慢升压到规定压力，保证升压过程直至达到规定压力都不漏气。保证安装正确后才能投入使用。

第九章　封闭母线的检修工艺及规程

第一节　离相封闭母线检修工艺规程

离相封闭母线在国内使用量较大，从 125MW 机组到 1000MW 机组中都在使用。书中不便对每一型号的机组都做出详细说明，故以河北国华定州发电有限公司的两台 600MW 机组为例，对检修工艺及其规程做一简单介绍。其他母线可以此为范本，参照执行。

河北国华定洲发电有限责任公司 I 期 2×600MW 离相封闭母线包括：主变至发电机主回路离相封闭母线，主变分支离相封闭母线，厂用分支离相封闭母线，PT 及励磁变分支离相封闭母线，中性点分支离相封闭母线，离相封闭母线开放式微风循环正压装置。

1. 离相封闭母线参数

离相封闭母线参数见表 9-1。

表 9-1　离相封闭母线参数

序号	回路名称	主回路	主变分支	厂用分支	脱硫变分支	PT 及励磁变分支	中性点分支
1	母线型号	QZFM-20/23000	QZFM-20/15000	QZFM-20/3150	QZFM-20/800	QZFM-20/2500	QZFM-20/630
2	额定电压（kV）	20	20	20	20	20	20
3	最高电压（kV）	24	24	24	24	24	24
4	额定电流（kA）	23000	15000	3150	800	2500	630

序号	回路名称		主回路	主变分支	厂用分支	脱硫变分支	PT 及励磁变分支	中性点分支
5	相数（相）		3	3	3	3	3	1
6	额定频率（Hz）		50	50	50	50	50	50
7	额定雷电冲击耐受电压峰值（kV）		150	150	150	150	150	150
8	额定短时工频耐受电压有效值（kV）		75	75	75	75	75	75
9	动稳定电流峰值（kA）		630	630	750	750	750	—
10	4s 热稳定电流有效值（kA）		250	250	315	315	315	—
11	泄漏比距≥（mm/kV）		25	25	25	25	25	25
12	设计用周围环境温度（℃）		40	40	40	40	40	40
13	母线导体正常运行时的最高温度（℃）		90	90	90	90	90	90
14	相间距离（mm）		1800	1800	—	—	—	—
15	冷却方式		自冷	自冷	自冷	自冷	自冷	自冷
16	封闭母线尺寸	外壳（mm）	1450×10	φ1150×8	φ750×7	φ750×7	φ750×7	500×500
		导体（mm）	900×15	φ600×12	φ200×10	φ200×10	φ200×10	100×10
17	母线材质	外壳	铝	铝	铝	铝	铝	铝
		导体	铝	铝	铝	铝	铝	铝

2. 检修类别及周期

检修类别及周期见表9-2。

表9-2 检修类别及周期

检修类别	检修周期
A 级检修	6 年
C 级检修	1.5 年
临时检修	存在严重缺陷，影响安全运行时应进行临时性检修

3. 离相封闭母线

（1）A 级检修标准项目。①封闭母线外壳及架构检修；②母线、绝缘子清扫、检修；③变压器及发电机套管密封检查；④加热装置检修；⑤开放式微风循环正压装置检修；⑥变压器及发电机套管密封检查；⑦淋水试验；⑧气密封试验；⑨绝缘子的绝缘电阻；⑩母线导体对外壳的绝缘电阻；⑪交流耐压试验；⑫各部分紧固件的检修。

（2）C 级检修标准项。①封闭母线外壳及架构检查；②绝缘子安装盖板检查；③加热装置检查；④开放式微风循环正压装置检查；⑤变压器及发电机套管密封检查；⑥气密封试验；⑦母线导体对外壳的绝缘电阻；⑧各部分紧固件的检修。

4. 具体施工技术要求

（1）检查发电机出口与封闭母线连接处的3件密封隔断套管（盆式绝缘子）并进行涂胶密封。

（2）检查封闭母线与发电机 PT 分支连接处的3件密封隔断套管（盆式绝缘子）并进行涂胶密封。

（3）更换封闭母线与高厂变连接处的3件密封隔断套管（盆式绝缘子）并进行涂胶密封。

（4）更换封闭母线与主变连接处的3件密封隔断套管（盆式绝缘子）并进行涂胶密封。

（5）检查封闭母线主回路主厂房内3件橡胶伸缩套并进行涂胶密封。

（6）检查封闭母线与发电机出口 PT 间的3件橡胶伸缩套并进行涂胶密封。

（7）更换封闭母线主回路主厂房外3件橡胶伸缩套并进行涂胶密封。

（8）更换封闭母线与高厂变连接处3件橡胶伸缩套并进行涂胶密封。

（9）更换封闭母线与主变连接处3件橡胶伸缩套并进行涂胶密封。

（10）检查封闭母线主回路主厂房内3个检修入孔并进行涂胶密封。

（11）更换封闭母线内部 180 个支撑绝缘子密封胶垫，严禁遗漏，支撑绝缘子与母线间的胶垫根据现场检查情况进行更换，同时对绝缘子本体及母线内部进行清理，发现有破损绝缘子应及时更换。

（12）按工艺进行密封处理，保证橡胶伸缩套、盆式绝缘子、密封胶垫、各焊缝接头以及影响密封效果的漏气点进行可靠处理，保证不再漏气，使封闭母线保压时间达到预期效果。

（13）对所有密封隔断套管（盆式绝缘子）进行密封检查、更换工作时，保证套管与固定法兰的整体结构和密封性，不能影响导体因温度变化而发生位移，杜绝使用塞橡胶垫的方式进行处理。

（14）对支撑绝缘子与导体之间要支撑可靠，调整力度适当，不得有间隙，调整材料必须使用无磁或绝缘材料。

（15）发电机出口 CT 引出二次线的端口、微正压充气装置各管路接头进行检查并做密封处理。

（16）自然冷却的封闭母线，应防止灰尘、潮气及雨水侵入外壳内部，外壳防护等级为 IP54。

（17）在绝缘子底座上分别喷涂 A（黄）、B（绿）、C（红）色漆。

（18）工作完毕，做到"工完、料尽、场地清"，不得遗漏任何施工废料和工具在封闭母线内部。

（19）工作结束后用 2500V 摇表测量封闭母线绝缘电阻不低于 100MΩ（相间、相对地），吸收比大于 1：3。

（20）封闭母线的外壳内充以 2000P 压力的干燥净化空气，其空气泄漏率每小时不超过外壳内容积的 6%，微正压系统启动后充气打压时间须小于10 分钟（0~1500Pa），压力充至 2000Pa 后降至 300Pa 的时间夏季必须大于40 分钟，冬季必须大于 30 分钟。

（21）封闭母线导体运行温度不大于 90℃，封闭母线外壳运行温度不大于 70℃。

5. 主要备品备件

主要备品备件见表 9-3。

表 9-3 主要备品备件

序号	名称	规格型号	单位	数量	材质
1	支持绝缘子	R275	支	—	—
2	高压熔断器	RN_2-20	支	—	—
3	离相封闭母线紧固件	—	件	—	—

6. 离相封闭母线检修工艺步骤及质量标准

离相封闭母线检修工艺步骤及质量标准见表9-4。

表 9-4　离相封闭母线检修工艺步骤及质量标准

序号	检修项目	工艺步骤	质量标准
1	准备工作	准备好工具、备件及材料，开工作票；搭建脚手架，工作前进行验电	工具、材料、备件齐全，安全措施正确、完备，开工前认真核对措施；经专业人员鉴定合格后使用，上下工作台扶梯时要防止高空坠落
2	封闭母线外壳及架构检查	检查封闭母线架构及连接螺栓；检查封闭母线外壳；检查封闭母线外壳接地点	牢固、无锈蚀、无孔洞、无开焊现象，清洁良好，接地良好
3	母线及绝缘子清扫、检查	松开绝缘子安装盖板螺栓，取出并清扫绝缘子；检查、清理母线；更换绝缘子密封圈；回装绝缘子；绝缘子安装盖板涂抹密封胶	逐个检修，回装好后再检查下一个；绝缘子清洁、无裂纹及爬电痕迹；母线清洁，无过热、放电现象；压正、压牢，紧固均匀；对角紧固螺栓，密封垫压缩均匀；打胶均匀、密封良好、无遗漏
4	变压器及发电机套管检查	检查变压器及发电机套管；如存在原有玻璃胶泄漏情况，清理干净泄漏区域玻璃胶；套管玻璃胶泄漏试验	重新打玻璃胶，等第一层晾干后再打第二层玻璃胶，与原有玻璃胶厚度一致，玻璃胶晾干后应无明显泄漏点
5	加热装置检查	检查电源回路；检查空气开关、接触器；检查控制箱内二次接线；检查电加热器；用500V摇表测量回路绝缘电阻；检查电加热器的布置、固定情况；检查封闭母线伴热带电源线的布置、固定情况	接线正确、无松动；动作正常、接触良好；绝缘电阻值≥0.5MΩ；连接牢固、布置合理，引出线密封良好，安全距离满足设计要求
6	封闭母线保护装置检查	检查空气压缩气气泵；检查电机；直阻、绝缘电阻测量；检查管路连接、密封；检查干燥器；控制回路检查；压力表校验	运行正常，转动灵活无卡涩，滤芯清洁，接头密封良好；三相直阻平衡，绝缘电阻≥1MΩ；密封良好、无漏气，否则应紧固或更换密封；内无积水，硅胶未变色，否则更换；控制回路接线正确；启动300Pa，停止2500Pa，超压报警2800Pa

续表

序号	检修项目	工艺步骤	质量标准
7	淋水试验	对封闭母线户外部分表面（包括焊缝、外壳的各种连接、绝缘子安装孔、检修孔等）进行人工淋水，试验时用直径 2.5cm 的软管，通过距外壳为 3m 的喷嘴，将水从与水平面成 45°角的方向喷出，水压保持在 1.1MPa，沿母线长度方向两侧连续喷淋 5 分钟	外壳内部不应有进水痕迹，如果发现进水痕迹，应查出原因，进行补焊或用玻璃胶密封
8	气密封试验	封闭母线内充以压力为 1500Pa（相当于 150mm 水）的压缩空气，同时用肥皂水检查外壳焊缝及外壳上的其他装配连接密封面	应无明显的气泡（漏气点），如果发现漏气点，应查出原因，进行压正、压牢、紧固均匀、补焊或用玻璃胶密封
9	电气试验	断开母线与设备的连接。用 2500V 摇表检查绝缘子绝缘；用 2500V 摇表测量母线导体对外壳的绝缘电阻；交流耐压试验	绝缘电阻值≥1000MΩ；绝缘电阻值≥50MΩ；51kV/分钟
10	封闭母线与系统设备连接	导电连接部位工作面均匀涂抹导电膏后与设备连接；清理、检查封闭母线与发电机、变压器连接箱；封闭母线与发电机、变压器连接箱盖板回装，在安装盖板的法兰面上加装密封条后紧固螺栓、涂抹密封胶	螺栓紧固无松动，用 0.05mm 塞尺检查，其塞入深度≤4mm；清洁、无杂物；密封条压正、压紧、不倾斜、扭曲，螺栓紧固；法兰面打密封胶均匀、密封良好、无遗漏
11	工作票结束	确认检修中所做的设备措施均已恢复，打开的设备内无遗留物品，盖板已盖上，并且密封良好 工作票结束前进行技术交底，向当值运行人员作技术交底 以上各工序已完成，检修记录齐全，文字、图表清晰，各质检点均已验收合格 现场卫生良好，达到文明生产要求 拆除脚手架，确认各项工作已完成，工作负责人在办理工作票结束手续之前应询问相关班组的工作班成员其检修工作是否结束，确定所有工作已结束后办理工作结束手续 办理工单、隔离单结束手续，同运行人员按照规定程序办理结束工作票手续	

7. 离相封闭母线检修后试验项目及标准

离相封闭母线检修后试验项目及标准见表 9-5。

表 9-5　离相封闭母线检修后试验项目及标准

序号	试验项目	试验内容	试验方法	试验标准
1	淋水试验	进行人工淋水	沿母线长度方向两侧连续喷淋 5 分钟	符合《GBT 8349 - 2001 金属封闭母线》要求
2	气密封试验	封闭母线内充 1500Pa 的压缩空气，同时用肥皂水检查外壳焊缝及外壳上的其他装配连接密封面是否有泄漏	应无明显的气泡（漏气点）	符合《GBT 8349 - 2001 金属封闭母线》要求
3	绝缘子绝缘电阻	用 2500V 摇表绝缘电阻值≥1000MΩ	兆欧表测试	符合《GBT 8349 - 2001 金属封闭母线》要求
4	母线导体对外壳的绝缘电阻	用 2500V 摇表测量，绝缘电阻值≥50MΩ	兆欧表测试	符合《GBT 8349 - 2001 金属封闭母线》要求
5	交流耐压	51kV/分钟	工频耐压测试	符合《GBT 8349 - 2001 金属封闭母线》要求

第二节　共箱封闭母线检修工艺规程

1. 共箱封闭母线概况

河北国华定洲发电有限责任公司 I 期 2×600MW 共箱封闭母线包括：6.3kV 共箱封闭母线、交流励磁封闭母线、直流励磁封闭母线。

6.3kV 共箱封闭母线从高厂变、脱硫变、启备变的 6.3kV 套管端子到 6.3kV 高压开关配电装置进线柜母线，包括三相母线、母线可伸缩接头、绝缘子和支持金具、铝制外壳及其导电和不导电伸缩补偿器、厂用变压器过渡接头、电加热（智能恒温伴热电缆60℃型）方式。

交流励磁封闭母线从机端励磁变低压出线套管端子，到可控硅整流柜交流进线端子，包括三相母线、母线间伸缩接头、绝缘子和金具、铝制外壳和支持金具、导电和不导电伸缩补偿器及与设备连接的软接头。

直流励磁封闭母线从可控硅整流柜直流侧出线端子，到发电机转子励磁滑环端子，包括双极母线、母线间伸缩接头、绝缘子和金具、铝制外壳和支持金具、导电和不导电伸缩补偿器与设备连接的软接头。

2. 设备参数

共箱封闭母线设备参数见表9-6。

表 9-6　共箱封闭母线设备参数

序号	回路名称		厂用电回路	脱硫回路	励磁交流回路	励磁直流回路
1	母线型号		QZFM-6/4000	QZFM-6/2000	QZFM-6/4500	QZFM-6/4500
2	冷却方式		自冷	自冷	自冷	自冷
3	母线长度（m）		614	35.2	20	20
4	额定电压（kV）		10	10	1	1
5	额定电流（A）		4000	2000	4500	4500
6	额定频率（HZ）		50	50	50	—
7	工频耐受电压（kV）	干耐受	42	42	4.2	4.2
		湿耐受	30	—	—	—
8	雷电冲击耐受电压（kV）		75	75	8	8
9	热稳定电流/作用时间（kA/s）		50	50	80	80
10	动稳定电流（kA）		125	125	200	200
11	各回路母线外壳的截面尺寸（mm）		1000×550×3	1000×550×3	700×400×3	500×400×3
	各回路母线导体的截面尺寸（mm）		100×10×4	100×10×4	160×10×3	160×10×3
12	外壳计算温度（℃）		64.3	64.3	65	57.8
	导体计算温度（℃）		87	87	88.8	72.5
13	母线损耗（W/m）		544.8	544.8	499.5	185.2
14	各回路母线的净重（kg/m）		145	145	150	110
15	共箱封闭母线进入配电室的空调温度设定（℃）		≥26	≥26	≥26	≥26

3. 检修类别及周期

共箱封闭母线检修类别及周期见表9-7。

表9-7 共箱封闭母线检修类别及周期

检修类别	检修周期（年）
A 级检修	6
C 级检修	1.5

A 级检修应注意以下两点：

（1）新安装共箱封闭母线和离相封闭母线投运一年后应进行一次检修。

（2）正常运行的共箱封闭母线和离相封闭母线随机组进行 A 级检修。

通常，当共箱封闭母线存在严重缺陷、影响安全运行时应进行临时性检修。

4. 检修项目

（1）共箱封闭母线 C 级检修标准项目：①封闭母线外壳及架构检查；②母线喷涂绝缘涂料检查和母线绝缘子抽检、清扫；③封闭母线盖板检查；④母线导体对外壳的绝缘电阻。

（2）共箱封闭母线 A 级检修标准项目：①封闭母线外壳及架构检查；②母线喷涂绝缘涂料检查和母线绝缘子清扫、检修；③封闭母线盖板回装检修；④淋水试验；⑤绝缘子的绝缘电阻；⑥母线导体对外壳的绝缘电阻；⑦交流耐压试验；⑧封闭母线与系统设备连接检查。

5. 主要备品备件

共箱封闭母线主要备品备件见表9-8。

表9-8 共箱封闭母线主要备品备件

序号	名称	规格型号	单位	数量	材质
1	支持绝缘子	2044	只	25	—
2	封闭母线紧固件	—	件	1	—

6. 检修工艺步骤及质量标准

共箱封闭母线检修工艺步骤及质量标准见表9-9。

表 9-9 共箱封闭母线检修工艺步骤及质量标准

序号	检修项目	工艺步骤	质量标准
1	准备工作	准备好工具、备件及材料，开工作票； 搭建脚手架，工作前进行验电	工具、材料、备件齐全，安全措施正确、完备，开工前认真核对措施； 经专业人员鉴定合格后使用，上下工作台扶梯时要防止高空坠落
2	封闭母线外壳及架构检查	检查封闭母线架构及连接螺栓； 检查封闭母线外壳； 检查封闭母线外壳接地点； 检查封闭母线对接面防水沿安装情况	牢固，无锈蚀、无孔洞、开焊现象，清洁良好、接地良好；安装牢固，无沙眼，能防水
3	母线及绝缘子清扫、检查	松开封闭母线检修盖板螺栓，取下检修盖板； 清扫绝缘子； 清扫母线； 检查、紧固绝缘子固定螺栓； 检查、紧固母线连接螺栓	绝缘子清洁、无裂纹及爬电痕迹； 母线清洁，无过热、放电现象； 螺栓紧固无松动，绝缘涂料无开裂和变色； 用 0.05mm 塞尺检查，其塞入深度≤4mm
4	封闭母线盖板回装	清理、检查封闭母线箱槽内部，如内部尘土比较厚，用吸尘器吸附；在安装盖板的法兰面加装密封条；在所有密封面外部涂抹密封胶	清洁、无杂物；密封条压正、压紧、不倾斜、扭曲；密封良好、无遗漏部位
5	淋水试验	对封闭母线户外部分表面（包括焊缝、外壳的各种连接、绝缘子安装孔、检修孔等）进行人工淋水，试验时用直径 2.5cm 的软管，通过距外壳为 3m 的喷嘴，将水从与水平面成 45°角的方向喷出，水压保持在 1.1MPa，沿母线长度方向两侧连续喷淋 5 分钟	外壳内部不应有进水痕迹，如果发现进水痕迹，应查出原因，进行补焊或用玻璃胶密封
6	电气试验	断开母线与设备的连接。用 2500V 摇表检查绝缘子绝缘；用 2500V 摇表测量母线导体对外壳的绝缘电阻；交流耐压试验	绝缘电阻值≥1000MΩ； 绝缘电阻值≥50MΩ； 26kV/分钟

续表

序号	检修项目	工艺步骤	质量标准
7	封闭母线与系统设备连接	导电连接部位工作面均匀涂抹导电膏后与设备连接，清理、检查封闭母线与变压器、开关柜连接箱；封闭母线与变压器、开关柜连接箱盖板回装，在安装盖板的法兰面上加装密封条后紧固螺栓、涂抹密封胶	螺栓紧固无松动，用 0.05mm 塞尺检查，其塞入深度≤4mm；清洁、无杂物；密封条压正、压紧、不倾斜、扭曲，螺栓紧固，法兰面打密封胶均匀、密封良好、无遗漏
8	工作票结束	确认检修中所做的设备措施均已恢复，打开的设备内无遗留物品，盖板已盖上，并且密封良好； 工作票结束前进行技术交底，向当值运行人员作技术交底； 以上各工序已完成，检修记录齐全，文字、图表清晰，各质检点均已验收合格； 现场卫生良好，达到文明生产要求； 拆除脚手架，确认各项工作已完成，工作负责人在办理工作票结束手续之前应询问相关班组的工作班成员其检修工作是否结束，确定所有工作确已结束后办理工作结束手续； 办理工单、隔离单结束手续，同运行人员按照规定程序办理结束工作票手续

7. 检修后试验项目及标准

共箱封闭母线检修后试验项目及标准见表 9-10。

表 9-10 共箱封闭母线检修后试验项目及标准

序号	试验项目	试验内容	试验方法	试验标准
1	淋水试验	进行人工淋水	沿母线长度方向两侧连续喷淋 5 分钟	符合《GBT 8349－2001 金属封闭母线》要求
2	绝缘子绝缘电阻	用 2500V 摇表绝缘电阻值≥1000MΩ	兆欧表测试	符合《GBT 8349－2001 金属封闭母线》要求
3	母线导体对外壳的绝缘电阻	用 2500V 摇表测量，绝缘电阻值≥50MΩ	兆欧表测试	符合《GBT 8349－2001 金属封闭母线》要求
4	交流耐压	26kV/min	工频耐压测试	符合《GBT 8349－2001 金属封闭母线》要求

第十章　封闭母线升高座防绝缘下降措施

第一节　升高座面临的常见隐患

为了稳定发电机输出电压，在主变、高厂变及启备变上方与封闭母线连接处，普遍设计有升高座。早期装设的封闭母线升高座，由于配套厂家不齐备，或设计经验不足，将此处断口设计成为合抱式套筒，其弊端会出现局部发热（涡流损耗），或因土建基础误差大，造成安装检修困难且密封效果较差。即便后期安装橡胶波纹管伸缩节，由于采用压接法兰式结构，从而造成安装检修时费力的弊端。为此，目前国内普遍改造成压紧式箍带，并配以偏心式的过渡法兰以校正工程偏差。如图 10-1 所示，升高座的空间位置通常位于离相封闭母线末端位置，与主变、高厂变、启备变相连。在封闭母线的末端设置一盘式或盆式绝缘子，通过相关密封工艺将封闭母线与升高座有效隔离，使升高座成为一个孤立的单元部分，其既不在封闭母线保护装置的保护范围之内，也不在变压器的保护范围之内，处于无任何保护状态。国内虽然在升高座密封工艺上有了很大的改进，但由于受到诸多因素的困扰，升高座依然经常发生泄漏，导致该处结露事件频发，如图 10-2 所示。国内电力企业每年都有多起封闭母线升高座结露、闪络事件发生，严重影响并制约了机组的正常启停及运行。

造成升高座绝缘下降及结露通常有以下两方面原因：

1. 升高座泄漏严重

由图 10-1 我们可以看出，升高座的密封采用的是橡胶波纹管，其一端与封闭母线外壳筒体连接，另一端与变压器升高座连接。橡胶波纹管采用的是橡胶材质，而外壳筒体和变压器升高座则为金属材质，不论是采用压紧箍带式还是螺纹连接式，其密封都会出现不同程度的泄漏。为了弥补这种泄漏，安装时通常采用密封胶封堵泄漏点的办法，在橡胶波纹管两端涂抹大量的密封胶作为密封手段。机组投入运行使用后，由于机组的抖动、土建基础的下

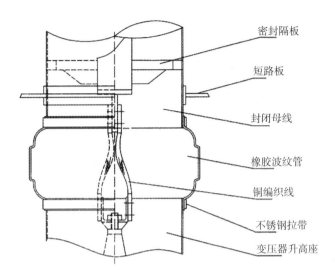

密封隔板

短路板

封闭母线

橡胶波纹管

铜编织线

不锈钢拉带

变压器升高座

图 10-1　升高座结构

（a）

（b）

（c）

（d）

图 10-2　升高座受潮

陷、导体的电磁热效应等诸多原因，导致密封胶迅速老化、剥离，密封点会重新出现泄漏。同时，橡胶波纹管也受到风吹、日晒等因素的影响，在橡胶表面出现龟裂和裂痕。随着时间的推移，橡胶波纹管也会出现不同程度的泄漏，最终导致升高座整体发生泄漏。泄漏的升高座其内部空气会与大气环境中的空气发生置换，在温差的作用下，进入到升高座内部的空气会发生结露反应，结露反应通常是在较低温的物体上发生。当机组运行时，升高座内的导体或软连接编织铜线因有电流流过，温度相对较高，结露不会在导体或软连接编织铜线上发生，而橡胶或升高座的外壁温度却相对较低，因此，结露水会大量附着于升高座的内壁上。当机组停机后，随着运行温度的下降及磁力的消失，水分失去束缚后，凝结会在整个升高座内均匀地附着于各个部位。

2. 排污管道存在泄漏隐患

与封闭母线相连的主变升高座、厂变升高座下部每相均留有一排污孔，通过该孔升高座与外界大气相通。潮气易由排污孔进入，造成停机时受潮，开机前须处理升高座的绝缘，严重时影响按时开机。阴雨天开机时绝缘更是不合格，严重的会拖延开机时间。封闭母线的绝缘性能受封闭母线微正压装置的保护有很大的提高，而主变升高座、厂变升高座等处因不在微正压装置的保护范围之内，所以无法起到保护功能。

升高座结露及绝缘下降情况在国内越来越普遍。因此，对升高座的防结露及绝缘下降的保护工作也逐渐引起各部门的重视，为有效解决主变升高座、厂变升高座等处的结露、绝缘性能降低问题，可对升高座进行防结露、闪络改造。

第二节　预防升高座绝缘下降的措施

通常，国内对升高座的保护主要有以下几种：

1. 将保护装置产生的洁净气体通过分支管路直接引入到升高座中

将微正压装置产生的洁净气体直接引入到升高座中去，是国内比较成熟的一种方法。主要就是将微正压装置产生的洁净气体经相对过滤后形成一支独立的充气管路，该管路直接将仪用空气充入到主变、高厂变及启备变的每一相升高座中，将机组所有的升高座组合成一个独立的充气网，使升高座内长久地保持流动的干燥空气，达到防结露、驱潮、除灰的作用，如图10-3所示。其主要步骤为：

（1）更换主变升高座、厂变升高座启备变和PT间处的老旧橡胶伸缩套以保证此处的气密性。

（2）在主变升高座、厂变升高座的外壳上铆接一个 3/8 英寸或 1/2 英寸的短丝，每相一个。

（3）改造厂内仪用气的充气管路，在封闭母线保护装置的二次侧安装一充气分支管路，充气分支管路的材料规格与充气管路的规格应完全相同，以便两路充气管路的对接。将充气分支管路依托封闭母线支架结构延伸至所有升高座的 3/8 英寸或 1/2 英寸短丝处，用特殊管件将充气管路与短丝连接。

（4）充气分支管路的安装位置，应选择人工所能触及的位置，并安装一个手动阀门，目的是便于人工控制充气时间。

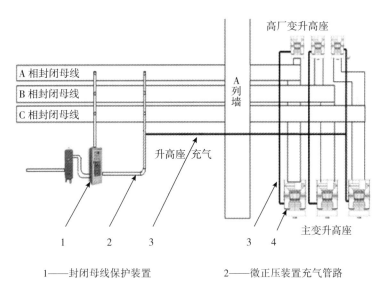

1——封闭母线保护装置　　　　2——微正压装置充气管路

3——保护装置向升高座充气分支管路　4——升高座

图 10-3　保护装置洁净气直接引入到升高座示意图

此方案的优点：

当发电机停机后，保护装置并不退出运行，继续对封闭母线升高座实施保护。打开分支管路上的手动阀门，经保护装置处理的干燥、洁净、不饱和空气充入主变升高座、厂变升高座等处，可起到以下作用：

1）以对流的形式将此处的潮气排出，同时形成气封，防止外界的潮气进入此处，从而达到防止绝缘性能降低的目的。

2）在主变升高座、厂变升高座等处形成强制风循环，迫使母线内结露水的水分子动能增大，运动增强，脱离水面的分子数增多，而流动的空气本身就有蒸发及制冷的作用，强制蒸发升高座内的液态或气态水，使升高座保持干燥。如果升高座有泄漏，充入升高座内的空气经循环、干燥后由泄漏点由内向外主动排出潮湿空气。假如升高座具有一定的密封性，充入的气体可密封在升高座内，维持一定的正压，形成气封，防止外界的灰尘、杂质侵入升高座内部，导致升高座内部环境过脏，引发固体绝缘件绝缘性能下降。假设没有保护功能，在升高座内部会存在这样的动态平衡，有部分水分子在离开水面的同时还有一部分会回到水里面，如果加快空气流动速度，就会带走更多的水分子，平衡被打破，就会有水分子不断地离开水面，即蒸发加快，就能更好地防止升高座因绝缘性能下降引发的事故。

3）充入升高座内的是不饱和干燥空气，可最大限度地吸收凝结水，使其成为饱和空气，并被快速地置换出升高座，以保持升高座内的干燥度。

4）保护装置将封闭母线和升高座实施了统一保护，类似于电路中的并联电路，气源压力方面有了充足的保证。

5）体积小，安装工艺简便、快捷，可在原有的封闭母线保护装置上充分改造，极大地减少了施工成本，保护效果好。

6）保护效果长久、可靠，只要封闭母线保护装置能够正常投入运行，升高座始终处于保护装置的有效保护范围之内，可以有效避免灰尘、水汽等杂质侵入升高座内。运行中的升高座，不能只监测空气湿度，还要有效防止机组运行中灰尘、杂质及各种粒子及颗粒物的侵入，造成升高座内大量积灰。

7）将封闭母线保护装置的功能发挥出了最大极限，使升高座和封闭母线做到了统一保护和统一规划，减少了封闭母线再次增加其他保护设备的投入成本。

8）节省材料，施工工艺简单，防结露效果优异。

此方案的缺点有以下几点：

1）由于升高座普遍存在不同程度的泄漏量，因此供气量与升高座的排气量存在不平衡现象。

2）会浪费一些封闭母线保护装置所产生的洁净气体。如果是密封良好的封闭母线，这种情况显现的不太明显，如果是微漏或严重泄漏的封闭母线，气量不够用的特点表现得较为突出。

3）此方法除湿效果优异，但除尘效果相对较弱。主要是因为保护装置所产生的气量有限，存在充气量不足现象。如果采用大流量、大风量的保护装置，这一现象可明显得到改善。

此方案在内蒙古乌海某电厂、天津某电厂都有成功改造案例，改造后的升高座均再没有发生绝缘下降事故。

2. 加装驱潮、除灰装置

近年来，因封闭母线主变升高座、高厂变升高座结露而引发绝缘下降、闪络的事故频发。为使封闭母线整体保持在一个正常、稳定、长久的工作状态，需要对升高座部位设计一套完整的驱潮、防尘保护系统。根据控制封闭母线内湿度问题及微正压气封方式来解决封闭母线绝缘性能的研究思路，应用中小流量空气强制通风正压装置，采用与环境温度相同的干燥空气形成的强风，利用升高座的自然泄漏量，对升高座内空气进行强制通风、干燥，可最大限度地避免升高座内部因出现温差变化而导致的结露事故发生。强制通风使升高座内部形成强烈的局部正压，有效阻止外界空气中的灰尘、杂质、雨水等物质由升高座的密封缺陷处侵入升高座，保证升高座内部的干燥、洁净环境，同时，将内部已经形成的结露水、灰尘以及杂质通过强风清扫吹出升高座，从而提高升高座的绝缘性能。

其设计理念为：将大气环境中的空气经一系列除尘、除水后，以一定的压力送入到母线升高座内，同时利用升高座上存在的泄漏点始终向外吹气，而外界的空气始终无法进入升高座内部，当采用强风吹拂时，迫使升高座内的结露水快速蒸发。利用强制流动的风将升高座内的水汽强制吹干，并连同升高座内的灰尘一并吹出升高座，使升高座局部环境保持干燥、洁净。升高座内保持一定的风速、风量，就能更好地防止升高座内结露事故的发生。

（1）工作范围。

1）工作范围。室外主变低压侧、高厂变高压侧升高座各加装一套升高座空气强制通风正压装置，共二套，型号 LHJ-SGQT-4R-Ⅱ。

2）计划工期。计划工期 15 天。

3）运行工作情况及环境要求。室外主变低压侧、高厂变高压侧升高座为三相并排密封结构，目前由于橡胶伸缩套老化严重，导致母线升高座密封状况不良，升高座内积聚粉尘及结露的事故时有发生，在雨雪天及大雾天气时升高座内环境湿度较高，内外温差较大情况下容易形成结露，严重时可能造成污闪、雾闪等闪络放电故障。

（2）主要步骤和方法。

1）在主变、高厂变选择一适当位置安装强制通风正压装置，并在该位置用水泥浇筑一个 2m（长）×2m（宽）×0.3m（高）的水泥平台。以便于安装、固定空气强制通风正压装置。安装位置在机组升高座下部的空间开阔位置处，不得妨碍人员的行走或其他设备的搬运工作，且控制柜应预留出维护、检修时的空间。

2）在水泥平台上安装防雨雨搭，将 LHJ-SGQT-4R-Ⅱ型空气强制通风正压装置安装在防雨雨搭内。

3）用管道将空气强制通风正压装置产生的干燥、洁净空气输送到距主变升高座、高厂变升高座最近位置，管道的接口采用热熔器焊接成型。管道与升高座连接应尽可能短，以避免管道过长给二次加压风机带来阻力。

4）在与升高座连接的部位，采用变径方法将管道变更为三相分支管路。目的是将管道内风量、压力均匀分配，以便于每一相升高座都能得到均匀的干燥空气，防止"文丘里"效应。如图 10-4 所示。

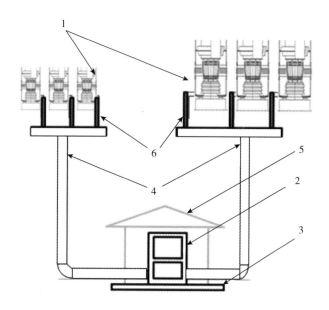

1——升高座 2——驱潮装置 3——水泥基础 4——送风风道 5——雨搭 6——分风管道

图 10-4 管路连接示意图

5）在主变、高厂变升高座上开孔（每相 1 个共 6 个孔），焊接铝管，并将该铝管与送风管软连接。具体位置由生产商派专业技术人员到现场与电厂维护人员到现场经实地考察后，共同商议而定，切不可随意选择或任意定制尺寸或位置。以避免工程中不必要的失误和不合理走向。

6）在原升高座中，每一相升高座上都有一排污管（通常为四分管），在排污管的末端有一个手动排污阀门（主要作用为排放结露水）。在此次改造中，可将此排污管充分利用，在排污管的垂直段加装一自动排水器，其目的是将冷凝水能自动排出。在排水器上端加装一个三通，将原手动排污阀位移至三通的水平段，将手动排污阀保持在常开位置，目的是使充入到升高座内的空气能够快速置换出来，形成完整的对流过程，以便于大量的潮气、凝结水等污物从此处排出。同时，升高座上的进气管内径大于排气管的内径，便于在升高座内形成正压气封，防止外界的灰尘、杂质侵入升高座内。当关闭空气强制通风正压装置时，手动排污阀也相应关闭，防止外界潮气由此处逆行侵入升高座。如图 10-5 所示。

7）连接厂内仪用压缩空气气源。压缩空气的主要作用是为滤网自洁，保证滤网的高过滤性能，而非作为充气气源使用。采用 φ12mm 铜管将厂内仪用气与强制通风正压装置的储气罐连接，储气罐可对气源起到稳压、净化

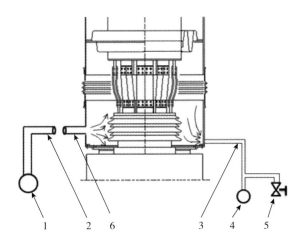

1——送气管道　2——分风管道　3——排污管
4——自动排水器　5——手动排污阀　6——分风铝管

图 10-5　管路连接示意图

的作用，为滤网的清洁起到良好的气源保证作用。

8）电源连接。寻找就近稳定的控制电源，与强制通风正压装置的控制柜连接，使其构成完整的控制系统。

9）地线焊接。用 4mm×40mm 扁铁将控制柜与地线连接。

10）调试。

（3）运行工作方式。该装置以空气的温湿度值为监测指标，当监测到升高座内空气的湿度达到报警上限值时，温湿度传感器将信号反馈到温湿度表，温湿度表控制压缩风机启动，并将干燥、洁净的空气充入到升高座中，起到对升高座的保护作用。当湿度降低到符合电气设备运行条件时，自动关闭系统。

（4）技术参数。

控制柜尺寸：高 1760mm×长 1200mm×厚 800mm

电机功率：Ⅱ型 2.2kW×2

全压：2000~2500Pa

单机总功率：Ⅱ型 3.5 kW

过滤方式：定时、手动、自动

风量：2000m³/h

滤网面积：1000mm×2500mm

滤网循环工作周期：0.5~4h

电源：三相四线 AC380V（3P+N）

滤网过滤精度：5μm

强制通风正压装置的优点有以下六点：

1）保持升高座内空气的干燥、洁净，使升高座内部形成微弱的局部正压，形成"气封"，通过橡胶伸缩套上的泄漏点向外吹气，有效阻止了外界空气中的灰尘、杂质、雨水等物质由母线的密封缺陷处侵入母线，使升高座只有向外呼出的气流，而不能向内吸入空气。有效地防止外部的空气逆行进入，保证升高座内部的干燥、洁净环境。干燥、洁净的空气是最好的绝缘介质。

2）充入升高座的干燥、洁净的"不饱和空气"，将母线内过量的水分吸收，成为"饱和空气"，以提高母线的固体绝缘。同时，将母线导体产生的热量以微风吹拂的形式带走，降低了导体的温度，起到预防导体过热发生局部强烈氧化，及降低导体电阻的作用。同时，流动的风也起到了模仿自然界微风的清洁作用，减少了升高座内灰尘的积聚。

3）该工艺最大限度地采用与环境温度相同的干燥空气形成的微风。利用升高座的自然泄漏量，最大限度地避免了母线内部因出现温差变化而导致的结露事故。

4）结露主要与温差和空气的湿度有关，例如，自然界常见的浓雾天气，当太阳出来或者有风的情况下，浓雾很快就会散去。升高座内也是同样的道理，当有微风吹拂时，迫使升高座内空气流动，运动增强，结露水蒸发加快。如果加快空气流动速度，就会带走更多的水分子不断地离开水面，即蒸发也加快，就能更好地防止升高座结露事故的发生。

5）节能降耗、提高经济性。安装升高座强制通风正压装置，可有效延长升高座的使用寿命，降低升高座结露、闪络的机会，减少该部位维护和检修的次数。从而可以大大减少维护费用，降低检修、维护人员劳动强度。

6）该方法空气流量充足，可充分保证每一项升高座内气流的流动，除湿、除尘效果优异，不受机组启停的影响，可随时随地对升高座进行保护。

强制通风正压装置的缺点有以下两点：

1）强制通风正压装置一般在机组停机检修后至启机前的一段时间投入使用，在这段时间内，升高座的绝缘值会有明显的提高。在机组启机后，一般就会相应地退出运行，机组启机后，随着温度的提高及升高座的泄漏，升高座内的磁力及温度必然要吸收并锁住大量的水分和灰尘（前文中多次提及原因，这里不再强调），无形中导致灰尘和水分重新大量侵入该部位，导致该部位工作环境相对脏污，增加二次结露和闪络的危险。国内运行中的机组发生结露、闪络跳机事故的案例已经直接证明了这一点。但这种情况可通过技术手段进行改进，且已经取得了明显的效果。

2）强制通风正压装置为了达到最佳的风力输出，减少管道过长造成的风力损耗，安装固定位置普遍选择在升高座附近位置，因此，该装置大多安装于室外。室外的电气设备受自然界各种因素影响较多，风、雨、温差等对设备都具有一定的影响，为了减少这种影响，需投入更多的资源和防护手段来确保装置的正常工作，因此强制通风正压装置的施工及维护量相对较大。

3. 加装硅胶呼吸器

加装呼吸器是国内最为常用的一种方法。这种方法在国内早期的200MW以下机组中常用于封闭母线本体的保护。国内目前设计的升高座中，通常在升高座的最低端设计有排污管道，如图10-6所示。排污管道的一端直接焊接于升高座最低端位置，通过管道延伸，直接延伸至距地面1米左右位置，在管道的另一端靠近地面处，加装有手动控制阀门，以便于人工操作。设计排水管的目的主要是将升高座内产生的冷凝水及产生的污物通过重力作用排出升高座。以达到自动清洁升高座的目的。为了保证污物的及时排出，距地面较近的手动阀门通常保持常开状态。但常开的阀门又成为了新的通风通道，使得大量的外界空气由此进入到升高座内，造成升高座内部吸潮、积灰。因此，在排污管道上加装硅胶呼吸器成为许多电力企业的一种临时应急手段。其具体做法就是在靠近地面的排污管道的阀门前加装硅胶呼吸器，将进入到升高座内的空气提前过滤净化，起到减少或缓解升高座结露或积灰的作用。

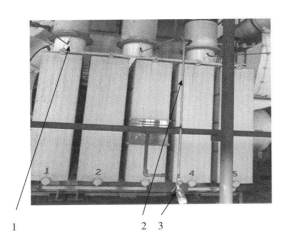

1——升高座　2——排污管道　3——排污阀门

图10-6　排水管道示意图

这种加装呼吸器的做法并没有多少功效。在机组运行中，升高座犹如一个小型的密闭容器，由于排污管的延长作用，该容器的高度被放大，形成较高的体积。这种高体积、密封效果差的容器容易受到气压的影响，导致上下两端存在不同的"呼吸"现象。根据压力公式 $F=\rho gh$，我们可以看出，压力只与容器的高度和空气的密度有一定的关系，容器越高，所受的压力也就越大，"呼吸"现象就会越明显。举例来讲，在自然界中经常存在着变幻莫测的高低气压，当局部环境存在高气压时，气流会由下向上流动；当局部环境存在低气压时，气流会由上向下流动。升高座处于强气压之中时，也会发生这种变化。当升高座处于强低气压之中时，气流会由升高座上的泄漏点进入，形成向内吸的效果。同时，在下端的排污管末端排水口，由于受到升高座内气压的压迫，气流会由排污管的最下端排水口排出，形成向外呼的效果。当升高座处于强低气压之中时，受"热岛效应"影响，气流会由排污管的排水口逆行进入到升高座内，并最终在升高座上部的泄漏点呼出气流。这种"呼吸"现象在升高座上是同步发生的，并不只是单纯的只"呼"不"吸"或只"吸"不"呼"。因此，只在排水口上加装呼硅胶吸器的作用和效果微乎其微，起不到实质性的保护作用。

当排污管内一旦发现流动出冷凝水时，说明升高座内已经存在了大量的液态水，升高座内已经被水腐蚀，单纯地向外排水已经不能解决实际问题。当务之急，应快速向升高座内充入干燥、洁净的空气，使内部形成强制吹风，强制流动的空气可快速蒸发升高座内的湿气，使升高座保持干燥，并起到建立绝缘的目的。

4. 焊接"U"型铝管

国内曾有将封闭母线与升高座采用小口径"U"型铝管（通常采用G1/2或 G3/4 口径）跨接，将离相封闭母线内部的微正压气体引申至升高座内的做法，如图 10-7 所示。其具体做法是，以该位置盘式或盆式绝缘子的安装固定位置为中心线，在绝缘子的上方与下方适当位置各开一孔，将铝制"U"型管与所开孔对齐并焊接，使升高座与封闭母线形成有机连接，将升高座纳入封闭母线的保护范围之内。其优点是通过"U"型管路的连接，封闭母线内部的干燥、洁净气体通过跨接管路进入到升高座内，使封闭母线与升高座成为一个有机整体，提高了母线的整体运行效率。

但这种方法也同样存在一定的缺点：

（1）封闭母线内部充入的是微弱的正压气体，气体压力通常在 300~2500Pa，虽然封闭母线内的气体通过"U"型管能够流通到升高座内，但气压及流量明显不够，且升高座一般情况下泄漏量相对较大，必然会造成气源的大量浪费，导致保护效果不明显。

（2）封闭母线密封效果要明显优于升高座的密封效果，将两个密封等级不同容器连接在一起，必然会造成容积的整体泄漏。将封闭母线与升高座跨接后，等同于在封闭母线上开了一个较大的孔洞，国内采用的离相封闭母线

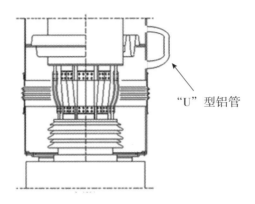

图 10-7　"U"型管跨接示意图

保护装置都是以"区间压力"即母线内普遍存在 300~2500Pa 的工作压力来工作的，升高座存在的泄漏点必然会导致保护装置频繁启动或长时间启动，势必会增加封闭母线的保护装置的损耗。

（3）这种保护方法类似于电路中的串联电路，气源压力被分配到各个不同阶段、区域，导致空气压力不足，气流量明显分布不均。如果封闭母线泄漏严重，能流通到升高座的气流则少之又少，达不到保护效果。

5. 利用热风保养装置进行通风

国内也有些电力企业，采用热风保养装置来防止升高座结露和绝缘下降的方法。热风保养装置是离相封闭母线的保护装置，其工作原理是将厂内压缩空气或离心机自产空气作为气源，将气源加热至一定温度后，经长途管道输送到各相升高座内。利用热空气的物理性质，快速提高升高座内部空气的饱和含湿量，起到快速建立绝缘和除湿的作用。其优点是风量大、见效快。但在实际使用中，其也有着一定的缺点，主要表现为：

（1）热风保养是间歇性投入设备，只能在机组停机后、启机之前使用。我们知道，升高座带电运行时，由于受泄漏、磁场、橡胶伸缩套的屏蔽及高温的影响，会吸附空气中的水分和灰尘，导致空气湿度及灰尘含量增大；当升高座停止带电时，之前吸附的灰尘及水分受失磁、降温及橡胶伸缩套屏蔽影响，会在升高座局部小范围内形成结露效应，这是机组停机后升高座内部结露和积灰的主要原因。

（2）热风保养装置所产生的热风是通过管道输送到室外的升高座内的。距离热风保养装置越近，效果越好。一旦距离较远，空气就会出现降温，空气中的水分会二次凝结，尤其是向室外远距离位置输送气流时，效果就会不尽如人意。这种情况在冬季时显得尤为突出。

6. 加装憎水性绝缘套管

加装憎水性绝缘套管就是将升高座内的支柱绝缘子更换为 DMC 材质的憎水性绝缘子，这种方法在国内也有企业采用。其优点是能始终保持升高座的高绝缘性能，但缺点是对灰尘的防范能力较差，如果绝缘子表面积聚厚厚的灰尘，当再次受潮时，会在灰尘的浅表面形成放电通道，持续的放电会造成绝缘子表面受损，间接造成绝缘下降事故。这一点，在国内共箱封闭母线常见的闪络事故中体现极为突出。虽然在升高座内的绝缘子很少发生这种情况，但这一隐患是必然存在的。

国内对封闭母线升高座的保护，主要是以上述六种为主，虽然还有一些其他方法，但除湿、除尘效果均不太理想。随着科技的发展和技术的更新，我们不否认还会有更新的技术和手段来确保绝缘的提高。

7. 小结

以上六种保护方案，大多数工艺标准都是将干燥、洁净的风通入到升高座内，使升高座内保持一定的通风量，达到除湿、除尘的目的。前两种方法，其作用和效果都是卓有成效的，在国内都有成功的案例，使用当中都起到了切实的保护作用。后几种在国内也有少量企业在使用，因使用条件和客观因素的不同，使用中也都体现出了不同的使用效果。但前两种保护工艺无论在生产工艺还是使用效果上均明显高于后面几种技术。如何正确地对升高座进行有效保护，各单位应根据自身的实际情况、现场环境及自身特点，有针对性地选用不同的保护方式，以解决升高座的结露及绝缘下降问题。

8. 具体案例

案例1

华能×××电厂绝缘监督设备缺陷和绝缘损坏事故（5月）报表

分类	设备运行编号与规范	绝缘监督、损坏及处理情况
缺陷	#6 炉 A 除尘变开关	发现问题：#6 炉 A 除尘变开关试验发现 A 相回路电阻为 1800μΩ，严重超标 原因分析：运行中震动使连接板紧固螺栓松动、接触面氧化使该部位接触电阻逐渐增大 处理措施：清理接触面并紧固处理后回路电阻 15μΩ，合格投运

分类	设备运行编号与规范	绝缘监督、损坏及处理情况
缺陷	#6发电机	2012年5月27日5：00，#6发电机大修后氢气置换合格，发电机定子测绝缘（包括封闭母线、主变低压侧、厂变高压侧）15s：11.2MΩ，60s：12.4MΩ，吸收比为1.11，不合格 2012年5月28日拆开发电机与封闭母线的软连接，发电机绝缘15s：420 MΩ，60s：760 MΩ；变压器侧（封闭母线、主变低压侧、厂变高压侧）绝缘：5.9 MΩ 打开厂变封闭母线下面的伸缩节发现A相封闭母线盘式绝缘子上有水珠（结露），三相均通风后绝缘15s：500 MΩ，60s：560 MΩ。在箱体内放好干燥剂，用塑料布封好。发电机恢复软连接 2012年5月29日取出干燥剂，整体测绝缘15s：320，60s：590MΩ，吸收比1.8，见图10-8至图10-10

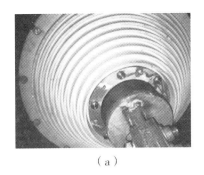

（a）　　　　　　　　　　　　　（b）

图 10-8　#6 高厂变升高座内的封闭母线盘式绝缘子和变压器套管（A 相）

　　#6 机组开机前绝缘低现象，说明升高座内封闭母线盘式绝缘子存在受潮、结露等隐患，加装排污管不能完全排除此隐患，需进一步进行改造。

　　通过与天威保变沟通，目前主要采取两种方法解决此问题：一是升高座内也建立起微正压；二是加装呼吸器，此方法比较普遍。

　　经研究最终确定采用加装微正压的方法来解决此问题，5 月 31 日有 #8 机组调停机会，率先在 #8 机组使用，避免 #8 机组开机前出现绝缘低问题。

　　加装微正压保护以来，机组至今再没有发生过绝缘下降事故，机组历次开机绝缘都能达到较高的绝缘水平。

图 10-9   #6 高厂变处理绝缘低缺陷

（a）   （b）

图 10-10   #6 主变低压侧 A 相排污管阀门堵塞处理

案例2

2012 年 5 月初，某水电发电厂区域遭遇持续阴雨天气。8 日上午，巡视人员听到016 开关柜内部有异常的放电声。经过检查发现#5 机离相封闭母线到 016 开关分支段 A 相的盆式绝缘子存在沿面放电，维护人员立即联系停电抢修。检查封闭开关柜内拆除下来的盆式绝缘子及电流互感器，如图 10-11 所示，可以看出绝缘子龟裂、裙边及凸缘缺损，有爬电和变色的痕迹。而电流互感器绝缘端面有数道明显的裂纹，部分区域变色发黑，内部均压铜皮氧化腐蚀明显。幸亏巡视中及时发现缺陷，避免了母线闪络短路。

同年 9 月，#5 机在开机过程中发"定子接地保护动作"。检修人员分段排查从定子绕组到离相封闭母线的电气一次设备后确认了接地点。该点位于 C 相离相封闭母线分支段所属的机端 PT 柜母线。此母线上连接的白色高压触头盒严重受潮脏污，而固定触头盒的有机绝缘隔板憎水性减弱导致绝缘性能下降。开机过程中，带电的母线通过触头盒和绝缘板向金属柜体爬电，形

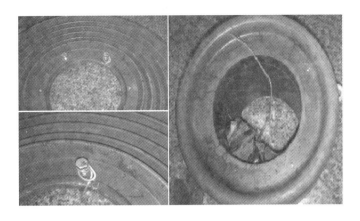

图 10-11　盆式绝缘子和电流互感器

成放电通路，最终闪络并造成定子接地保护动作。

2014 年 8 月 25 日，巡视人员再次发现#5 机 B 相离相封闭母线分支段所属的机端 PT 柜触头盒和绝缘板发生明显沿面放电，如图 10-12 所示，严重威胁运行机组的安全。

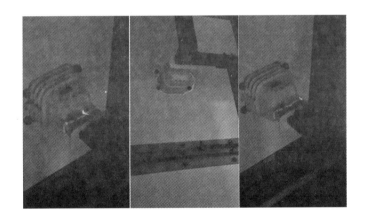

图 10-12　触头盒和绝缘板放电现象

该发电厂#4、#5 机组安装的离相封闭母线，从发电机风洞延伸到主变低压侧，高程从 628m 升至 685m，水平段和垂直段总计长度越百米，其中含有上百个瓷质支柱绝缘子和高分子材料的盆式绝缘子。这些绝缘子承受了导电母线的重量、电应力震动，更要保障母线正常运行的绝缘强度。当某一个绝缘子的污秽发展到一定程度，或受潮甚至结露，就极易发生绝缘子沿面放电，最终导致母线闪络短路。

另外，#4、#5 机组离相封闭母线的机端 PT 分支段，安装了 9 块有机材料绝缘隔板。该隔板老化后，表面憎水功能减弱，在湿度达到 80% 以上时，材料严重吸潮，耐电强度大大下降。通过试验证明，受潮后的隔板用 5000V 兆欧表测试导电极和接地极之间，阻值降到 5MΩ 以下，而通过一个小时的烘烤后，绝缘电阻又可上升至 10GΩ。试想在该离相封闭母线层的湿度值达到 100% 以上的条件时，这些受潮严重的绝缘隔板，将成为母线放电的通道，极易发生闪络或击穿。

在 2014 年汛后的机组检修中，将电加热器装设于离相封闭母线的 PT 柜体内，如图 10-13 所示，以提高柜内小环境的空气温度，同时在柜门上加工了若干通气孔，避免柜内绝缘构件因潮气聚集而结露。需要注意的是，在安装加热器的过程中，一定要注意牢固性，否则，一旦出现松动或脱落，容易引发母线接地短路。

图 10-13　加热器和通气孔

从最近几年 #4、#5 机的运行情况分析，在离相封闭母线垂直段的底部是潮气比较聚集的地方，也正是绝缘最薄弱的环节。以 016 开关柜升高座内受潮盆式绝缘子放电现象为例，该处正好位于离相母线垂直段最底部。竖直段离相母线安装于狭长的山体竖井内，上部通往主变室的热空气在竖井内遇冷后凝露，可以一直沿着离相母线外壳往下流，在最低处的 016 开关柜汇集，极端恶劣条件下甚至能在 016 开关柜内看到明显积水。

利用强制通风正压装置，能够有效改善地下厂房中电气设备内部局部环境的湿度状况。如图 10-14 所示。该装置自投入运行以来，PT 柜再无放电闪络事故发生。

图 10-14 强制通风正压装置

在#4、#5机离相封闭母线中，瓷质材料的支柱绝缘子缺陷率较低，运行以来只发现过一次由于安装紧固过分用力，产生机械应力引起的绝缘子破裂。而采用高分子材料的盆式绝缘子，发现了一些轻微的龟裂。

随着材料科学的迅速发展，新绝缘材料的运行得到推广。选取抗污性好、憎水性强、高强度、耐腐蚀的优良绝缘子，能大大提高电气设备绝缘的基础。近年来，维护人员通过广泛和绝缘材料厂家沟通交流，学习电厂同行的典型成功案例，在提高备品备件绝缘性能方面入手。2014年汛后对部分劣化的触头盒和绝缘板进行了更换，新材料、新工艺的备品已成功通过了当年的汛期考验。

第十一章 共箱封闭母线的保护

第一节 相关简介

1. 结构简述

共箱封闭母线在发电厂中主要用于厂用高压变压器低压侧及启动备用变压器低压侧到厂用高压配电装置之间的电气连接，以及部分中小机组发电机至主变间的连接，是一种电力传输装置，它能安全可靠地输送较大的电功率。共箱封闭母线主要由母线导体、外壳、绝缘子（绝缘支架）、金具、外壳支吊钢架、伸缩补偿装置、穿墙密封结构以及与变压器、开关柜的连接结构等部分构成。由于母线总体较长，一般在制造厂做成每段 6m 左右的若干分段，到现场后将各分段用螺栓连接或焊接而成。共箱封闭母线导体是用导电率较高的矩形铜或铝管制成，采用支柱绝缘子或绝缘支架支持，对于矩形导体在两组支持绝缘子之间装有间隔垫，三相导体被封闭在同一个金属外壳内，外壳上部有检修孔。户外的外壳连接部分，装有密封垫，检修孔盖做成中间凸起的防水型结构，共箱封闭母线与变压器连接处设置可拆螺接补偿装置，母线导体与变压器出线端子间用镀锡铜编织线伸缩节或薄铜片伸缩节进行连接，其螺接导电接触面均镀银，外壳采用铝波纹管伸缩套连接。各分段两端外壳内均焊有连接端子，现场安装时，将各相邻分段连接端子间用连接导体进行电气连接后，再按外壳指定接地位置（有接地标牌处），将接地端子与接地网相连使外壳可靠接地。

2. 运行现状

近年来，国内共箱封闭母线发生结露、闪络、跳机的事故案例明显增多，事故造成的损失不容忽视。长久以来，国内共箱封闭母线作为输变电线路，已成为主要附属设备，但由于负电载荷明显低于离相封闭母线及其他一些高压线路，导致其安全性能受到忽视。共箱封闭母线因受到密封等级较低、磁力线外泄、灰尘侵扰、自然因素干扰等多重因素影响，其事故概率呈逐年上增之势。究其原因，主要是共箱封闭母线普遍存在较大的泄漏性，运行中导致其内部工作环境及状态发生显著变化，造成绝缘下降，最终引发闪络、跳机等重大事故。国内对共箱封闭母线的保护方法却相对较少，一般保护方法只是在共箱母线内部加装伴热带，其功效及实际意义却不大。共箱母线一旦出现绝缘下降、闪络、结露、跳机等事故，往往需要动用大量的人力、物力以及其他一些资源对母线进行快速的维护、抢修，其主要工作内容也只是局限于对封闭母线内部清扫、绝缘子擦拭、泄漏部位重新密封等多项工作，而缺少其他行之有效的先期预防及保护手段，工作耗时耗力，且收效甚微。共箱封闭母线检修如图 11-1 所示。

图 11-1　电厂共箱封闭母线检修

第二节　共箱封闭母线保护项目提出背景及相关案例

一、相关背景

国内外共箱封闭母线常遇到的故障主要是绝缘下降、结露、闪络、共振等。依照国家能源局安全〔2014〕161 号新版《防止电力生产事故的二十五项重点要求》中的防止封闭母线凝露引起发电机跳闸故障中的要求：母线保护的气源宜取用仪用压缩空气，应具有滤油、滤水过滤（除湿）功能，定期进行封闭母线内空气压力测量。有条件时在封闭母线内安装空气湿度在线监测装置。共箱封闭母线在经过技术论证后，可使用大容量的强制风循环系统，限制封闭母线内的潮气聚集。系统配置时，应有足够大的气源容量，通过分段导入流通的空气，保证整个共箱封闭母线各部分的风循环。系统应有可靠的过滤装置滤掉空气中的灰尘等杂质，过滤微粒宜小于 $5\mu m$。如共箱封闭母线密封程度较高，也可配置微正压装置。当封闭母线较长时，进气可分段导入。目前，国内绝大多数的共箱母线都没有任何保护装置，不符合相关要求。

　　每年全国各地众多发电厂因共箱、离相封闭母线结露、闪络而引发机组非停事故层出不穷，给各发电公司带来重大的经济损失，因此，各发电集团、电力公司都专门下发了《关于加强封闭母线运行和检修维护管理的通知》等相关文件。某集团发布的关于封闭母线技术维护意见节选如下：

发电机封闭母线的防护配置及运行维护技术意见

1 封闭母线分类

1.1 离相封闭母线

每相具有单独金属外壳且各相外壳间有空隙隔离的金属封闭母线。发电机出线至主变压器和厂用变压器的母线一般采用离相封闭母线。

1.2 共箱封闭母线

三相母线导体封闭在同一金属外壳中的金属封闭母线。厂用电系统和启备变系统一般采用共箱封闭母线。

2 封闭母线常用的防结露方式分类

2.1 微正压：封闭母线外壳内充以微正压（300~2500Pa）的干燥空气

2.2 持续通风：封闭母线外壳内持续通以干燥空气（热风）

2.3 外壳加热：封闭母线外壳上装设恒温加热装置

2.4 内部伴热：封闭母线内部敷设伴热电缆

3 封闭母线的防护配置要求

3.1 离相封闭母线系统的配置要求

3.1.1 离相封闭母线应密封完好，外壳防护等级应达到 IP54 及以上。

3.1.2 为防止潮气和灰尘侵入封闭母线，离相封闭母线应配置防护装置。根据多年运行经验，推荐采用微正压装置。各企业也可根据封闭母线密封情况和地区气候状况，采用"微正压+电加热"、持续通风等防护方式。

3.1.3 在没有配置可靠的带电离子过滤装置的情况下，不允许微正压和持续通风装置的压缩空气在封闭母线的各相间循环，以免带电灰尘引起相间放电故障。

3.1.4 微正压装置配置要求及基本技术参数。

a）压力的选择。微正压系统气压调整范围宜选择在 300~2500pa。

b）气源的选择。气源应首选厂内的仪用压缩空气，并以微正压的空气压缩机作为备用，以减少空压机频繁启动造成的设备损坏。气源配置和管路内径应满足气体供应量的要求。

c）空气的过滤。进入封闭母线的气体应为洁净、干燥的空气。为此，需要在压缩空气进入到封闭母线前，设置过滤装置滤掉空气中的灰尘、油雾等杂质及湿气，过滤微粒宜小于 $5\mu m$。对于气源中的仪用压缩空气，应特别安装油气分离装置。

d）空气的干燥。微正压装置应设置空气干燥系统保证气源的干燥。

e）干燥空气的监视。微正压装置的干燥器出口处，应装设必要的空气湿度监测装置（如露点指示装置），在充入空气湿度超标时系统能可靠报警，并停止向母线内提供压缩空气。

f）充气孔位置选择。微正压充气孔位置应选在 A 列墙附近。若 A 列墙处封闭母线装设有隔离绝缘子时，宜在隔离绝缘子两侧装设充气孔。

若条件允许，可在变压器升高座处增设充气孔。

g）排污管和压力释放。在封闭母线与变压器的升高座盆式绝缘子处，可设置排污管和手动排污阀门，在正常运行时应保持排污阀门关闭。在离相封闭母线远端（靠近变压器处）应设置压力释放装置，确保由于温度异常等引起母线内压力异常升高时压力能可靠释放。

3.1.5 若采用持续通风方式，应保证有足够的、来源稳定的干燥空气，封闭母线内的压力应保持在 300Pa 以上。

3.1.6 封闭母线户内外穿墙处密封绝缘套管或绝缘子应采用憎水性强的 SMC（DMC）材料。

3.1.7 变压器升高座处的防潮措施可采用微正压防护，也可在放水管路装设硅胶吸湿器进行防护。

3.2 共箱封闭母线系统的配置要求

3.2.1 共箱母线通风系统。

在经过技术论证后，可使用大容量的强制风循环系统，限制封闭母线内的潮气聚集。系统配置时，应有足够大的气源容量，通过分段导入流通的空气，保证整个共箱封闭母线各部分的风循环。系统应有可靠的过滤装置滤掉空气中的灰尘等杂质，过滤微粒宜小于 $5\mu m$。

如共箱封闭母线密封程度较高，也可配置微正压装置。当封闭母线较长时，进气可分段导入。微正压装置的配置及技术要求参见 3.1.4。

3.2.2 伴热电缆。

应保证伴热电缆的正确连接和可靠固定。由于伴热电缆的容量有限，北方寒冷地区，冬季不宜投入伴热带加热系统。

3.2.3 绝缘支撑材料和形式。

共箱封闭母线（包括励磁母线）内部的母线支撑应采用 DMC 复合绝缘子结构。户内外穿墙处的密封绝缘套管或隔板等应采用憎水性强的 SMC 材料。

4 封闭母线的运行维护要求

4.1 微正压（或持续通风）等防护装置的投入原则

在机组运行和检修停运过程中，微正压（或持续通风）等防护装置应始终投入运行。当封闭母线或微正压（或持续通风）等防护系统进行检修后，应保证微正压（或持续通风）系统至少在机组投运前 48 小时正常投入运行。

4.2 微正压系统的维护

应明确维护责任人员定期对微正压系统的运行情况进行巡视，特别是应查看、更换系统的干燥剂和滤芯，定期进行凝结水的排空，定期清理微正压系统进、出气管阀等工作。

4.3 微正压（或持续通风）等防护系统的干燥器出口处干燥空气的湿度应小于室外大气露点温度，或干燥空气的相对湿度应小于 50%

5 封闭母线的检修要求

5.1 应将封闭母线的检查列入大修项目。对于封闭母线密封不良及微正压系统异常的机组，应尽快利用小修或临修时进行处理。

5.2 封闭母线的密封性检查

5.2.1 检查原则。对于结露严重、微正压装置保压困难的封闭母线，应利用检修机会，进行密封性检查。

5.2.2 重点检查部位应包括盆式绝缘子、支撑绝缘子橡胶密封圈、盖板密封条、母线各连接部位和焊接处、外壳焊缝及外壳上的其他装配连接密封面、与主变和厂变连接的橡胶伸缩套、穿墙隔板处等位置。

5.2.3 检查方法。可按照《GB/T 8349-2000 金属封闭母线》中的相关要求进行密封性检查，即"外壳内充以压力为 1500Pa（相当于 $150mmH_2O$）的压缩空气，同时用肥皂水检查，应无明显的气泡（漏气点）"也可采用通情性气体检漏的方式。

5.2.4 检查标准。密封性合格后，按厂家标准进行微正压系统打压和保压试验。厂家无标准的可按以下要求执行：微正压系统启动后充气打压时间宜小于 10 分钟（0~1500Pa），保压时间应大于 20 分钟（从 1500Pa 降至 300Pa）。

5.3 封闭母线检修时应对内部绝缘支撑件进行清理和外观检查

5.4 封闭母线检修时若逢潮湿天气，则检修完密封试验合格后，宜在封闭母线外壳中通入干燥的压缩空气，打开最远端（变压器附近）密封绝缘子或盖板，排出封闭母线内积存的潮湿空气后，再完成最终密封，并立即投运微正压等防护装置

5.5 封闭母线检修后宜单独对其进行绝缘试验

6 基建阶段的技术意见

6.1 订货技术协议中，应明确规定封闭母线的密封性要求和微正压等防护系统的技术要求

6.2 订货协议中，应明确规定共箱封闭母线（包括励磁母线）支撑结构采用DMC支撑绝缘子

6.3 施工结束后，投运前，应按照《GB/T 8349-2000 金属封闭母线》中的相关要求进行气密封性检查。离相封闭母线应符合"外壳内充以压力为1500Pa（相当于150mmH$_2$O）的压缩空气，同时用肥皂水检查，应无明显的气泡（漏气点）"的要求。共箱封闭母线应无明显的泄漏点

6.4 施工结束后，投运前，应对封闭母线微正压等防护系统的配置和运行情况进行验收

二、相关案例

案例1

2009年9月29日7时34分，南方某发电公司#2启备变差动保护动作，开关跳闸。现场检查发现#2启备变绕组低压侧6kV第二组出线共箱封闭母线垂直段柜门已变形，为故障发生点。柜门内垂直段三相母线有明显的短路放电痕迹，水平段也有3米左右母线发生了严重的放电闪络。短路故障发生在母线和导体支持结构之间，共箱封闭母线内部情况如图11-2所示。

共箱封闭母线导体的支持结构由两块20mm厚的环氧树脂板和合成材料的圆形卡套组成，如图11-3所示。

对故障原因进行分析发现，支持结构相间最小爬距为160mm，没有达到该厂现场环境所要求的6kV电压等级的爬距（四级污秽等级，泄漏比距为3.1cm/kV，6kV爬点距离应为18.6cm）；所采用的环氧树脂板也为易吸潮的材质。而卡套处热缩套在安装中有局部破损，运行中会沿着卡套和环氧树脂

板发生放电，进一步损坏热缩套和环氧树脂板的绝缘，最终导致整体击穿。

图 11-2　共箱封闭母线导体放电

图 11-3　圆形卡套

案例2

某集团共箱封闭母线事故列表

序号	机组	时间	事件描述
1	#4 机	2010 年 8 月 10 日	#4 机励磁小间空调底部漏水，渗入励磁变低压侧共箱封闭母线箱侧壁，进而渗入到母线绝缘隔板，致使励磁变低压侧交流母线绝缘隔板受潮，A 相母线对地绝缘性能降低，造成 #4 发电机转子接地保护动作
2	#1 机	2010 年 8 月 25 日	主封闭母线 B 相在 1B 高厂变高压侧端部盆式绝缘子处积水，放电导致发电机定子接地保护动作，机组跳闸
3	#1 机	2012 年 2 月 22 日	110kV 母线支持瓷瓶受潮，绝缘击穿造成母线接地，母差保护动作，机组跳闸

序号	机组	时间	事件描述
4	#2 机	2013 年 5 月 20 日	高厂变低压侧 A 分支共箱母线在进入机房穿墙位置附近，共箱母线箱体外壳焊缝长期运行后因金属疲劳产生裂纹，适逢连续暴雨，雨水从焊缝裂纹处进入箱内，又因此位置 A 相铝排热缩材料表面有破损，造成 A 相接地，弧光将 B 相、C 相热缩材料灼伤，进而 B 相、C 相对外壳放电，高厂变差动保护动作，#2 机组跳闸
5	#2 机	2013 年 8 月 20 日	#2 机 6kV 脱硫 20 段进线 PT 柜顶部潮气结露母线接地短路，机组跳闸
6	#1 机	2013 年 8 月 26 日	#1 机因雨水顺风沿着穿墙套管与槽型母线接口处槽型母线渗入户内，造成发电机出口接地，机组跳闸
7	#4 机	2014 年 7 月 25 日	4 号高厂变低压侧 B 分支 20 米左右的水平段处共箱母线盖板下，用于防尘防潮的密封条脱落后搭接在 A 相及箱壁之间，导致 A 相接地故障，高厂变 B 分支低压侧零序过流保护动作，4 号机组跳闸

第三节　共箱封闭母线常见故障隐患及分析

一、共箱封闭母线常见故障和隐患

共箱封闭母线长期运行中，受多种因素影响，导致绝缘子、金具及导体等表面积灰脏污、受潮，造成绝缘电阻下降，易发生击穿及闪络等异常现象。国内运行中的共箱封闭母线，主要有以下常见故障、隐患：

1. 绝缘下降

共箱封闭母线绝缘下降是最为常见的故障之一。经常表现为机组停机后检修期间，绝缘值常常异常偏低，再启机时往往需做紧急预案，耗费大量人力及物力。绝缘下降与停机的时间、天气密切相关，往往停机时间越长，母线的绝缘就会越低。同时，启机前的天气也与绝缘值密切相关，如果启机前几天天气有持续阴雨、大雾、湿度超过 90%以上的气候特征，母线的绝缘会下降得非常低，导致绝缘不合格。甚至有些母线，在暴雨倾盆时，因密封不严的问题，里面聚集了大量的液态水，当阳光重新出来照耀时，在母线的密封缺陷处，能看到大量升起的水汽。这时母线的绝缘值也是异常偏低的，甚至存在着跳机的危险与隐患。

2. 积灰与闪络

共箱封闭母线在设计上多是以室外电气设备为主，运行中经常受到室外环境因素的困扰。而且，共箱母线在设计上也存在一定的缺陷，其外壳防护等级只有IP54，箱体只是简单设计成防护灰尘和雨淋的作用。对外界的灰尘、潮气并不能有效阻隔，导致外界大气中的灰尘、杂质、浮尘、扬沙、水汽等各种污染物侵入到箱体内。侵入到母线内的这些物质，犹如进了一个巨大的静电除尘器，其中的固体粉尘粒子在强磁场的干扰下，具有了核电性，成为带电粒子附着于共箱母线导体、外壳和绝缘子上，这些带电粒子成为凝结水汽的重要附着物而滞留在共箱封闭母线内部，这就是为什么共箱封闭母线内部的环境总比外界环境要脏的原因。而空气中的水分，在进入共箱封闭母线后，由于温度的升高，其中大部分水分被导体、绝缘子表面的粉尘吸收，储存于这些固体材料的分子或粉尘之间。绝缘子表面附着大量的灰尘后，在水的湿润作用下，粉尘中的可溶性盐类以及部分有机物形成导电膜，由于粉尘颗粒在绝缘子表面积累的厚度不同，有些地方较厚，有些地方较薄，在厚的地方，会产生较大的泄漏电流，当泄漏电流多次沿一个方向长时间放电，就会形成一个稳定的放电通道，产生弧光和大量的热量，破坏了绝缘子的表层，最终导致绝缘子绝缘性能下降。同时，在极端气候条件时，空气的不流动，又引发空气的电离。引发恶性连锁反应。当绝缘子的电阻下降到不能承受线路的运行电压时，在绝缘子的表面就要发生闪络，甚至跳机。这就是为什么粉尘会引发导体绝缘下降的原因。而小部分的水分在高温的作用下，成为高温气体的补偿水分漂浮在共箱封闭母线内。这时，共箱封闭母线内部气体质量无论是相对湿度还是粉尘颗粒的浓度都要高于母线外部的气体。我们可以得到这样的结论：泄漏的共箱封闭母线，其内部空气的质量要远远低于外部空间的空气质量。带电导体在这种恶劣的环境下工作，其闪络和放电的概率会明显的增加。如图11-4所示。

图11-4 共箱封闭母线内部绝缘子积灰

二、共箱封闭母线常见故障的原因分析

国内对共箱封闭母线的保护，通常仅局限于快速提高共箱封闭母线的绝缘值，共箱母线绝缘下降是引发所有故障及问题的根源所在。国内对共箱封闭母线绝缘下降最认可的原因是潮气侵入，存在一定的局限性。通常造成共箱封闭母线绝缘下降的因素有很多，例如，潮气侵入、灰尘过大、密封等级低等都有可能造成母线的绝缘下降。因此，能够详细分析出共箱封闭母线绝缘下降的原因，并有针对性地对缺陷提出修正，才是解决共箱封闭母线绝缘下降行之有效的方法。造成共箱封闭母线绝缘下降通常有以下几方面原因：

1. 地理位置、自然环境、气候条件等因素影响

我国幅员辽阔，经纬度跨度大，无论是东西还是南北，都有不同的地理环境及自然气候。室外运行的电气设备，受地理位置区域及环境气候因素影响，极易产生各种空气析水现象，导致设备固体绝缘下降。例如，在我国北方地区，包括华中、华北、东北、西北地区多以温带季风气候和温带大陆性季风气候为主，都带有夏季高温多雨，冬季寒冷、干燥的特点。由于冬季气温干燥，空气中遍布大量的粉尘微粒，冬季的空气质量相对较差，而夏季空气质量相对较好。尤其西北地区虽然也是受温带大陆性季风气候影响，但由于海拔高，地表水少，阳光充足，水汽的增发量远大于降雨量等，导致空气中布满了灰尘颗粒和尘埃。这种气候，就有典型的结露特征。北方地区的大雾天气，就是一种典型的空气结露析水现象，这种气候特点，极易引发室外共箱封闭母线的积灰、闪络等重大事故。而在我国南方地区，主要包括华南、西南以及东南沿海地区，属于典型的亚热带季风气候，夏季高温多雨，冬季相对低温少雨，降水充沛。由于空气中水汽、湿度值较大，虽然可有效抑制空气中粉尘颗粒的弥漫，使空气质量相对较好。但常年湿度大、降水期集中等特点，也会使位于室外的共箱封闭母线出现大量析水，引发绝缘下降。

就北方的气候特点来讲，每年的深冬、春季、初夏都是水汽凝结最集中的季节，其结露期长达半年之久，越往北方，结露期还要延长。共箱封闭母线绝缘下降、闪络的高发期也多集中在这一时期暴发。虽然夏季也有绝缘下降事件发生，但大多是因为雨水倒灌进入共箱封闭母线内部，在温差的作用下发生二次蒸发所致。而南方地区整体运行温度较高，相对湿度大，尤其是梅雨季节和多变的极端气候变化都容易引发共箱封闭母线的内部积水而引发绝缘下降。母线绝缘下降最明显的特征就是箱体内析出水分，继而引发导体或绝缘子的绝缘性能下降，直至闪络或跳机。

2. 共箱封闭母线泄漏严重

共箱封闭母线密封性能差主要有以下原因：

（1）共箱封闭母线设计等级低。国内通用的共箱封闭母线使用中普遍将其归纳到低压电器范畴之列，密封等级普遍在 IP30～IP50，在设计规范之初就允许存在一定的泄漏量。

（2）应力传递不均匀。共箱封闭母线电缆箱主要分为箱体和箱盖两部分，当共箱封闭母线带电运行或受到阳光强烈暴晒时，大量的热量通过空气的对流和辐射传递到箱体和外壳上，热量使箱体和外壳产生膨胀，在内部产生内应力，内应力在释放过程中，受传递方向、板材薄厚以及导热系数的多重影响，导致板材发生曲翘和变形，产生一定的泄漏量。

（3）施工影响。共箱密封闭母线线是由厂家分段生产，物流运输到现场，并在现场组装焊接的施工工艺。在施工过程中，焊接时的焊接质量、安装尺寸的误差、极端的天气变化等都有可能影响到母线的施工精度。铝板易和氧起作用，在其表面生成一种致密而又难熔的氧化膜，在焊接过程中，由于氧化膜的影响，容易形成焊缝夹渣；盖板压紧螺栓缺失或发生松动，不能有效压紧橡胶密封条。由于以上原因，导致母线密封不严，加剧了共箱母线内外空气的呼吸作用，使大量的潮气及灰尘进入箱内污染导体及绝缘子，进而产生绝缘下降现象，甚至闪络和跳机。

（4）设计结构缺陷。共箱密封闭母线线外壳一般为铝材，大部分通过焊接连接，每隔一段有一节伸缩段为两段扣接，外加防雨扣板防护。防护板有些是采用铝板折弯成型搭接，有些则是采用型材橡胶搭接。这种扣接的密封方式不可靠，存在较大的缝隙，是造成泄漏的主要原因之一。

（5）后期影响。母线施工完成后，土建基础变形、下沉或人员清扫时踩踏铝制盖板变形翘边，都会影响母线的密封性能。

（6）密封不严。与自然界空气的流通环境相比较，共箱封闭母线使用环境都是"相对密封"的状态，而不是绝对的密封。这种"相对密封"本身就具备内部环境易积灰和吸潮的物理性质。我们知道，共箱封闭母线是没有任何保护的，冷却和降温都是通过空气的自然流动和透析来进行的。车间厂房内外不同的压强、室外自然界局部的压差都是共箱封闭母线内外空气流动和透析的动力。当厂房外的大气压强大于厂房内的压强时，室外的空气通过共箱封闭母线本体上的泄漏点进入到箱体内，在箱体内通过压差的推动进入到室内，最终在室内箱体的泄漏点处释放；当厂房内的压强大于厂房外压强时，厂房内的空气通过共箱母线本体上的泄漏点进入到箱体内，在压差的推动下流动到厂房外，并在厂房外箱体的泄漏点处释放。这是一个完全的可逆过程，如图 11-5 所示，空气在厂房外的泄漏点、共箱封闭母线箱体、厂房内泄漏点三者之间频繁地出入、置换，以达到封闭母线内外空气压差的平衡和热量的传递，但这种空气流动的方式也导致共箱封闭母线箱体外的灰尘、杂质、水汽等污染物直接进入到箱体内。由于受到箱体外壳的屏蔽，空气中的灰尘、杂质在磁场和气流的作用下产生核电、凝聚等一系列相关的物理和化学反应，稳定地附着在箱体内，形成大面积积灰。而外界的水分在进入箱体内后，由于热量的升高及磁场的束缚，大部分的水分会成为热空气的补偿水分而滞留在母线内，导致箱体内湿度过大。

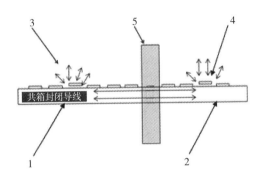

1——室外共箱封闭母线段　2——室内共箱封闭母线段　3——室外泄漏点
4——室内泄漏点　5——厂房墙体

图 11-5　母线内外空气置换可逆过程示意图

因此，共箱封闭母线在外壳设计上应重新规划和定位，加强母线的密封性能，是有效提高母线绝缘性能，预防闪络和跳机的一种重要手段。

3. 导体磁力影响

共箱封闭母线工作运行时，每相导体上都有大量的电荷流通，使每相导体都形成相对独立、稳定的磁场，由大气压"压差"被带入共箱箱体内部的灰尘、杂质及水汽，被磁场捕获，并具有一定的核电性，稳定地吸附在导体周围，影响导体的散热效果。导致导体过热、过载。在对离相封闭母线做结露分析时，我们曾提到过磁场是可以锁住空气中的水分的，运行中的共箱封闭母线，同样可以吸收并锁住空气中大量的水分和灰尘，造成共箱封闭母线内部区域空间内湿度及粉尘含量增大，从而引发共箱母线的绝缘下降或闪络。

4. 空间位置影响

共箱封闭母线设计结构、位置普遍比较特殊（一般都位于车间厂房外部墙体处），如图 11-6 所示。这种位置、结构容易产生空气涡流、乱流现象。在迎风面，共箱封闭母线直面空气的吹拂，空气中包含的灰尘、杂质等物质一部分会直接被吹入共箱封闭母线内，部分灰尘由于受到车间墙体的阻挡，比重较大的灰尘、颗粒等物质会沉淀在车间厂房的墙角处，并在墙角逐渐堆积，堆积的灰尘越多，对空气的阻挡作用也就越大，对气流的干扰也越大，灰尘和杂质被吹动向上，直接或间接吹入到共箱封闭母线内，造成母线箱内积灰。而在共箱封闭母线的背面一侧，由于受到气体"环流"作用，空气中气流的动能有所降低，大部分气体会在母线后面的狭小空间内形成中间气压低、外侧气压高的"环流"，类似于龙卷风现象。在"环流"中大部分比重较大的灰尘、杂质受离心力的影响，会被分离出来，受墙壁的阻挡，固定在共箱封闭母线的背风面。同时，在"乱流"的作用力下，吹入共箱封闭母线内。

（a）   （b）

图 11-6　共箱封闭母线普遍位置

5. 湿度影响

导体负载后，会产生大量的热量，这些热量受现场环境制约而滞留在现场，导致箱内环境温度明显高于箱体外的环境温度。根据相关物理学定律，环境温度越高，空气饱和湿度越大，即空气中能容纳的水分就更多。由于共箱封闭母线内环境温度过高，进入母线的水蒸气有一部分会滞留在现场，成为热空气的"补偿水分"。因此，共箱封闭母线内的环境湿度比箱体外自然环境湿度明显要高。如果周边的大环境相对湿度高，在温升的作用下，会导致共箱封闭母线内的湿度更高，箱体内湿度达到或超过饱和湿度时，甚至会出现水滴析出，影响设备的运行。这一点从饱和湿空气表中也能得到答案，假设箱体外环境温度为 10℃，而共箱封闭母线箱内温度为 30℃。由温湿度表中可以查出，箱体外温度为 10℃ 时，饱和水蒸气密度的最大值为 9.390 g/m^3，共箱封闭母线内温度为 20℃，其饱和水蒸气密度的最大值为 30.32 g/m^3，通过数据统计和比对，共箱母线箱体内温度升高后，其湿度要明显高于箱体外的湿度，冬季时，随着温差的逐渐加大，会造成空气的"结露"，这种情况给冬季共箱封闭母线的运行带来极大的隐患。因此我们可以判断出，温度的升高，是湿度增大的主要原因。湿度的增大，对共箱封闭母线主要有以下影响：

（1）降低绝缘强度，空气中的水分会附着在绝缘材料的表面，降低导体、支撑绝缘子的绝缘电阻，增大泄漏电流，造成绝缘击穿，发生电气事故。

（2）当厂房内外压差平衡时，母线内的空气也会保持在一个稳定的平衡状态。潮湿的空气有利于霉菌孢子的生长，实践表明，在空气不流动，温度为25~30℃，相对湿度为75%~95%时，是霉菌生长的最佳条件，当母线内部固体材料表面出现灰尘或脏污时，就会给霉菌的生长提供条件。霉菌形成后，霉菌细胞中含有大量的水分，当菌丝呈网状布满固体材料表面时，将会大大降低共箱封闭母线的绝缘性能。霉菌在代谢过程中，会分泌酸性物质，使导体和接触材料产生一层晦暗膜，导致接触电阻增大，特别是通信、保护、显示等二次元器件，如长期处在这样的环境中，电路将会受到腐蚀，控制精度将会降低，严重的甚至会造成放电事故。

（3）设备中的导电金属、线圈受到腐蚀后，将严重降低设备的性能和使用寿命。当相对湿度达到一定数值时，金属的腐蚀会突然加快，在工程上把这一湿度称为临界湿度。例如，铜和钢的临界湿度为70%。将湿度控制在临界点以下是保证设备安全、可靠运行的必要条件。

以上几点是造成共箱母线绝缘下降和闪络的主要原因，通常造成绝缘下降的原因并不是单单只由于一种因素而引发，而是由于多种因素综合在一起而引发，例如，机组在运行中，由于母线泄漏，空气中的灰尘会侵入共箱母线内，由于外壳的屏蔽及内部的核电，大部分灰尘会积聚在箱体内，如遇到极端气候时，空气湿度突然增大，根据湿度的大小，会在灰尘的表面形成一定厚度的浅表湿润层，在场致电压的诱发下，灰尘中的可离子化物质形成导电膜，逐渐产生小范围的爬行放电，灰尘的厚度越厚，导电率越高。泄漏电压等级也就越高，泄漏电压频繁地放电，导致泄漏通道逐渐发热形成干区，破坏绝缘子的浅表层，绝缘子受损后，其绝缘性能也会受到一定程度的影响。同时，由于外壳的屏蔽，母线内空气流动缓慢，泄漏电压将干区周围的空气击穿造成电离，加速了闪络的进程，最终导致闪络或跳机事故发生。

第四节　共箱封闭母线常见的几种保护方式及分析

目前，共箱封闭母线保护的方式多种多样。每到夏季，受高温、湿热环境影响，共箱封闭母线箱体内会凝聚大量的水汽，使导体、绝缘子、箱体外壳等固体物质面临受潮、闪络、绝缘子污染、雾闪、绝缘下降、导体过热等多重隐患。目前，国内对共箱封闭母线的多种隐患还没有较好的解决办法，普遍采用自冷式冷却，以空气自然透析来保证共箱封闭母线内设备的冷却和降温。由于实施过程中差异较大，无法形成一套独立的、标准的、规范的运行维护和防范体系，容易造成共箱封闭母线箱体内积灰、吸潮等事故发生。严重影响共箱封闭母线的运行安全。

一、各种保护措施比较分析

解决共箱封闭母线绝缘性能下降，最根本的办法是减少共箱封闭母线内的空气湿度和粉尘含量。通常，许多发电企业采用向共箱封闭母线内部充热空气，加装三相并联恒功率伴热带，喷涂 PRTV 长效防污闪涂料，定期清扫，及加装开放式微风循环正压保护等多种方式，下面对每种保护方式的利弊加以分析。

1. 采用发电机快冷装置产生的热空气

向母线箱内输入干燥空气，降低母线内空气湿度，此方法对高厂变和高公变室外较短的共箱封闭母线起作用。对于较长的启备变分支封闭母线作用微小。根据现场试验情况，向启备变共箱封闭母线箱内输入 24 小时干燥空气后，绝缘电阻从 0.5MΩ 升到 3.5MΩ，一旦停止通风 2 小时后，绝缘电阻即下降到 0.5MΩ，原因是封闭母线密封不良且较长，一端输入的干燥空气在途中逸出到箱体外，末端基本上没有干燥空气，干燥效果不佳。

2. 采用热风保养装置

热风保养装置主要应用于离相封闭母线的保护，近期国内曾有企业将其应用到共箱封闭母线的保护上。将共箱封闭母线改造加装进风、出风管道，形成风道内空气闭式循环加热，对共箱封闭母线内部加强通风干燥，提高共箱封闭母线的绝缘性能，其既可闭式循环加热，也可分段加热。但这种方法在极端情况下并不可靠，据相关文献资料，某电厂共箱封闭母线改造一套热风保养装置，试验时共箱封闭母线支柱瓷瓶耐压试验合格，8 月 24 日大雨时，发电机共箱封闭母线绝缘下降到 0.5MΩ，投入热风保养装置加热，3 小时后仍然大雨，绝缘已上升到 2MΩ，效果明显，但绝缘不再上升，直到空气湿度下降到 40% 以下时，绝缘值才急剧上升到 25 MΩ（>10MΩ）合格。由此看来，热风保养装置在一般情况下具有一定的使用效果，但在极端气候条件下，具有明显的局限性。

采用热风保养装置的优点是可快速提高母线的固体绝缘。缺点是将空气加热，空气中的水分并没有去除，只是水分的状态发生了改变，空气的饱和含湿量发生了变化，当遇到低温环境时，空气中的水分又重新凝结出来。因此，母线的绝缘值会始终在一定范围内徘徊。

3. 采用三相并联恒功率伴热带加热

工作原理是以三根平行绝缘铜绞线为电源母线，在内护套绝缘层上缠绕电热丝，并将电热丝每隔一定距离（即"发热切长"）分别依次与电源母线反复循环连接（AB—BC—CA—AB……），在每二相间形成连续并联电阻。

当母线通以三相电后，各并联电阻同时发热，因而形成一条连续三相供电的加热带，提高封闭母线内的温度，母线箱内空气受热膨胀后向外扩散排出湿空气，但此方式在寒冷的冬季，母线箱内外形成较大温差，箱内湿空气中不饱和水蒸气析出在母线箱壁结露，在封闭母线进入厂房的垂直分布段，结露水更容易滴落在绝缘子上形成连续水膜，引起闪络放电，国内某电厂共箱封闭母线曾出现这类闪络放电事故。

采用三相并联恒功率伴热带加热的优点是提高封闭母线内的温度，母线箱内空气受热膨胀后向外扩散排出湿空气。缺点是损耗大，耗电量高；热量传递不均匀；不能满足高温、高湿及寒冷地带使用。

4. 绝缘子表面喷涂 PRTV 长效防污闪涂料

为提高绝缘子表面的憎水性，可在绝缘子表面喷涂长效防污闪涂料，但大多数发电企业共箱封闭母线较长，绝缘子数量较多，喷涂施工难度大，工程量大。国内常用的共箱封闭母线短则几十米，长则数千米，施工中容易污染母线导体绝缘层。而且封闭母线内没有雨水和流动风的自洁功能，涂料吸附污秽后憎水性下降。

绝缘子表面喷涂 PRTV 长效防污闪涂料的优点是可快速、及时地投入以及恢复绝缘。缺点是适用周期短，效果不长久，涂料失效后污染内部空间。

5. 对共箱封闭母线进行补漏补焊

为提高共箱封闭母线的密封质量，对母线箱体上的焊缝、焊渣进行补焊，母线的密封盖板应多加螺丝，在盖板两侧增加固定螺栓，加强盖板对密封胶条的压紧力，以提高母线的密封性能。人员不在母线盖板上走动，防止盖板变形翘边。尤其是共箱封闭母线两段扣接的伸缩段部位，应邀请母线的生产厂家，对这一部位进行密封改造，使用铝板将扣接部位焊接成一个密封整体。这种方法虽然可在一定程度上提高共箱封闭母线的密封性，但并不能从根本上解决共箱封闭母线泄漏严重的问题。

对共箱封闭母线进行补漏补焊的优点是可提高封闭母线的密封等级，有利于母线的密封，防灰、防尘及防水效果优异。缺点是并不能从根本上解决绝缘下降及闪络问题。

6. 定期清扫

对设备进行定期清扫，在设备计划性年度检修中，必须遵守"逢停必扫"的原则，即应保证每年至少清扫一次。人工清扫要制定相应的措施，如在封闭母线侧方搭设脚手架，防止检修人员踩踏母线盖板，以保证清扫质量和人员、设备的安全。这种方法虽然可以提高母线内部空间的洁净，但母线并没有一套完整的保持洁净的净化系统，在污染比较严重的场所，母线重复污染的可能性依然存在，且在清扫过程中，必然要浪费大量的人力和时间。

定期清扫的优点是绝缘值有充分的保证，并且有一定的时间优势。缺点是需调动大量的人力、物力配合此项工作的完成。

7. 加装开放式微风循环正压装置

采用开放式微风循环的保护方式，就是取用厂房内干燥、洁净的空气，将空气除尘、除水，并重新加压，以微正压的方式向共箱封闭母线内部充气，将母线内的潮气、污物和导体产生的热量迅速排出母线，模仿自然界微风的形式，在共箱封闭母线内部形成强制微风循环，使湿空气不能滞留在共箱封闭母线段区间内，以对流的形式将湿空气排出。同时，形成一种气封，防止外界的空气继续进入母线，从而达到防止结露和闪络的目的。虽然耗气量比较大，但其对共箱封闭母线所起到的保护作用和效果却是显而易见的。值得一提的是，由于共箱封闭母线的不严密性，在充气过程中应采用多点充气的模式，以防止出现保护死角的现象。

加装开放式微风循环正压装置的优点是保护效果作用显著。缺点是耗电量比较大，总功率在 4.5~8kW，装置必须 24 小时运行。

8. 加装憎水性绝缘子

加装憎水性绝缘子是目前较为通用的一种做法，就是将共箱封闭母线内的绝缘子全部更换为 DMC 憎水性绝缘子的做法（关于憎水性绝缘子的性能介绍，书中第七章曾做过重点介绍，这里不再重复）。憎水性绝缘子只强调憎水性能，大多忽略积灰现象，当灰尘降落到绝缘子上后，形成积灰层，绝缘子的憎水性能就会大大减弱，当水滴凝聚在积灰层上后，与灰尘混合，导致憎水性、绝缘性能大大降低，严重制约绝缘子的使用性能。因此，憎水性绝缘子适合在非常洁净的场所工作，且绝缘性能受时间限制。空气雨水都含有酸性，对绝缘子的表面釉质造成损害，降低绝缘性能。

加装憎水性绝缘子的优点是绝缘子表面憎水性强，提高封闭母线的绝缘能力。缺点是 DMC 绝缘子耐漏电起痕能力弱，长期带电运行，绝缘材料表面劣化，出现碳化的黑色树枝状导电通道，经过连续多次放电，绝缘材料抗漏电起痕性能下降，绝缘材料老化加快。对封闭母线的闪络现象防御较差。

9. 采用热缩套

热缩套多由封闭母线生产厂家配套设计，热缩套用于中高低压变电站及高低压开关柜等电力产品异型件的绝缘防护，具有阻燃、耐高压的特点。使用范围广，-50~105℃ 条件下可长期使用。热缩套紧箍在导体上，沿母线导体长度包裹住导体，在导体外形成稳固的保护膜。但热缩套多为塑料材质的化工制品，极易破损，造成导体裸露，引发绝缘下降。

采用热缩套的优点是施工方便，管理简单，成本低，极大地节省了资源分布。缺点是热缩套表面没有任何保护措施，与支撑结构之间也无任何保护，极易破损，造成绝缘下降。导体受热膨胀易将热缩套挣破，加大破损率。

二、各种保护措施的效果分析

通过以上处理措施的比较，发电机快冷装置产生的热空气和热风保养装置工艺差不多，都会使封闭母线出现分段绝缘不合格的情况，三相并联恒功率伴热带加热和热风装置在外界温度很低时，热空气会使封闭母线外壳的内壁表面出现结露效应，影响封闭母线的绝缘；DMC绝缘子虽然增强了憎水性可提高封闭母线的绝缘，可是抗灰尘和漏电起痕性能不良，绝缘材料表面老化较快，对封闭母线的闪络现象无任何防治作用；开放式微风循环装置虽然以对流的形式将湿空气排出，但此方式在国内目前应用在密封较好的离相封闭母线，对于在共箱封闭母线的应用还处于研究阶段，需要进一步调研。但从实用角度考虑，该方案有很大的提升空间。

国内绝缘材料的种类很多，可分为气体、液体、固体三大类。常用的气体绝缘材料有空气、氮气、六氟化硫等。液体绝缘材料主要有矿物绝缘油、合成绝缘油（硅油、十二烷基苯、聚异丁烯、异丙基联苯、二芳基乙烷等）两类。固体绝缘材料可分有机、无机两类。有机固体绝缘材料包括绝缘漆、绝缘胶、绝缘纸、绝缘纤维制品、塑料、橡胶以及绝缘浸渍纤维制品、复合制品、电工用薄膜和粘带、电工用层压制品等。无机固体绝缘材料主要有云母、玻璃、陶瓷及其制品。相比之下，固体绝缘材料品种多样，也最为重要。在实际应用中，固体绝缘是最为广泛使用，且最为可靠的一种绝缘物质。

国内的共箱封闭母线，由于设计上存在一定的缺陷，不注重母线的密封性能，使得共箱母线只能单纯地依靠固体绝缘性能（绝缘子）来提高母线的运行安全。我们从大量的事实案例中可以看出，造成共箱封闭母线绝缘下降、闪络、跳机的事故，绝大多数是由于外界含有大量水汽、灰尘、杂质的空气侵入到封闭母线内，造成母线内部环境的脏污，从而进一步影响到母线的绝缘性能。因此，共箱封闭母线的保护不能仅仅只依靠其绝缘子的绝缘性能，还要重点加强母线内空气的洁净性和干燥性，使空气达到一定的绝缘性能，才能使共箱封闭母线达到预防母线绝缘下降和闪络、跳机的目的。只有绝缘子的固体绝缘和洁净空气的气体绝缘两者相辅相成，才能起到保护共箱封闭母线安全、可靠运行的保护作用。这一点应引起电力企业电气部门的重视与关注。国内目前所有的共箱封闭母线保护方式，技术都不成熟，都存在一定的局限性，所有的保护装置都处于试验、论证阶段。即便是共箱封闭母线的生产厂家，也没有行之有效的共箱母线保护措施。甚至有母线厂建议，将共箱封闭母线改造为外包绝缘材料的浇筑成型母线。这在原材料的成本支出方面将不菲。

🐚 第五节　相关改造经验

通过以上分析我们总结出，要想保持共箱封闭母线有一个正常、良好的工作环境，必须要将母线内空气中的粉尘含量和湿度加以控制。由于共箱封闭母线存在较大的泄漏量，国内目前所采用的能够有效提高母线内空气质量的保护装置，都存在充气流量小、压力不足、泄漏量大于充气量的问题。因此，要有效地对共箱母线实施保护，不能仅仅只考虑用厂内压缩空气或其他气源做补充气源，应以周边大气环境中的洁净空气作为充气气源，以保证气源的持久和稳定供应，并相应增加空气的净化功能。

一、基本功能

国内目前使用的共箱封闭母线保护装置，通常具备以下功能。

1. 灰尘过滤、清扫功能

灰尘的控制可分为箱体外拦截和箱体内的强制流动、清扫两部分。对于颗粒较大的灰尘，可采用滤网拦截，而对于进入箱体内的灰尘粒子，采用高压风吹动，使其快速流动出共箱封闭母线箱。灰尘过滤主要依靠安装在 LHJ-GFQF-4R-Ⅱ型保护装置内的自洁式空气过滤系统，自洁式空气过滤系统是由压缩空气储气罐、滤网、自洁电磁阀三大部件组成，保护装置可分为净气室和充气室两大部分，空气过滤系统主要是安装在净气室内，且与风机的入口干燥装置连接，在风机的负压作用下，净气室从大气中吸入加工空气，空气经过滤网，灰尘被滤料阻挡，小颗粒粉尘在滤料的迎风表面形成一层尘膜，尘膜可使过滤效果有所提高，提高过滤精度提高的同时也使气流阻力增大，当滤网的污秽程度达到一定程度时，控制系统发出指令，自洁系统开始工作。由储气罐提供压缩空气，按程序控制依次启动自洁电磁阀，电磁阀释放出压缩空气，自滤网内部反吹滤网，将滤料外表面的粉尘吹落，自洁系统设定时间自动程序控制工作，设定程序可根据现场实际情况实施调整。这样设计的目的是为了保持滤网的透气性。通常情况下滤网主要通过以下四种方式对灰尘进行拦截过滤：

（1）自然拦截。一般主要对大颗粒物起阻挡作用。

（2）重力拦截。对体积小、密度高的颗粒，在经过滤网时受滤网拦截，速度会降低，并有部分颗粒沉降到滤网上。

（3）气流影响。由于滤网大多采用不均匀设计，内部结构会形成大量的空气旋涡，更细小的颗粒物质在此气旋的影响下会吸附在滤网上，达到过滤的目的。

（4）范德华力影响。空气中超微颗粒在布朗运动的作用下撞击到滤网纤维上受到范德华力影响，起到过滤效果。

2. 除湿功能

经自洁式空气过滤系统过滤的空气进入净气室，在风机的转换下，空气快速充入到共箱封闭母线间内，在风机的入口，安装吸附式干燥器，将空气进行吸附干燥。使空气成为干燥的不饱和气体，在风机压力的推动下，吹入到共箱封闭母线箱体内。

通常去除潮湿的工艺有高温、低温、吸附剂、转轮等几种，不同型号的保护装置由于除湿工艺的不同，所使用的干燥器也不同。高温除湿主要是采用加热方式进行烘烤除湿，如各种电热和远红外干燥箱等，其优点是能将局部空间的湿度降到很低（30%以下），也就是局部干燥效果好。缺点是空气中的湿度只是被过热蒸发，变成了"过热蒸汽"形式，如果没有必要的措施，过热蒸汽被冷凝后，还是会恢复到原来的空气湿度。共箱封闭母线本身就是高温带电设备，如果我们采用加热的方式驱除潮气显然是不合常理的，且采用加热这种模式处理的气体空间和流量都有限，工艺不适合生产大流量气体；低温除湿主要是使用制冷式除湿机制冷除湿，其工作原理是通过压缩机制冷，降低冷凝器表面温度，使空气中的水分在冷凝器上冷凝结露，然后将水滴排出。其优点是将空间内空气中的湿度，冷凝变成了"液态水"，被排放到了空间之外，原有的空气湿度不会再恢复。缺点是冷冻式除湿的湿度"最低"只能到达 35%~40%，所以被应用在常规要求的环境中；吸附剂除湿主要是在密封的容器内放置硅胶、分子筛等吸附物质进行除湿的传统常用方法。优点是除湿效果高，湿度可控范围在 20% 以下，缺点是可靠性相对较低，经常受到吸附剂失效或粉碎的事故影响气体的稳定输出。共箱封闭母线箱体属于半开放式结构，相对适合这种除湿方式，但空气流量要相应加大。转轮式除湿机，虽然除湿效果很好，但设备投资和运行成本都很高、体积大。因此，转轮除湿机就被广泛应用在湿度要求 30% 以内的"特殊环境"里。转轮式除湿机属于"吸收式除湿"，虽然有加热部分，但加热部分只是用于转轮的干燥再生利用的作用，所以不应该属于加热式除湿。

在实际工作中，我们采用将空气过滤、吸附除湿，既驱除潮气，又提高设备绝缘水平；增设自动排水装置，定期清理积水，改善设备环境，有效降低空气中的水分；增加通风设施，加强箱体内通风，促进空气流通，排出箱体内的灰尘、抑制霉菌生存三种方式保证充入到共箱封闭母线箱体内的空气质量。如果一味地要求将湿度控制在绝对干燥状态，空气中的粉尘就会增加核电的可能性，导致粉尘颗粒间摩擦、带电。

3. 强风清扫功能

风机安装在充气箱体内，其作用是利用负压吸入加工的空气，并二次加压，最终将空气送入到共箱封闭母线内部。

滤网虽然能够有效拦截一部分灰尘，但还会有一部分灰尘在经过滤网时与滤网上附着的灰尘发生碰撞，碰撞的粉尘粒子在反作用力的作用下透析进入箱体内，或者由于体积小而直接穿透进入箱体内。对于这种进入箱体内的灰尘，要尽量避免灰尘粒子在小范围空间环境内凝聚、沉积并发生粘连反应。因此，采用高压风机将这部分灰尘强制吹动起来，保持其高速流动性，从而达到强风清扫灰尘的作用。

值得注意的是，洁净新风的进气量并非一定要大于或等于排风设施的排气量，其主要设计原理是以一定量的干燥、洁净、相对低温的空气，充入到共箱封闭母线间内，这部分气体将共箱封闭母线间内的热量快速吸收，并提高了自己的比焓值，同时，利用空气的快速流动，迅速将母线内的灰尘和水分，通过共箱封闭母线上的缝隙排出，达到除尘、除湿的目的。因此，无论哪种保护装置在实际使用中，要充分保证气压的稳定性，达到将灰尘吹起、带动的作用，而忽略一些空气的流量。

二、改造后达到的预期效果

保持母线箱体内空气的干燥、洁净，使母线内部形成微弱的局部正压形成"气封"，通过封闭母线上的外壳盖板、对接缝隙的泄漏点由内而外排气，有效阻止了外界空气中的灰尘、杂质、雨水等物质由母线的密封缺陷处侵入母线，使共箱封闭母线只有向外呼出的气流，而不能向内吸入空气，从而达到气封的效果，有效地防止外部的空气逆行进入母线内，保证封闭母线内部的干燥、洁净环境。因为干燥、洁净的空气是最好的绝缘介质。

充入母线的干燥、洁净的"不饱和空气"在母线箱壳内的流动，将母线内过量的水分吸收，成为"饱和空气"，以提高母线的固体绝缘。同时，将母线导体产生的热量以微风吹拂的形式带走，降低了导体的温度，起到预防导体过热发生局部强烈氧化，及降低导体电阻的作用。

最大限度地采用与环境温度相同的干燥空气形成的微风。利用共箱封闭母线的自然泄漏量，最大限度地避免了母线内部因出现温差变化而导致的结露事故。

结露主要与降温和空气中水分的过饱和程度有关，一般在有风的情况下水分很难饱和，也就不会结露。当采用微风吹拂时，迫使母线内结露水的水分子动能增大，运动增强，脱离水面的分子数就增多，也就是说蒸发加快。如果加快空气流动速度，就会带走更多的水分子不断地离开水面，即蒸发也加快，就能更好地防止共箱封闭母线结露事故的发生。

三、相关案例

1. 事情的经过

2007年3月3日8时37分，某电厂#1机组跳闸引发非计划停机。经检查发现，#1厂高变6kV共箱封闭母线A分支母线箱在汽机房西墙段盖板有部分中间翘起变形，尤其以穿墙转弯处最为严重，并伴有轻微的焦煳味。经检查后发现：

二次设备：08：37：34：027，发变组保护厂变差动动作；08：37：34：030，发变组保护发变组差动动作；08：37：34：042，220kV#1机21201断路器跳开。

一次设备：#1厂高变A分支共箱母线盖板有四块变形，凸起；出墙角处母线短路，隔板烧焦，套管室外部分烧焦，母线箱体上部铝壳烧熔，面积达200mm×500mm，箱体内有大量铝渣熔块；室外部分箱体内有5只绝缘子表面有大量炭黑，母线上有多处烧伤痕迹。

母线绝缘检查：A分支母线，断开故障点后母线绝缘三相对地0 MΩ/2500V，断开变压器检A、B相1 MΩ/2500V，C相5 MΩ/2500V；变压器绝缘检查A分支低压侧绝缘电阻三相对地：300 MΩ/2500V；B分支母线，三相对地绝缘电阻5 MΩ/2500V。

处理情况：将变形盖板进行了整形；更换绝缘子2只，母线箱体上部铝壳烧熔处，采用环氧树脂板进行了封堵（内加密封垫，铆钉铆接）；考虑到隔板内外温差较大，易引起凝露，将中间隔板，套管拆除，套管支撑铝框拆除。处理完毕，连接母线，对汽机房到厂高变段所有绝缘子进行了清扫，对表面炭黑采用丙酮进行了清洗；清扫完毕，测试A分支绝缘上到10 MΩ/2500V；对B分支也进行了清扫，清扫后绝缘仅为5 MΩ/2500V。

抢修工作于18时完工，机组于20时并网发电。

2004年12月24日9时，山西太原某热电厂大修结束后，维护人员对电气设备进行巡视，发现#13机厂高变6kV共箱封闭母线C相接地。绝缘值为0MΩ/2500V。经检查发现，位于A列墙处的隔板（环氧树脂板）由于变形下沉，将C导体相卡住。由于在冬季，该隔板表面有一层厚厚的结露水，在隔板的表面形成一层导电膜，导致C相接地。维护人员将A列墙处的隔板拆除，对附近的绝缘子进行清扫，并引用#3号机微正压装置处气源加强了该处的强制风循环，使C相的绝缘显著提高，从而避免了一起电气设备绝缘事故。

2. 原因分析

由以上两起事故我们可以看出，造成共箱封闭母线绝缘低的主要原因是共箱封闭母线内的绝缘部件表面污秽并吸附潮气或结露，在伴随着特殊及恶劣条件时，绝缘子表面的尘埃中可溶性盐类被水分溶解，形成导电膜。使绝缘子表面的绝缘电阻下降，泄漏电流增大，产生局部爬行放电。当绝缘子的电阻下降到不能承受线路的运行电压时，在绝缘子的表面就要发生闪络。进而造成相间短路。类似的事故，多发生在 A 列墙处的隔板处。

3. 处理方案

为了有效地提高共箱封闭母线的运行效率，降低母线的事故概率，可对母线采用以下处理方案：

（1）拆除 A 列墙处的隔板（环氧树脂板）。A 列墙处的隔板大多为环氧树脂板，这种材料的缺点就是易吸潮。再加上该隔板所处的特殊位置，在运行条件改变或遇到特殊气候变化时，极易引发结露事故，造成该处的绝缘下降，进而影响到整个共箱封闭母线的运行。根据众多发电企业的运行经验，应拆除 A 列墙处的隔板；根据空气动力学的有关理论，当隔板拆除后，厂房内的热气流和厂房外的冷气流在 A 列墙处的共箱母线内形成一种涡流旋风，当温差较大时，空气中的冷热气流交汇就会形成雾气。如在冬季，当打开房间的房门时，房间里的热空气涌出来，在冷热空气交汇的地方，可以清楚地看到变形的空气（即雾气）在袅袅上升。如果雾气凝结到支持绝缘子或隔板上就会变成结露水，这种结露水会影响到母线的绝缘。但母线内产生的气旋波会将这些结露水再次汽化、蒸发，有些结露水则直接固化、蒸发。气旋波（空气的流动）越大，露滴蒸发的越快。使绝缘子、导体和隔板表面的结露水逐渐变成孤立的水滴，难以形成连续的水膜，从而提高了共箱封闭母线的绝缘等级。举例来讲，我们将两件湿衣服同时放置在窗口和室内墙角两处不同的位置，一段时间后，放置在窗口的湿衣服明显要比放置在室内墙角的湿衣服干得快，就是这个原因。

（2）提高共箱封闭母线的密封质量。共箱封闭母线的密封性能与厂家对产品的设计、施工过程有着密切关系。根据母线的结构，厂方应改善设计，努力使其更合理。例如，母线的密封盖板（或法兰）应多加螺丝，并加装橡胶密封条（或 O 型密封圈）以提高母线的密封性能；对母线箱体上的焊缝、焊渣进行补焊；同时，企业一方应做到，端正工作态度，明确质量要求；技术人员应分析母线的结构，找出母线可能泄漏的原因，制定相应的措施；质检人员应把好工程控制这一关，不给母线泄漏留下隐患。

（3）对微正压装置进行改造，使其起到局部风循环的作用。微正压装置主要应用于离相封闭母线的保护，随着发电企业对微正压装置的逐步重视，微正压装置的许多潜在的功能被开发应用出来，对于共箱封闭母线空气流动性差，不能及时消除局部空气湿度大而造成空气击穿的问题，通过对微正压装置充气管路的改造，使其也归纳在微正压装置的保护之下。其方法为：

在共箱封闭母线 A 列墙处的室外部分，在母线箱体的下部焊接两个 3/8 的底座，一个连接一气动管接头，一个接一 KL 单相阀；在原微正压装置的充气管路中，加装一充气分支，该分支穿过 A 列墙上的穿墙板，至共箱封闭母线的气动管接头处，并逐相与之连接，在连接的过程中应注意该部位的绝缘、减震问题，值得一提的是，在微正压装置的充气管路中，在室内部分靠近微正压装置处，应加装一手动阀门，其目的是便于人为控制充气时间（一般是在发电机停机后和开机前的这段时间）。发电机启机后，便可关闭手动法门，依靠导体的发热使绝缘子干燥、绝缘，更节省了大量的气源。

此方案的优点在于：当发电机停机后，投入微正压装置，并打开充气分支管路中的手动阀门，经微正压装置处理的干燥、洁净的空气经充气分支管路直接充入到在共箱封闭母线 A 列墙处的室外部分，在此区间内形成强制通风循环，使湿空气不能滞留在这段区间内，以对流的形式将湿空气排出。同时，形成一种气封，防止外界的空气继续进入该处。从而达到防止结露和闪络的目的。当此区间的压力大于封闭母线本体的保护压力时，单相阀将自动开启，将过高的压力释放掉。另外，从空气动力学的角度讲，经微正压装置处理的干燥、洁净的不饱和空气还可以将共箱封闭母线内已经饱和分离出来的结露水继续吸附饱和，加速了该处结露水的蒸发进程，提高了空气的干燥度。

（4）提高绝缘子的绝缘性能。共箱封闭母线绝缘低的直接原因是绝缘子表面污秽并吸附潮气或结露，形成了电流的泄漏通道而引起的。因此要解决该问题，必须保持绝缘子表面的清洁和干燥，或增加母线导体与绝缘子之间的绝缘层。但由于设计原因，该型封闭母线要保持全封闭而完全防止沙、尘等污物的进入具有一定的难度，且工程量特别大。提高绝缘子的爬距，改善绝缘子受污和受潮条件，改变绝缘子的放电路径，切断结露水桥接短路，是防止绝缘下降的有效方法。因此，可对绝缘子做一些小的技该措施。例如，对于爬距不够的绝缘子，可调整爬距，可加装硅橡胶增爬裙以提高绝缘子的爬距。或涂刷长效防污闪涂料于绝缘子表面，固化后形成一层胶膜，具有较强的憎水性和憎水迁移性，在浓雾、雨、雪、霜等恶劣条件下，凝聚细小的水珠，而不形成连续的水膜，从而抑制泄漏电流，提高绝缘子的绝缘等级。

（5）对导体上的绝缘漆定期检查，发现有绝缘漆老化、剥离现象时，立即对导体进行补喷绝缘漆。

（6）对于共箱封闭母线其他易结露或重点保护绝缘的部位（如启备变等），可按照（3）中微正压装置的改造，对母线的重点结露部位逐步连接，使其统统归纳在微正压装置的保护之下，以提高母线的运行效率。

4. 经济对比

对于任何一家发电企业来讲，提高设备的监测和预防工作的费用对成本或投资影响很小，而事故的发生会造成极大的损失，任何事故对企业来讲都是不能接受的。举例来讲：

一台单机装机容量为 300MW 的机组，因非计划停机事故引发 24 小时停机，按网局每度电最低收购价 0.2 元计算，则一天的损失为：

0.2 元/度×300000 度/小时×24 小时＝144 万元

其中还不包括煤、水、厂用电、助燃油等其他费用。

以 KWXZ—Ⅰ型为例，所列数据均按最大值计算，一台微正压装置一天最大消耗量为：

空压机功率 7.5 千瓦时，厂用电 0.2 元/千瓦时，空压机流量 1.18m³/min，则每天消耗：

0.2 元/千瓦时×7.5 千瓦时×24 小时＝360 元

每天可产生干燥、洁净的不饱和空气：

1.18m³/min×60 min×24h＝1459.2 m³

这些干燥、洁净的不饱和空气对共箱母线内起到强制风循环，吸附凝结的结露水发挥重要作用。

由以上数据可以看出，投入微正压装置对共箱母线保护后，所投入的成本要远远小于事故造成的损失。且微正压装置并不是常年应用，一般只应用在发电机组的大修期和临修期，从而节省了更多的能源消耗。

5. 总结

全国大型的发电企业基本上都采用共箱式封闭母线连接厂用变压器加配电装置的方法，因而许多发电企业都存在着共箱封闭母线绝缘低的问题，作为一种经济、简便、高效的方法，将微正压装置改造，来提高共箱封闭母线重点部位绝缘，应得到广泛的应用与推广。

四、共箱封闭母线保护装置的应用

河北、福建某电厂共箱封闭母线保护装置使用现场分别如图 11-7、图 11-8 所示。

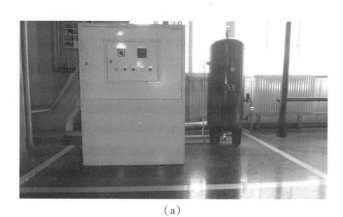

（a）

图 11-7　河北某电厂共箱封闭母线保护装置使用现场

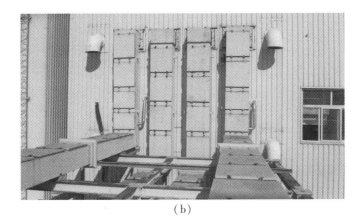

（b）

图 11-7　河北某电厂共箱封闭母线保护装置使用现场（续）

（a）

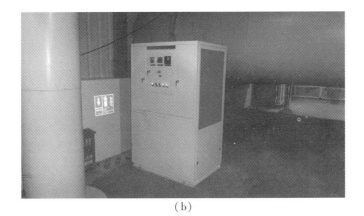

（b）

图 11-8　福建某电厂共箱封闭母线保护装置使用现场

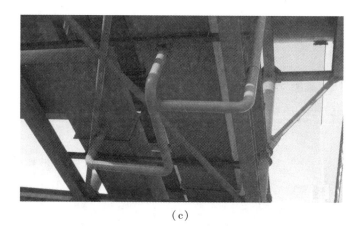

（c）

图11-8　福建某电厂共箱封闭母线保护装置使用现场（续）

通常，我们会有这些疑问：为何有些共箱封闭母线下雨时没有发生闪络、跳机，而阳光出来后反而闪络、跳机了？

在雨中，共箱封闭母线内部会或多或少地侵入一定量的雨水，雨水在刚刚侵入母线时，由于水量大、比重也较大，雨水会以液态水滴的方式迅速沉积在共箱封闭母线底部的最凹处，并积聚下来。由于水量比较集中且又以液态水的方式存在，所以对绝缘的影响较小。当雨后太阳出来时，阳光照射在共箱母线的上表面，导致上表面温度升高，上表面与下表面会产生一定的温差。母线内的液态水在这种微弱的温差下，形成二次蒸发，由液态转变为气态，这些水汽逐渐对周边范围内的导体、绝缘子等固体绝缘侵蚀，造成绝缘子表面形成一层致密的水膜，破坏了绝缘子的绝缘性能，导致共箱母线闪络或跳机。

表 11-1　河北某电厂共箱封闭母线保护装置调试期间相关参数

序号	日期	室外温湿度	母线内温湿度	母线外粉尘颗粒浓度（毫克/立方米）	母线内粉尘颗粒浓度（毫克/立方米）	测点 1 风速 5 米处（秒/米）	测点 2 风速 25 米处（秒/米）	点 3 风速 50 米处（秒/米）	备注
1	2015-08-20 8：20	27.7℃　86%	29.6℃　47%	197	114	3.4	3.1	2.9	6kV41 厂用段
			29.6℃　46%			2.7	3.2	3.3	6kV42 厂用段
2	2015-08-21 15：15	29.8℃　45%	29.7℃　39%	332	141	3.4	3.8	4.2	6kV41 厂用段
			30.1℃　38%			2.4	3.2	2.5	6kV42 厂用段
3	2015-08-22 9：20	26℃　62%	31.2℃　48%	208	136	3.2	3.7	3.5	6kV41 厂用段
			32.3℃　49%			3.0	3.6	2.9	6kV42 厂用段
4	2015-08-23 15：10	28.3℃　53%	30.1℃　50%	286	140	3.5	3.5	3.3	6kV41 厂用段
			32.7℃　51%			2.9	3.1	3.2	6kV42 厂用段
5	2015-08-24 15：30	25.9℃　74%	28.9℃　46%	317	165	3.6	3.8	3.4	6kV41 厂用段
			29.1℃　46%			2.8	3.0	3.5	6kV42 厂用段
6	2015-08-25 15：50	27.8℃　82%	32.6℃　47%	354	186	3.0	2.7	2.8	6kV41 厂用段
			28.8℃　48%			3.3	3.4	3.2	6kV42 厂用段
7	2015-08-28 14：50	32.4℃　54%	30.4℃　47%	398	290	4.0	3.4	3.0	6kV41 厂用段
			32.2℃　46%			3.5	3.3	3.2	6kV42 厂用段
8	2015-08-29 14：40	27.7℃　59%	27.4℃　38%	348	280	3.7	3.9	3.8	6kV41 厂用段
			31.7℃　43%			3.5	3.6	3.5	6kV42 厂用段

参考文献

[1] 水利电力部西北电力设计院. 电力工程电气设计手册第一册：电气一次部分 [M]. 北京：中国电力出版社，1989.

[2] SMC（中国）中国有限公司. 现代实用气动技术第 3 版 [M]. 北京：机械工业出版社，2008.

[3] 广东电网公司电力科学研究院. 环境保护 [M]. 北京：中国电力出版社，2010.

[4] 范绍彭. 电气运行 [M]. 北京：中国电力出版社，2005.

[5] 王厚余. 低压电气装置设计安装和检验 [M]. 北京：中国电力出版社，2007.

[6] ［美］费雷德里克·K. 鲁特更斯，爱德华·J. 塔巴克. 气象学与生活 [M]. 陈星等译. 北京：电子工业出版社，2016.

[7] 熊振湖，费学宁，池永志. 大气污染物防治技术及工程应用 [M]. 北京：机械工业出版社，2003.

[8] 华东六省一市电机工程（电力）学会. 电气设备及其系统第 2 版 [M]. 北京：中国电力出版社，2007.

[9] 广东电网公司电力科学研究院. 电气设备及系统 [M]. 北京：中国电力出版社，2014.

[10] 耿浩然，丁宏升，张景德，陈广立等. 铸造钛、轴承合金 [M]. 北京：化学工业出版社，2006.

[11] 郭志军. 压力容器腐蚀控制第 2 版 [M]. 北京：化学工业出版社，2015.

[12] 大唐国际发电股份有限公司. 火电机组集控值班员岗位认证题库电气分册 [M]. 北京：中国电力出版社，2015.

[13] 侯永军，王吉荣，张仲琪，于利宏. 发电机组离相封闭母线闪络原因及其保护装置特点分析 [J]. 内蒙古电力技术，2012，30（3）.

[14] 王亚平，张明茜. 强迫空气循环干燥装置在发电机离相封闭母线上的应用[J]. 硅谷，2012（15）.

[15] 刘永涛，赵绪等. 大唐张电厂离相封闭母线防露水短路改造 [J].

科学技术创新，2013（29）.

[16] 梁洪军. 浅析国内封闭母线保护装置——微正压装置的运行与应用 [J]. 中国电力电气，2006（6）.

[17] 贺晓华. 330MW 发电机组共箱母线故障的分析及对策 [J]. 宁夏电力，2008（3）.

[18] 梁洪军. 浅谈离相封闭母线运行与维护中隐患的解决措施 [J]. 东北电力技术，2006（5）.

[19] 梁洪军. 浅谈冷冻式微正压装置在离相封闭母线维护与运行中的应用 [J]. 中国电力电气，2006（3）.

[20] 梁洪军. 浅析国内封闭母线保护微正压装置的运行与应用 [J]. 中国电力电气，2006（6）.

[21] 梁洪军. 浅析离相封闭母线闪络的原因及隐患 [J]. 中国电力电气，2006（11）.

[22] 李彬，李卫国等. 离相封闭母线微正压装置的配置与安装标准探讨 [J]. 内蒙古电力技术，2010，28（1）.

[23] 杜炎楼，冯宝泉，曾秋生. 发电厂离相封闭母线绝缘下降的原因分析 [J]. 内蒙古科技与经济，2010（16）.

[24] 张锡南. 浅论不饱和聚酯玻璃纤维增强模塑料制品表层受损对电和物理性能的影响 [C]. 第九届全国绝缘材料与绝缘技术学术交流会论文集，2005.

[25] 陈国义. 关于雾闪和湿闪的原因分析 [J]. 华中电力，2002，12（15）.

[26] 王亚平. 共箱封闭母线绝缘性能下降分析及采取措施 [J]. 广东电力，2014.

[27] 林睿，黄旭丹. 大型发电厂封闭母线 DMC 绝缘子的应用 [J]. 吉林电力，2010，38（6）.

[28] 刘敬，常滨. 油挡气密封技术在邹县发电厂的应用 [J]. 中国电力教育，2013（36）.

[29] 王劲松，赵丽娟. 强迫风冷封闭母线温升规律的研究 [J]. 水力发电，2006，32（12）.

[30] 赵丽娟，王劲松. 强迫风冷封闭母线制冷装置选择 [J]. 水力发电，2009，35（4）.

[31] 杨永怀. 封闭母线外壳局部过热原因分析及处理 [J]. 电力安全技术，2004，6（7）.

[32] 刘文忠，吴志奇. 800MW 发电机封闭母线局部过热原因分析 [J]. 电力安全技术，2004（8）.